Gerd Engbarth, Heinrich Hübscher, Jürgen Klaue, Stephan Sausel, Mike Thielert

Elektrotechnik Aufträge
Lernfelder 1 – 4

- E-Systeme
- Installationen
- Steuerungen
- IT-Systeme

Bildquellenverzeichnis

Verlag und Autoren möchten hiermit den nachstehend aufgeführten Firmen, Verbänden, Institutionen, Zeitschriften- und Buchredaktionen sowie Einzelpersonen für ihre tatkräftige und großzügige Hilfe bei der Bereitstellung von Bild- und Informationsmaterial und für ihre Beratung danken.

F = Foto(s); Z = Zeichnung(en)

ADDITIVE GmbH, Friedrichsdorf/ Ts.: Z: 17
CH. BEHA GmbH, Glottertal: F: 22
Berufsgenossenschaft der Feinmechanik und Elektrotechnik (BGFE), Köln: Z: 23
Bildagentur Hamburg (Foto: Michael Schwartz): F: 93 (oben)
Deutsches Museum, München: F: 117
Elbtalwerk GmbH, Dresden: F: 60 (Mitte)
Gerd Engbarth, Bienenbüttel: F: 9, 62, 64 (rechts), 69, 70, 71, 73
EPCOS AG, München: Z: 85 (links)
Festo AG & Co. KG, Esslingen: F: 80
fischerwerke Artur Fischer GmbH & Co. KG, Waldachtal: F: 64 (links)
Flamingo van der Meer Hoti-machines & materials, ZC Hoek van Holland: F: 105
Fotostudio Druwe & Polastri, Cremlingen: F: 60 (unten), 126 (Mitte)
Gesellschaft zur Prüfung von Software mbH (GPS), Ulm: Z: 11
Gustav Hensel GmbH & Co. KG, Lennestadt: F: 79 (Mitte)
hivolt GmbH & Co. KG, Hamburg: F: 40
Heinrich Hübscher, Lüneburg: F: 19, 25, 37, 45
Jacob Elektronik, Karlsruhe: F: 126 (unten)
Jürgen Klaue, Roxheim: F: 48 (oben und Mitte)
Knipex- Werk C. Gustav Putsch, Wuppertal: F: 126 (oben)
Kroneis GmbH, A- Wien: F: 79 (unten)
Leuze electronic GmbH & Co. KG, Owen/ Teck: F: 89
M - Audio Deutschland (www.m-audio.de), Öhringen: F: 112
M + R Multitronik GmbH, Lübeck: F: 47
Gebrüder Martin GmbH & Co. KG, Tuttlingen: F: 60 (oben)
Moeller GmbH, Anlagentechnik, Bonn: F: 78 (links)
PEARL Agency Allgemeine Vermittlungsgesellschaft mbH, Buggingen: F: 113 (oben rechts)
Phoenix Contact GmbH & Co. KG, Blomberg: F: 83, 84
Primedia Business Magazines & Media Inc. /Electrical Construction & Maintenance (Mike Holt Enterprises, Inc.), USA- New York: Z: 62 (unten)
Dieter Rixe, Braunschweig: F: 65
Sagem Communication Germany GmbH, Eschborn: F: 113 (unten rechts)
Sandberg A/S, DK-3400 Hillerød: F: 113 (links)
Stephan Sausel, Winsen/ Luhe: F: 109, 110, 121 (unten)
Schupa Elektro GmbH, Schalksmühle: F: 61
SENERTEC GmbH, Schweinfurt: F: 93 (unten)
Siemens AG, München: F: 48 (unten), 85, 92
SOKRATeam GbR, München: Z: 14
Solar-Trak GmbH, Lübeck: F: 18
Stiebel-Eltron GmbH & Co. KG, Holzminden: F: 49
Striebel & John GmbH & Co. KG, Sasbach: F: 52
Tyco Electronics Raychem N. V. - Elo Touchsystems, Kessel- Lo/ Belgien: Z: 78 (rechts)
Vaisala, Helsinki/ Finland: F: 79 (oben)
Varta Gerätebatterie GmbH, Ellwangen: F: 21
wenglor sensoric GmbH, Tettnang: Z: 89 (a - i)
Westermann Archiv, Braunschweig: Z: 19; F: 36, 38, 41, 44, 58, 91

Diesem Buch wurden die bei Manuskriptabschluss vorliegenden neuesten Ausgaben der DIN-Normen und VDE-Bestimmungen zu Grunde gelegt. Verbindlich sind jedoch die neuesten Ausgaben der DIN-Normen und VDE-Bestimmungen selbst.

Auf verschiedenen Seiten dieses Buches befinden sich Verweise (Links) auf Internet-Adressen. Haftungshinweis: Trotz sorgfältiger inhaltlicher Kontrolle wird die Haftung für die Inhalte der externen Seiten ausgeschlossen. Für den Inhalt dieser externen Seiten sind ausschließlich deren Betreiber verantwortlich. Sollten Sie bei dem angegebenen Inhalt des Anbieters dieser Seite auf kostenpflichtige, illegale oder anstößige Inhalte treffen, so bedauern wir dies ausdrücklich und bitten Sie, uns umgehend per e-mail davon in Kenntnis zu setzen, damit beim Nachdruck der Verweis gelöscht wird.

Zeichenerklärung:

 Für diesen Auftrag ist ein Arbeitsblatt auf CD verfügbar

 Erhöhter Schwierigkeitsgrad

 Auftrag in Englisch

2. Auflage, 2007
Bildungshaus Schulbuchverlage
Westermann Schroedel Diesterweg Schöningh Winklers GmbH
http://www.westermann.de

Verlagslektorat: Armin Kreuzburg, Gabriele Wenger
Verlagsherstellung: Harald Kalkan
Satz und Zeichnungen: Fa. Lithos, Dirk Hinrichs, Braunschweig
Herstellung: westermann druck GmbH, Braunschweig

ISBN 978-3-14-**22 1533**-4

Dieses Werk und einzelne Teile daraus sind urheberrechtlich geschützt. Jede Nutzung – außer in den gesetzlich zugelassenen Fällen – ist nur mit vorheriger schriftlicher Einwilligung des Verlages zulässig.

1 Elektrotechnische Systeme analysieren und Funktionen prüfen

1.1 Berufsbild
1. Vielfalt der Elektroberufe 9
2. Einordnung des Ausbildungsbetriebes 9
3. Betriebliche und schulische Ansprechpartner 9
4. Sozialkompetenz 9
5. Lebenslauf des eigenen Betriebes 9
6. Ausbildung und Betrieb 9
7. Anpassungsdruck 9

1.2.1 Grundbegriffe des wirtschaftlichen Handelns
1. Der eigene Betrieb 10
2. Wettbewerb 10

1.2.2 Geschäftsprozesse
1. Betriebsorganisation 10
2. Kundenorientierung 10
3. Bearbeitung eines Kundenauftrages 11
4. Geschäftsprozesse im Handel 11
5. Betriebsstrukturen 11
6. Auftrag abwickeln 11
7. Geschäftsprozess „Reparatur" 12
8. Außendienst 12
9. CD-Player liest keine CD ein 12

1.2.4 Technische Prozesse
1. Problemlösung 13
2. Inbetriebnahme einer Maschine 13
3. Software-Installation 13
4. Qualitäts-Management 13

1.3.1 Kommunikation
1. Kommunikationsergebnis 14
2. Wahrnehmungen 14
3. Erfolgreiche Kommunikation 14
4. Shannon und Weaver 14
5. Kommunikationsumfeld 14
6. Konfliktgespräch 14

1.3.2 Medien betrieblicher Kommunikation
1. Einsatz von Kommunikationsmedien 15
2. Verhalten und Wahrnehmungen bei der Kommunikation über Medien 15
3. Entwicklungstendenzen 15
4. Multimedia 15

1.3.3 Dienste betrieblicher Kommunikation
1. Aufbau einer E-Mail 16
2. Mailing Liste 16
3. Beurteilung von Webseiten 16
4. Auswertung von Webseiten 16

1.3.4 Technische Dokumentation
1. Übersicht 17
2. Funktionen technischer Dokumentationen 17
3. Bewertung technischer Dokumentationen 17
4. Zufriedenheit 17
5. Diagrammanalyse 17

1.4 Elektrotechnische Systeme
1. Solaranlage 18
2. Solaranlage und öffentliches Energienetz 18

1.5.1 Elektrische Größen eines Netzteils
1. Symbole zur Kennzeichnung elektrischer Geräte 19
2. Leistungsschild eines Schweißgerätes 19
3. PC-Netzteil 19

1.5.2 Elektrische Spannung
1. Spannungsbereiche 19
2. Modell 19
3. AC/DC: Was ist der Unterschied? 19
4. Galvanis Experiment 19

1.5.3 Spannungsarten
1. Spannungsmessung mit dem Oszilloskop ... 20
2. Summenspannung 20
3. Effektivwert 20
4. Mischspannung 20
5. Drehzahlmessung 20

1.5.4 Stromstärke
1. Stromstärke 21
2. Kundenberatung 21
3. Ladevorgang 21
4. Wirkungen der elektrischen Stromstärke 21
5. Messschaltung 21

1.5.5 Gefahren des elektrischen Stromes
1. Regeln für die Sicherheit 22
2. Fehlerursachen 22
3. Spannungsfreiheit feststellen 22
4. Unfallanzeige 22
5. Erst-Maßnahmen bei Stromunfällen 22
6. Sicherheit bei der Arbeit 23

1.5.6 Messen von U und I
1. Messgeräteuntersuchung 24
2. Anzeige bei einem Spannungsmesser 24
3. Technische Unterlagen eines Messgerätes 24
4. Rechtecksignale 24
5. Messung mit Zweikanal-Oszilloskop 24

1.5.7 Elektrischer Widerstand
1. Widerstandsbegriff 25
2. Isolationswiderstand 25
3. Übergangswiderstand 25
4. Widerstandsbegriffe 25

1.5.8 Elektrische Leistung
1. Leistung im Gleichstromkreis 25
2. Leistung im Wechselstromkreis 25

1.5.9 Elektrische Energie und Arbeit
1. Kostenanteile für elektrische Energie 26
2. Energiekosten für ein Heizgerät 26
3. Kraftwerk 26
4. Energiesparen 26
5. Energiebedarf pro Tag 26
6. Wirkungsgrad bei der Energieumwandlung 26

1.5.10 Zusammenhang zwischen U und I
1. Widerstand und Toleranz 27
2. Kennlinienschar 27
3. Veränderung der Stromstärke 27
4. Widerstandskennlinien 27
5. Kennlinie ohne „Nullpunkt" 27
6. Widerstand metallischer Leiter 28
7. Spannungsberechnung 28
8. Widerstandsberechnungen 28
9. Stromstärkenberechnungen 28

1.5.11 Zusammenhang zwischen R und I
1. Widerstandsänderung im Stromkreis 28
2. Kennlinienuntersuchung 28
3. Elektronische Schaltung 28

1.6.1 Energieumwandlungssysteme
1. Elektrische Leistung bei Spannungsabsenkung 29
2. Stromstärke und elektrische Arbeit 29
3. Kenndaten von Glühlampen 29
4. Zählerstand und Leistung .... 29 →

1 Elektrotechnische Systeme analysieren und Funktionen prüfen

1.6.1 Energieumwandlungssysteme
5 Leistung und Widerstand 29
6 Leistungs- und Arbeitsmessung 29
7 Messen elektrischer Arbeit 29
8 Aufgezeichnete Leistung 29

1.6.3 Parallelschaltung
1 Merksätze 30
2 Herdplatte 30
3 Schaltungsveränderung 30
4 Messgerät 30
5 Temperatursensor 30
6 Zu- und Abschalten von Geräten 30

1.6.4 Reihenschaltung
1 Merksätze 31
2 Veränderungen in der Reihenschaltung 31
3 Fehler auf der Platine 31
4 Vorwiderstand für eine LED 31
5 Reihenschlussmotor 31
6 Anzugsverzögerung 31
7 Stufig einstellbarer Widerstand 32
8 Parallele Widerstandskennlinien 32
9 Widerstände mit Toleranzen 32
10 Operationsverstärker 32
11 Temperaturabhängiger Widerstand 32

1.6.6 Gruppenschaltungen
1 Pegel-Tester 33
2 R-2R-Netzwerk 33
3 Spannungsteiler am Transistor 33
4 Spannungsmessung 33
5 Umschaltbare Widerstände 33
6 Spannungsteilerschaltung 34
7 Einstellbarer Widerstand 34
8 Satelliten-Empfang 34
9 Gleichstrom-Nebenschlussmotor 34
10 LWL-Sender mit Mikrofon-Vorstufe 34

1.6.7 Messung von Widerständen
1 Spannungs- und Stromfehlerschaltung 35
2 Widerstand eines Relais 35
3 Eingangswiderstand 35

1.6.8 Brückenschaltung
1 Erdschluss bei TK-Leitung 35
2 Berührung zwischen den Adern einer Leitung 35
3 Brückenschaltung mit Temperatursensor 35

1.6.9 Widerstand als Bauteil
1 Übungen 36
2 Farbringfolge 36
3 E 12 Reihe 36
4 Spannung 36
5 Toleranzen 36
6 Werte von Widerständen 36
7 Supraleitfähigkeit 36
8 Widerstand und Temperatur 36

1.7.1 Spannungsquellen in einer Solaranlage
1 Batterieaufladung 37
2 Kennlinien eines Solarmoduls 37
3 Energiebilanz 37
4 Wirkungsgrad 37
5 Leistung eines Solarmoduls 37

1.7.2 Verhalten von Spannungsquellen
1 Energieversorgung im Haus 38
2 Mikrofone als Spannungsquellen 38
3 Spannungsquellen bei Belastung 38
4 Lautsprecheranpassung 38

1 Elektrotechnische Systeme analysieren und Funktionen prüfen

1.7.3 Reihenschaltung
1 Notstromanlage 39
2 Übungen 39
3 Belastete Reihenschaltung 39

1.7.4 Parallelschaltung
1 Elektroantrieb für ein Fahrzeug 39
2 Schutzdioden 39
3 Energieversorgung eines Wohnmobils 39

1.8.1 Netzteilauswahl
1 Einbauhinweise 40
2 Störungen 40
3 Parallelschaltung 40
4 Absicherung der Sekundärseite 40
5 Reihenschaltung 40
6 Technische Daten 40

1.8.3.1 Transformator
1 Aufbau und Schaltzeichen 41
2 Transformator in einer Wechselspannungsanlage 41
3 Übungen 41
4 Transformator mit Wirkungsgrad 41
5 Spartransformator 41
6 Trenntransformatoren 41
7 Bildzeichen für Kleintransformatoren 41
8 Was sind Wirbelströme? 41

1.8.3.2 Gleichrichtung
1 Betriebsverhalten von Halbleiterdioden 42
2 Trennung von Schaltsignalen 42
3 Unbekannte Schaltung 42
4 Strom-Spannungs-Kennlinie 42
5 Umschaltung mit einer zweiadrigen Leitung 42
6 Steuerung von Schaltsignalen 42

1.8.3.3 Gleichrichterschaltungen
1 Schaltungsergänzung 43
2 Akkumulatorladegerät 43
3 Zweipuls-Mittelpunktschaltung 43
4 Arithmetische Mittelwerte 43
5 Schalten von Signalen 43

1.8.3.4 Kondensatoren
1 Kapazitätssonde 44
2 Elektrolytkondensator 44
3 Entstörfilter 44
4 Energieversorgung 44
5 Kondensator mit Entladewiderstand 44
6 MP- und MKV-Kondensatoren 44
7 Ladekondensator 44

1.8.4 Längsgeregelte Netzteile
1 Festspannungsregler 45
2 Spannungseinstellung 45
3 16 Bit Microcontroller 45
4 Spannungsstabilisierung 45
5 Kompaktnetzteil 45
6 Vergleich 46
7 Schaltzustände 46
8 Transistor als Verstärker 46
9 Eingangswiderstand 46
10 Ausgangswiderstand 46

1.8.5 Primär getaktetes Schaltnetzteil
1 Belastungskennlinie 47
2 Ausgangsspannung 47
3 Wirkungsgrad 47
4 Schaltnetzteil 47

2 Elektrische Installationen planen und ausführen

2.1.1 Lastenheft
1 Neuinstallation 48
2 Hobbyraum 48

2.1.2.1 Hausanschlusskaten
1 VNB-/Hausnetz 48
2 Spannungen im HAK 48
3 NH-Sicherungen 48
4 Durchlauferhitzer 49
5 Gesamtleistungen 49
6 Leiterströme 49

2.1.2.2 Hauptpotenzialausgleich
1 Hauptpotenzialausgleichsschiene 50
2 Fundamenterder 50
3 Örtlicher Potenzialausgleich 50

2.1.2.3 Zähler
1 Schaltungsnummer 50
2 Arbeitsweise von Zählern 50
3 Zweitarifzähler 50
4 Energieeinsparung 51
5 Tarifrechner 51
6 Zähler bei Fotovoltaiksystemen 51

2.1.2.4 Stromkreisverteiler
1 Büroetage 51
2 Metzgerei 51
3 Installation 52
4 Hauptleitung 52
5 Energieversorgung 52
6 Wohnung 52
7 Wohnhaus 52

2.2.1 / 2.2.2 Schaltpläne Leitungsschutz
1 Wohnungsverteilung 53
2 Stromkreisverteiler 53
3 Selektivität 54
4 Überprüfung der Schutzeinrichtungen 54
5 Auslösekennlinien 54

2.2.3 Leitungsauswahl
1 Zimmer-Installation 55
2 Serienschaltung 55
3 Aufputz-Installation 55
4 Schaltungsanalyse 55
5 Wohnzimmer-Installation 56
6 Notbeleuchtung 56
7 Flur-Installation 56
8 Treppenhausschaltung 56
9 Abzweigdose 57
10 Wohn-Ess-Zimmer 57

2.2.4 Leitungsarten
1 Verwendungszwecke 58
2 Feste Verlegung 58
3 Neue Aderkennzeichnung 58
4 Leitungsaufbau 58

2.2.5.1 Abhängigkeit von der Temperatur
1 Küchen-Installation 59
2 Leitungs-Querschnittsberechnungen 59
3 Leitungshäufung 59
4 Abhängigkeiten für Leiterquerschnitt 59

2.2.5.2 Spannungsfall
1 Gleichspannungsverteilung 60
2 Operationsleuchte 60
3 Gleichstrommotor 60

2.2.5.2 Spannungsfall
4 Baustelle 60
5 Campingplatz 60
6 Leistungsverlust 60
7 Tabelle 60

2.2.6 Schutz gegen elektrischen Schlag
1 Leitungsschutz-Schalter 61
2 Schmelzsicherung 61
3 RCD 61
4 Brandgefahr 62
5 Kabelbrand 62
6 Stromschlag 62
7 Herzströme 62
8 Elektrounfall 62
9 Gefährlicher Stromkreis 62

2.2.7 Erstellen des Angebotes
1 Angebot 63
2 Angebot und Anpreisung 63
3 Kalkulation 63
4 Fehler im Angebot 63

2.3.1 Installationsarten
1 Verlegung unter Putz 64
2 Befestigungen auf Putz 64
3 Kabel einziehen 64
4 Flexible Leitungen 64
5 Hohlwanddose 64
6 Erdkabelverlegung 64
7 Erdleitungsanschluss 64
8 Setzen von Steckdosen 65
9 Stegleitung 65
10 Installationszonen 65
11 Arbeitsschritte 65

2.3.2.1 Arbeitsplanung
1 Reihenfolge 66
2 Arbeitsvorbereitung 66
3 Konfliktgespräch 66
4 Verhalten beim Kunden 66
5 Klassenarbeit 66

2.3.2.2 Arbeitsschutz
1 Arbeitsschuhe 67
2 Spannungsprüfer 67
3 Leuchten-Austausch 67
4 Schutz 67
5 Sicherheitsregeln 67
6 Prüfungsvorbereitung 67

2.3.3.1 Kontrollarbeiten
1 Übergabe 68
2 Übersichtsschaltplan 68
3 Prüfungsschritte 68
4 Sichtkontrolle 68
5 Erproben und Messen 68
6 Sicherheit 68
7 Metzgerei 68
8 Sichtprüfung 1 69
9 Sichtprüfung 2 70

2.3.3.2 Messungen
1 Checkliste 71
2 Durchgängigkeitsmessung 71
3 Bewertung einer Durchgängigkeitsmessung 71
4 Überprüfung des Isolationswiderstandes 71
5 Isolationsfehler .... 71 →

5

2 Elektrische Installationen planen und ausführen

2.3.3.2 Messungen

6	Isolationsmessung	72
7	Schleifenimpedanz in Wohnhäusern	72
8	Messung der Schleifenimpedanz	72
9	Schleifenimpedanz und Abschaltstrom	72 🇬🇧
10	Funktionsprüfungen	72
11	RCD-Prüftaste	73
12	RCD testen	73 🇬🇧
13	Leitungsschutzschalter als Personenschutz	73
14	E-Check	73
15	Prüfungen	73
16	Prüffristen	73
17	Richtwerte	73

2.4 Erstellen der Rechnung

1	Fehlerhafte Rechnung	74
2	Rechnung schreiben	74
3	Mahnung	74
4	Briefkopf	74
5	Kundendienst	74

3 Steuerungen analysieren und anpassen

3.1 Steuerungsanalyse

1	Lampenschaltung	75
2	Prinzip einer Lichtsteuerung	75
3	Haltegliedsteuerung	75 🇬🇧
4	Steuern und Regeln 1	75 🇬🇧
5	Steuern und Regeln 2	75 🇬🇧
6	Presse	76
7	Handhabungen	76
8	Post-Sortieranlage	76

3.2.1 Signale

1	Analoges Ausgangssignal 0 bis 10 V	77
2	Analoges Ausgangssignal 0 bis 20 mA	77
3	Signalarten	77
4	Digitalisierung analoger Signale	77

3.2.2 Bedienelemente

1	Schalter	78 🇬🇧
2	Not-Aus	78 🇬🇧
3	Arten der Betätigung	78 🇬🇧
4	Touch-Panel	78 🇬🇧

3.2.3 Sensoren der Windenergieanlage

1	Sensorbegriff	79
2	Wandler-Symbole	79
3	Windsensor	79 🇬🇧
4	Grenztaster	79

3.2.4 Näherungssensoren

1	Merkmale von Näherungssensoren	79
2	Materialerkennung	79
3	Drehzahlmessung	79
4	Füllstandsmessung	79
5	Schaltabstand	80
6	Reduktionsfaktor	80
7	Zylinderschalter	80
8	Sensorinstallation	80 🇬🇧
9	Datenblatt	80 🇩🇪

3 Steuerungen analysieren und anpassen

3.2.5 Temperatursensoren

1	NTC	81 🇬🇧
2	Widerstandskennlinie	81
3	Brückenschaltung	81
4	Einschaltverzögerung	81
5	Einschaltstrombegrenzung	81
6	Heißleiter mit Vorwiderstand	81
7	PTC	82 🇬🇧
8	Widerstands-Temperatur-Kennlinie	82
9	Füllstandsanzeige	82
10	Überlastschutz	82
11	Heizungsregler	82
12	Maschinenschutz	82
13	Temperaturüberwachung	83 🇬🇧
14	Temperaturwächter	84
15	Haushaltselektronik	85 🇬🇧
16	Automobilelektronik	85 🇬🇧
17	Heizungselektronik	85 🇬🇧
18	Kennlinienvergleich	85
19	Vierleiter-Anschlusstechnik	85

3.3 Ausschusserkennung

1	Wegsensor	86
2	Schwellwertschalter	86
3	Materialhöhe	86
4	Bohrtisch	86
5	Sortieranlage	86
6	Endkontrolle	86
7	Umwelteinfluss	86
8	Werkstückabstand	86
9	Materialerkennung	86

3.3.3 Optische Sensoren

1	LDR-Widerstandskennlinie	87
2	LDR-Strom-Spannungs-Kennlinie	87
3	Tageslichtsteuerung	87 🇩🇪🇬🇧
4	LDR im Spannungsteiler	87
5	Überwachung der Beleuchtungsstärke	87
6	Rufanlage mit Signalspeicherung	87
7	Prinzip Einweglichtschranke	88
8	Erfassungsbereich einer Einweglichtschranke	88
9	Reflexionslichtschranke	88
10	Reflexionslichttaster	88
11	Erfassungsbereich eines Reflexionslichttasters	88
12	Produktinformation	88 🇩🇪
13	Anwendungen von Lichtsensoren	89
14	Teilesortierung	89
15	Zählen	89
16	Auswahl von Lichtschranken	89
17	Gabellichtschranken	89
18	Polarisation	89 🇩🇪🇬🇧

3.3.4 Elektropneumatische Objekte

1	Bezeichnung elektropneumatischer Objekte	90 🇩🇪🇬🇧
2	Ventilfunktion	90
3	Pneumatik	90
4	Prägemaschine	90

3.4.1 Schütze und Relais

1	Kennzeichnung von Schützen	91
2	Schaltfolgediagramm	91
3	Teile eines Relais	91 🇩🇪
4	Relaisbeschaltungen	91
5	Schützbezeichnung	92
6	Schützkennzeichnung	92
7	Kennzahlen	92
8	Kurzreferat	92
9	Zeitrelaiseinstellungen	92 🇩🇪🇬🇧
10	Verzögerungsrelais	92
11	Schaltungsanalyse	92

3 Steuerungen analysieren und anpassen

3.4.2 Verknüpfungen mit Schützen
1. Lichtüberwachung 93
2. Materialerkennung 93
3. Sicherheitsschaltung 93
4. Höhenkontrolle 93
5. Motorüberwachung 93

3.4.4 Logische Verknüpfungen
1. Wertetabelle 94
2. Ausstiegstür 94
3. Waschmaschine 94
4. Stellwerkssteuerung 94
5. Kesselheizung 94
6. Schaltungsentwurf (zwei Eingänge) 94
7. Signal-Zeit-Verläufe bei zwei Eingängen 94
8. Schaltungsentwurf (vier Eingänge) 94
9. Sprechanlage 95
10. Signal-Zeit-Verläufe bei drei Eingängen 95
11. Kanalumschaltung 95
12. Unterscheidung 95
13. Temperaturüberwachung 95
14. Schaltungsanalyse 96
15. Vereinfachungen 96
16. De Morgansches Gesetz 96
17. Negierte Eingangssignale 96
18. Steuerung einer Signallampe 96
19. Informationsweiche 96
20. Halbaddierer 96
21. Volladdierer 97
22. NOR durch NAND 97
23. EXKLUSIV-ODER durch NAND 97
24. EXKLUSIV-ODER durch NOR 97
25. ÄQUIVALENZ-Glied durch NAND .. 97
26. NAND durch NOR 97
27. ÄQUIVALENZ-Glied durch NOR ... 97
28. Signal-Zeitverläufe unbekannter Bausteine 97

3.4.5 Arbeiten mit Steuerrelais
1. Stempelvorrichtung 98
2. Kühlraum 98
3. Tiefgaragenbelüftung 98
4. Anwaltskanzlei 98
5. Zeitbausteine 98
6. Raumbelüftung 98
7. Weihnachtsbeleuchtung 98
8. Alarmschaltung 99
9. Montageband 99
10. Beleuchtungsanlage 99
11. Treppenlicht deluxe 99
12. Markisensteuerung 99
13. Transportband 100
14. Parkhauseinfahrt 100
15. Ampel 100
16. Windenergieanlage 101

3.5 Schaltungen mit Schützen
1. Meldeschaltung 102
2. Blinkrelais 102
3. Heizungsanlage 102
4. Förderanlage 102
5. Förderbänder 103
6. Kompressoranlage 103
7. Hoftor 103
8. Läufer-Anlasser 104
9. Motorschutzrelais 104
10. Thermistor 104
11. Wurzelwaschmaschine 105

3.6 Sicherheitsaspekte
1. Sicherheit 106
2. Bauschuttmühle 106
3. Mischbehälter 106
4. Sicherheitsschleuse 106

4 Informationstechnische Systeme bereitstellen

4.1 Kundenauftrag
1. Anfrage 107
2. Zustandekommen eines Vertrages 107
3. Kundenanfrage über das Internet 107
4. Struktur des Kundenauftrages 107

4.2 Auftragsprüfung und -analyse
1. Lastenheft erstellen 108
2. Pflichtenheft erstellen 108

4.3.1 Hardware
1. Hardware und Software 109
2. Motherboard 109
3. Speicherbausteine 109
4. Bits und Bytes 109
5. PC-Komponenten und Kompatibilität 110
6. Laptop 110
7. I/O-Back-Panel 110
8. Begriffe der PC-Technik 110
9. Serielle und parallele Schnittstellen 111
10. Druckerschnittstelle LPT 1 111
11. Direkte Ansteuerung über LPT 1 111
12. Bussysteme 111
13. Ansteuerung einer LED über LPT 1 112
14. Netzwerkkarten 112
15. Anschluss von Peripherie an die Soundkarte 112
16. Externe Soundkarte 112
17. Schnittstellen für Grafikkarten ... 112
18. Eigenschaften von Grafikkarten .. 112
19. Vergleich von Netzwerkkarten ... 112
20. Installation eines USB-Modems .. 113
21. Begriff Modem 113
22. Speicherverfahren und Speichermedien 113
23. Realisierung eines ISDN-Anschlusses 113
24. Modems 113
25. Festplatten und Datenbänder 113
26. Speicherkapazität von Festplatten 113
27. Begriffe bei Permanentspeichern .. 114
28. RAID-Systeme 114
29. DVD-Systeme 114
30. Anschluss von EIDE-Geräten 114
31. Serial-ATA 114

4.3.2 Externe Baugruppen
1. Peripheriegeräte 115
2. Tastaturstandard 115
3. Computer Tastatur 115
4. Unterscheidung der Tasten 115

4.3.2.1 Eingabegeräte
1. ASCII-Code und Scan-Code 116
2. Tastaturanschlüsse 116
3. Sehnenscheidenentzündung 116
4. Mechanische Maus 116
5. Zeigegeräte 116
6. Flachbettscanner 116
7. Farbtiefe, Auflösung und Speicherplatz 116

4.3.2.2 Ausgabegeräte
1. Geschichte der Kathodenstrahl-Röhre 117
2. Gehäusefarben von Monitoren ... 117
3. CMYK und RGB 117
4. Funktionsprinzip des LCD-Monitors 117
5. Kauf eines TFT-Monitors 117
6. Druckerberatung 117
7. Tintenstrahldrucker 117
8. Begrifflichkeiten bei Monitoren .. 118

7

4 Informationstechnische Systeme bereitstellen

4.4 Auftragsdurchführung
1. Auftragsabwicklung 118
2. Schriftliches Angebot 118
3. Informationsquellen 118
4. Auswahlkriterien 118

4.4.1 Produktauswahl
1. Informationsquellen 119
2. Laptop 119
3. DSL 119

4.4.2.1 Installationsprozess Hardware
1. Chronologie der Installation 120
2. Sicherheitshinweise 120
3. Werkzeugliste 121
4. Mainboard Jumper 121
5. Temperatur einer ungekühlten CPU 121
6. Einbau der Speicherbausteine 121
7. Arbeitsspeicher 121
8. Systemanschlüsse 122
9. Anschluss von Laufwerken 122
10. Abschlussprüfung 122
11. Erster Rechnerstart 122

4.4.2.2 Installationsprozess Software
1. Begrifflichkeiten 122
2. Startvorgang eines Rechners 122
3. Fehlersignal beim Start eines Rechners 122
4. Fehlermeldung beim Rechnerstart 1 123
5. Fehlermeldung beim Rechnerstart 2 123
6. Kaltstart und Warmstart 123
7. Start des BIOS-Setup 123
8. Fehlersignal 123
9. BIOS Menü 123
10. BIOS-Grundeinstellung 123
11. Einrichten von Partitionen 123
12. Dateisysteme 124
13. Zugriffsrechte 124
14. Begriffe im BIOS-Setup 124
15. Betriebssysteme 125
16. Schichtung von Betriebssystemen 125
17. Auswahl von Betriebssystemen 125
18. Gerätetreiber 125
19. Beschaffung von Gerätetreibern 125
20. Eingebundene Geräte 125
21. Netzwerkfähigkeit von Betriebssystemen 125
22. Multitasking und Multiprocessing 125
23. LAN-on-Board 125
24. Implementierte Anwendersoftware 125

4.4.2.3 Installationsprozess Netzwerk
1. Netztopologien 126
2. Merkmale von Netztopologien 126
3. Patchkabel 126
4. Netzwerkdosen 126
5. Crimpwerkzeug 126
6. LSA 126
7. Leitungsprüfer 126
8. Netzausdehnung 127
9. Cable sharing 127
10. Kategorien von UTP 127
11. Cat 5E/Cat 6 – Patch Kabel 127
12. Netzwerkprotokolle 128
13. Netzzugriff und -übertragung 128
14. LWL-Ethernet-LAN 128
15. WLAN 128
16. Schichtenmodell 128
17. Neue IP-Adressen 128
18. DNS 128
19. Domaininhaber 129
20. Netzklassen 129
21. Logische Netzwerkorganisation 129
22. Top-Level-Domänen 129
23. Begrifflichkeiten bei Netzwerken 129
24. Dynamische IP-Vergabe 129
25. Namensauflösung im WorldWideWeb 129

4 Informationstechnische Systeme bereitstellen

4.5 Auftragsabschluss
1. Phasen des Auftragsabschlusses 130
2. Funktionstest 130
3. Fehlerdiagnose 130
4. Fehlersuchstrategie 130
5. Umgang mit Kunden 130
6. Dokumentation 130
7. Auftragsauswertung 130

4.6 Anwendung
1. Software 131
2. Grundsätze bei der Softwarenutzung 131
3. Verzeichnisse 131
4. Systemdateien und Anwendungsdateien 131
5. Dateiendungen 131

4.6.2 Strukturieren
1. Der Betrieb, in dem ich arbeite 131
2. Rechte und Pflichten während der Ausbildung 131

4.6.3 Textverarbeitung
1. Erstellung eines Lastenheftes 132
2. Text übersetzen 132

4.6.4 Präsentation
1. Präsentationssoftware 132
2. Beamer und Laptop 132
3. Beamer 132
4. Präsentation „Die fünf Sicherheitsregeln" 132
5. Gestaltungsgrundsätze 132

4.6.5 Tabellenkalkulation
1. Verbrauchsermittlung 133
2. Arbeitsplanung 133
3. Leistungshyperbel 133

4.6.6 Grafik und CAD
1. Pixel oder Vektoren 133
2. Grafikformate 133
3. CAD-Programme 133
4. Wechselschaltung 133
5. Screenshots 133

4.6.7 Internetnutzung
1. Internetdienste 134
2. Internet 134
3. E-Mail Account 134

4.6.8 Urheber- und Medienrecht
1. Urheberrecht 134
2. Kopiermöglichkeit 134

4.6.9 Datensicherheit und -schutz
1. Datensicherheit 134
2. Datensicherung 134
3. Datenschutz 134

Anhang
Zehnerpotenzen 135
Brüche 136
Gleichungen 137
Formeln umstellen 138
Zuordnungen und Dreisatz 139
Prozent- und Zinsrechnung 140
Physikalische Größen und Einheiten 141
Diagramme 142
Achseneinteilung 143

Die Kapitelgliederung entspricht der Gliederung des Lernbuches Elektrotechnik Lernfelder 1–4 (Bestell-Nr.: 22 1532)

1 Elektrotechnische Systeme analysieren und Funktionen prüfen

1.1 Berufsbild

1 Vielfalt der Elektroberufe

Sie haben sich für eine Ausbildung in einem elektrotechnischen Beruf entschieden.

a) Nennen Sie drei Gründe, warum Sie diesen Beruf gewählt haben.

b) Nennen Sie drei Wünsche für Ihre weitere berufliche Zukunft.

2 Einordnung des Ausbildungsbetriebes

Entwickeln Sie eine Struktur Ihres Ausbildungsbetriebes in Form einer Mind-Map.

Hinweis: Die vorgegebenen Äste sind ein Vorschlag.

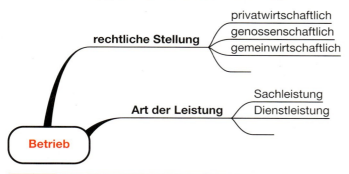

3 Betriebliche und schulische Ansprechpartner

Erstellen Sie eine Liste mit allen betrieblichen und schulischen Ansprechpartnern, die für Sie und Ihre Ausbildung wichtig sind. Geben Sie dabei deren betriebliche Funktion, die Telefon- sowie E-Mailerreichbarkeit an.

4 Sozialkompetenz

Die Tabelle gibt einige Dimensionen der Sozialkompetenz an.

Dimensionen	+1	+2	+1	o.k.	–1	–2	–2
Eigenverantwortlichkeit							
Leistungswille							
Selbstvertrauen							
Motivation							
Kontaktfähigkeit							
Auftreten							
Einfühlungsvermögen							
Einsatzfreude							
Initiative							
Misserfolgstoleranz							
Selbstsicherheit							
Flexibilität							

a) Ordnen Sie der farbigen Hinterlegung Oberbegriffe zu.

b) Schätzen Sie sich selbst anhand dieser Tabelle ein.

5 Lebenslauf des eigenen Betriebes

Erarbeiten Sie einen „tabellarischen Lebenslauf" Ihres Betriebes.

Interviewen Sie ältere Mitarbeiter und Mitarbeiterinnen zu Ihrer Arbeit jetzt und früher.

Arbeitshilfen:

Erstellen Sie einen Fragenkatalog nach dem Sie bei dem Interview vorgehen können.

Fragen Sie z.B. nach
- Verdienst,
- Arbeitszeiten,
- notwendigem Fachwissen,
- der wirtschaftliche Lage des Betriebes.

6 Ausbildung und Betrieb

Erstellen Sie eine Mind-Map bei der Sie sich im Mittelpunkt befinden. Stellen Sie Ihre betrieblichen, schulischen und sonstigen Ausbilder dar.

Geben Sie an, welchen Lernfortschritt Sie durch die Hilfe Ihrer Ausbilder innerhalb eines Jahres erwarten.

Bewahren Sie diese Mind-Map auf und kontrollieren Sie nach einem Jahr, welche Erwartungen erfüllt wurden.

7 Anpassungsdruck

Das Bild zeigt drei Gründe für den wirtschaftlichen Anpassungsdruck. Dabei spielt die Globalisierung eine besondere Rolle.

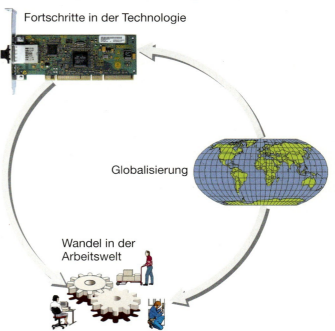

a) Finden Sie heraus, mit welchen Ländern Ihr Betrieb geschäftliche Kontakte hat.

b) Erstellen Sie eine Liste mit den fünf wichtigsten Konkurrenzbetrieben.

1 Elektrotechnische Systeme analysieren und Funktionen prüfen

1.2.1 Grundbegriffe des wirtschaftlichen Handelns

1 Der eigene Betrieb

Informieren Sie sich über Ihren Betrieb und verdeutlichen Sie die Struktur in Form einer grafischen Darstellung (z. B. Mind-Map, Diagramm).

Beispiele für Fragen zur Strukturierung:
- Wie viele Mitarbeiterinnen und Mitarbeiter gibt es?
- Welche Aufgaben haben die Betriebsangehörigen?
- Was für Dienstleistungen erbringen wir?
- Was wird produziert?
- ...

2 Wettbewerb

In der näheren Umgebung Ihres Betriebes gibt es sicher Betriebe, die ähnliche Produkte liefern bzw. ähnliche Dienstleistungen erbringen. Es sind also Konkurrenten vorhanden, mit denen Sie im Wettbewerb stehen.

a) Informieren Sie sich über diese Betriebe und stellen Sie besondere Merkmale heraus.

Um im Wettbewerb bestehen zu können, müssen die den Wettbewerb bestimmenden Faktoren bekannt sein und die Beziehungen zwischen den Faktoren beachtet werden (**Struktur**).

b) Entwickeln Sie mit den folgenden Wettbewerbsfaktoren eine Struktur, mit der Sie durch ständige Produkt- und Prozessinnovationen im Wettbewerb bestehen können.

Wettbewerbsfaktoren:
- Zeit
- Qualität
- Kosten

– Produkte verändern
– Prozesse verändern
– Zeiten verkürzen
– Kreativität fördern
– Qualität verbessern
– Kosten senken

Mögliche Struktur:

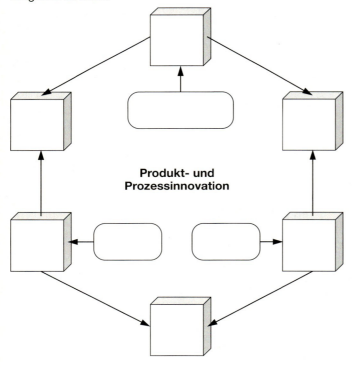

1.2.2 Geschäftsprozesse

1 Betriebsorganisation

Die Abbildung verdeutlicht die Betriebsstruktur eines Betriebes.
a) Erstellen Sie eine entsprechende Struktur mit deutschen Begriffen.
b) Beschreiben Sie die grundsätzliche Arbeitsweise des Betriebes.

2 Kundenorientierung

Lesen Sie die Anforderungen einer Kundenorientierung durch und halten Sie z. B. in einer Tabelle fest, welche Verhaltensweisen Sie selbst als Betriebsangehöriger zeigen sollten bzw. der Inhaber durchsetzen sollte.

> „Wenn Sie sich um den Kunden bemühen, kommt er zurück. Wenn Sie sich um Ihr Produkt bemühen, kommt es nicht zurück."
> Richard Whitley, amerikanischer Unternehmensberater

Die Berater Haines/McCoy sehen folgende Mindestanforderungen:

1. Engen Kontakt pflegen: sich regelmäßig – außerhalb der Geschäftsräume – treffen und austauschen.
2. Wünsche, Bedürfnisse und Erwartungen der Kunden nicht nur ‚er'-, sondern ‚überer'-füllen.
3. Die Kundenzufriedenheit regelmäßig prüfen und – egal ob positiv, negativ oder neutral – stets die Rückmeldung anregen und begrüßen.
4. Konzentrieren Sie sich darauf, das Geschäft des Kunden erfolgreicher zu machen, ihn dadurch zufrieden zu stellen – Service, Qualität, Wirtschaftlichkeit, usw. – und Sie sind erfolgreich.
5. Bleiben Sie ‚am Kunden', indem Sie veranlassen, dass jeder Mitarbeiter ‚seine' Kunden ein- oder mehrfach im Jahr persönlich trifft und/oder bedient.
6. Strukturieren Sie die gesamte Organisation/Geschäftsprozesse so, dass die Bedürfnisse der Kunden optimal befriedigt werden. Dies gilt für ‚alle' Funktionsbereiche – von oben bis unten.
7. Führen Sie eine ‚Kunden-Rückgewinnungs-Strategie' ein und belohnen Sie den Erfolg bei den Teams, die etwas mit dem Kundenkontakt/Service zu tun haben.
8. Fördern Sie ‚kundenfreundliches' Verhalten und stellen Sie nur derartige Mitarbeiter ein, damit nicht auch Ihnen das Schicksal mancher öffentlicher Organisationen widerfährt, bei denen einige Arbeiten zum Selbstzweck degenerieren.

1 Elektrotechnische Systeme analysieren und Funktionen prüfen

1.2.2 Geschäftsprozesse

3 Bearbeitung eines Kundenauftrages

In Ihrem Elektrobetrieb ist folgender Auftrag eingegangen: Es soll eine Satelliten-Empfangsanlage für einen Kunden aufgebaut werden. Die gewünschte Antenne ist nicht in Ihrem Lager, so dass sie bestellt werden muss.
Beschreiben Sie anhand der abgebildeten allgemeinen Struktur von Geschäftsprozessen die Bearbeitung des beschriebenen Kundenauftrages.

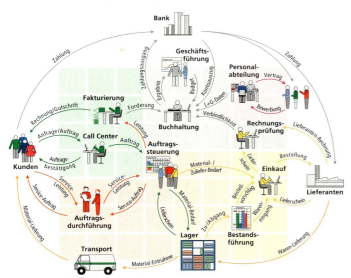

4 Geschäftsprozesse im Handel

In Ihrem Elektrobetrieb gibt es neben dem Reparatur- und Servicebereich eine große Abteilung, die sich mit dem Verkauf von Elektrogeräten (Einzelhandel) befasst. Die Struktur des Betriebes verdeutlicht die Abbildung.

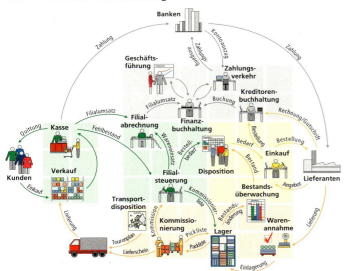

a) Ermitteln Sie die Abteilungen, in denen Einzelgeschäftsprozesse ablaufen.
b) Ermitteln Sie die einzelnen Informationsflüsse und die jeweilige Richtung.
   Beispiel für die Darstellung:
   Kasse → Kunden (Quittung);
   Zahlungsverkehr ←→ Bank (Zahlungsanweisung, Kontoauszug)
c) Geben Sie den Weg des Materials mit der jeweiligen Richtung vom Lieferanten aus an (Materialfluss).

5 Betriebsstrukturen

Einliniensystem

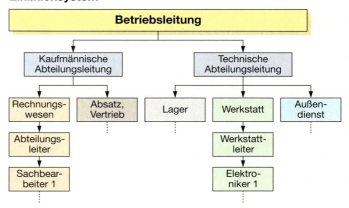

Spartenorganisation

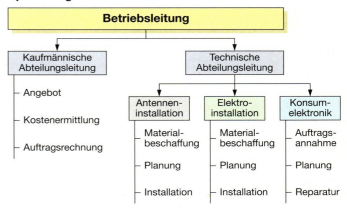

Die Diagramme verdeutlichen Geschäftsprozesse und betriebliche Organisationsformen.
Ermitteln Sie für jede Organisationsform Vorteile und Nachteile.

6 Auftrag abwickeln

Entwickeln Sie für einen selbst gewählten Geschäftsprozess eine Schrittreihenfolge (von dem Auftragseingang bis zur Rechnung z. B. für eine Elektroinstallation).

Die nachfolgenden Beispiele können verwendet bzw. ergänzt werden.
- Archivierung der Auftragsdokumente
- Auftrag ausführen
- Zahlungseingang des Kunden erfassen
- Zahlung an den Lieferer erfassen
- Rechnung an Buchhaltung übergeben
- Auslieferung vorbereiten
- Lagerbestand ermitteln
- Produktionsfreigabe
- Rechnung erstellen
- Kundenauftrag analysieren
- Gesamtkosten ermitteln
- Installationsvorschlag erarbeiten
- Terminplan erstellen
- Installationsplan erstellen
- Material zusammenstellen
- Angebote von Zulieferern einholen
- Materialliste erstellen
- Installierte Materialien erfassen
- Zeitbedarf für die Installation festhalten
- Mit Kunden Gespräch über Installation führen

1 Elektrotechnische Systeme analysieren und Funktionen prüfen

1.2.2 Geschäftsprozesse

7 Geschäftsprozesse „Reparatur"

In Ihrem Betrieb sollen die Geschäftsprozesse rund um die Reparatur von Geräten dargestellt werden. Der Geschäftsprozess „Reparatur" ist in folgende Teilprozesse gegliedert:
1. Annahme
2. Durchführung der Reparatur
3. Erstellen der Rechnung

Für den zweiten Teilprozess „Durchführung der Reparatur" sind die Ergebnisse des Brainstormings (engl.: durch das Gehirn stürmen, fegen) und der Algorithmus dargestellt.

Brainstorming

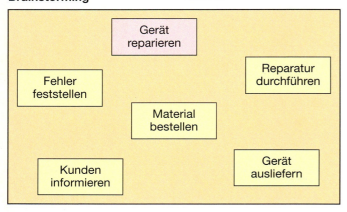

Ablaufalgorithmus

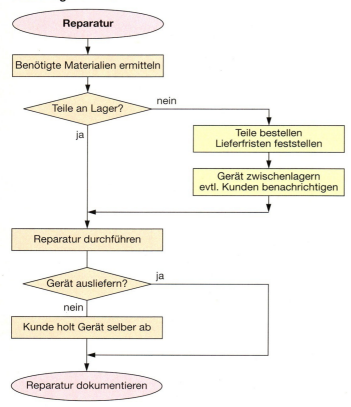

a) Informieren Sie sich über die Methode Brainstorming.
b) Erarbeiten Sie mit Hilfe der Methode Brainstorming die notwendigen Schritte für die Teilprozesse eins und drei.
c) Erstellen Sie für die Teilprozesse eins und drei einen Ablaufalgorithmus.

8 Außendienst

Die Abbildung stellt die Abwicklung eines Außendiensteinsatzes dar.

Das Programm „Service-plus" optimiert dabei den Einsatz der Mitarbeiter:

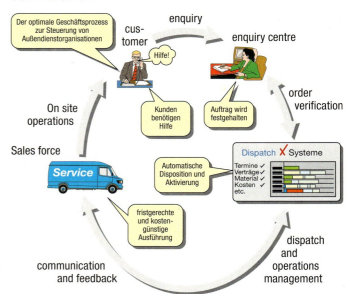

Übersetzen Sie die englischen Begriffe der Abbildung und beschreiben Sie das Funktionsprinzip von „Service-Plus".

9 CD-Player liest keine CD ein

Der Ablaufalgorithmus der Reparatur eines CD-Players soll in die englische Sprache übersetzt werden.

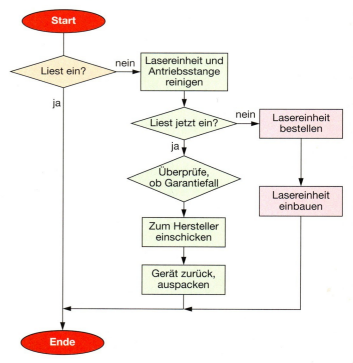

a) Berichten Sie die Fehler in der Darstellung (Norm beachten), dem sprachlichen Ausdruck und dem logischen Aufbau.
b) Skizzieren Sie einen überarbeiteten Algorithmus in englischer Sprache.

1 Elektrotechnische Systeme analysieren und Funktionen prüfen

1.2.4 Technische Prozesse

1 Problemlösung

In dem Flussdiagramm ist der Ablauf einer Problemlösung dargestellt.

a) Entwickeln Sie für jede durch die Ziffern **1** bis **8** gekennzeichneten Phasen Fragen, die für den Fortschritt beantwortet werden müssen.

Beispiel 1: Was ist mir über die Ausgangssituation bekannt?

b) Einzelne Phasen sind durch Umrandungen und Unterlegungen zusammengefasst (**A**, **B** und **C**). Welche Funktion haben diese Blöcke im Problemlösungsprozess? Formulieren Sie diese Merkmale.

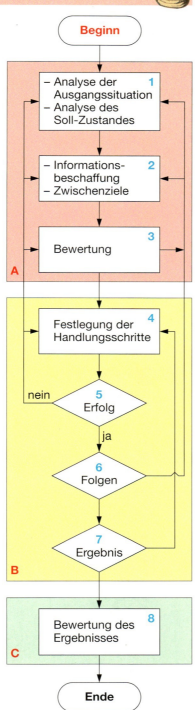

2 Inbetriebnahme einer Maschine

In dem nachfolgenden Text wird die Inbetriebnahme einer Maschine beschrieben. Erstellen Sie für die Handlungsschritte ein Flussdiagramm mit den genormten Symbolen.

Die Verpackung wird geöffnet und die Schutzfolie entfernt. Die Verriegelung wird gelöst. Die Maschine wird mechanisch befestigt. Das Kühlmittel wird eingefüllt und der Füllstand überprüft. Das Getriebeöl wird eingefüllt und der Füllstand überprüft. Der Elektroanschluss wird hergestellt. Die NOT-AUS-Funktion wird überprüft. Ein Probelauf wird durchgeführt. Die Maschine wird fertig installiert.

3 Software-Installation

Erstellen Sie ein entsprechendes Flussdiagramm in deutscher Sprache.

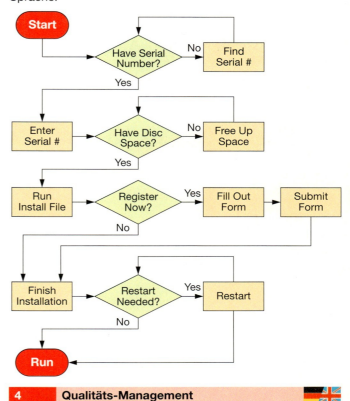

4 Qualitäts-Management

Erstellen Sie ein entsprechendes Flussdiagramm in deutscher Sprache.

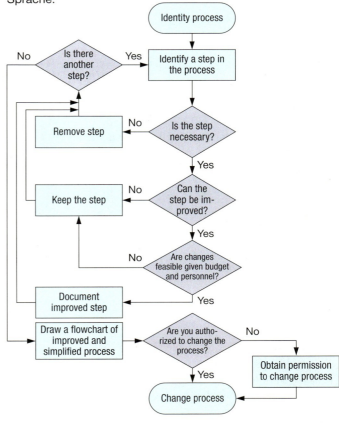

1 Elektrotechnische Systeme analysieren und Funktionen prüfen

1.3.1 Kommunikation

1 Kommunikationsergebnis

Das Ergebnis eines Kommunikationsprozesses soll durch diese Karikatur verdeutlicht werden.

Interpretieren Sie das Ergebnis und formulieren Sie eine Lösung für das dargestellte Problem.

2 Wahrnehmungen

Folgende Geschichte wird durch diese Karikatur veranschaulicht: Sechs blinde Kinder in einem indischen Dorf berichten über ihre Wahrnehmungen.

Welche Konsequenzen können Sie aus dieser Geschichte für die eigenen Wahrnehmungen ziehen?

3 Erfolgreiche Kommunikation

Die Kommunikation zwischen zwei Personen kann vereinfacht als ein Austausch von Informationen zwischen einem Sender und einem Empfänger aufgefasst werden. Jede Person übernimmt abwechselnd die Rolle eines Senders bzw. Empfängers.

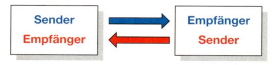

Stellen Sie grundlegende Regeln aufgrund eigener Erfahrungen für eine erfolgreiche Kommunikation für den Sender und den Empfänger auf.

4 Shannon und Weaver

Im Jahre 1949 veröffentlichten die US-Amerikaner Shannon und Weaver ein technisch orientiertes Kommunikationsmodell, das sehr rasch auf die menschliche Kommunikation übertragen wurde. Informieren Sie sich über dieses Modell und stellen Sie wesentliche Elemente heraus.

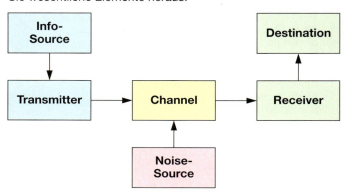

5 Kommunikationsumfeld

Kommunikation zwischen Menschen bezieht sich nicht nur auf die gesprochenen Wörter.

Halten Sie fest, wovon die Kommunikation auch noch bestimmt wird.

6 Konfliktgespräch

In Betrieben können ungelöste Konflikte die Effektivität der geleisteten Arbeit verringern und das Arbeitsklima erheblich stören.

a) Listen Sie auf, weshalb eine Konfliktbewältigung bedeutsam ist.

Zur Lösung von Konflikten werden häufig Konfliktgespräche eingesetzt, bei denen bestimmte Regeln der Kommunikation eingehalten werden müssen. Die Phasen eines Konfliktgesprächs verdeutlichen die nachfolgenden Stufen.

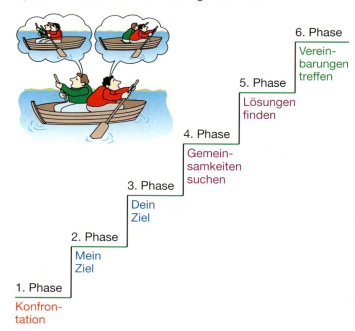

b) Formulieren Sie für jede Stufe Beispiele, damit das Konfliktgespräch erfolgreich verläuft.

1 Elektrotechnische Systeme analysieren und Funktionen prüfen
1.3.2 Medien betrieblicher Kommunikation

1 Einsatz von Kommunikationsmedien

In der Tabelle sind verschiedene Medien zur Kommunikation aufgeführt.
Entscheiden Sie, welche Medien Sie in welchen Situationen einsetzen würden.

Situation		E-Mail	Telefon	SMS	Fax	Brief	Postkarte	Gespräch
Antwort	sofort, rasch							
	in den nächsten Tagen							
Empfänger	bekannt							
	unbekannt							
Ereignis	erfreulich							
	unerfreulich							
Produktinformation einholen								
Termin bestätigen/absagen								
Einladung zu einer festlichen Veranstaltung								
Bestätigung eines Auftrages								
Kündigung eines Vertrages								

2 Verhalten und Wahrnehmungen bei der Kommunikation über Medien

Wenn wir über Medien kommunizieren, haben wir bestimmte Empfindungen und Wahrnehmungen, die unser Verhalten beeinflussen.
Das Verhalten hängt auch in starkem Maße von der jeweiligen Situation ab.
Führen Sie eine Befragung bei Ihren Mitschülerinnen und Mitschülern mit Hilfe der Tabelle durch. Ergänzen Sie unter Umständen die Tabelle.

Verhalten, Wahrnehmungen, Empfindungen	Kommunikation mit Freunden, Verwandten, Bekannten, …			Kommunikation in einer offiziellen Situation am Arbeitsplatz, mit einer Behörde, …		
	Gespräch	Brief	E-Mail	Gespräch	Brief	E-Mail
Ich bin frei und verhalte mich ungezwungen.						
Ich habe den Eindruck, kontrolliert zu werden.						
Ich bin hastig und ungeduldig.						
Die Kommunikation macht mir Spaß.						
Ich bin unter Druck, unbedingt antworten zu müssen.						
Ich fühle mich belästigt.						
Die Kommunikation ist anstrengend.						
Ich habe Verständnis für meine Kommunikationspartner.						

3 Entwicklungstendenzen

Interpretieren Sie das dargestellte Diagramm und beschreiben Sie die gegenwärtige Situation.

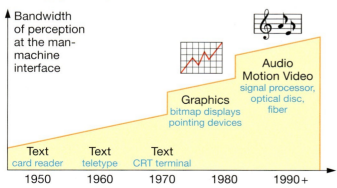

4 Multimedia

In der betrieblichen Kommunikation werden vielfältige Medien verwendet, so dass man bereits von einem multimedialen Einsatz sprechen kann.

Informieren Sie sich über den Begriff „Multimedia" und finden Sie eine Definition.

1 Elektrotechnische Systeme analysieren und Funktionen prüfen
1.3.3 Dienste betrieblicher Kommunikation

1 Aufbau einer E-Mail

Der Kopf (Header) einer E-Mail enthält wichtige Elemente. Ermitteln Sie die Bedeutung.

Header-Feld	Bedeutung
To:	
Cc:	
Bcc:	
From:	
Subject:	

2 Mailing Liste

Die nachfolgend dargestellten vier Schritte verdeutlichen den Umgang mit einer Mailing Liste.
Beschreiben Sie die einzelnen Schritte.

Step 1

Step 2

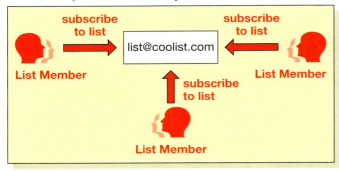

Step 3

Step 4

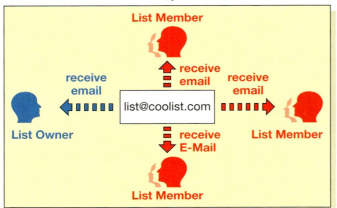

3 Beurteilung von Webseiten

Im Internet gibt es wertvolle und weniger wertvolle Informationsquellen. Es ist deshalb sinnvoll, Webseiten zu beurteilen, wenn man sie als Quellen für die Bearbeitung bestimmter Themen verwenden will.
Wenden Sie die nachfolgenden oder eigenen Beurteilungsmerkmale für drei selbst gewählte Webseiten aus.

- **URL-Server–Name, Domain-Name**
  - Wo ist das Dokument zu finden?
  - Ist das Dokument eine offizielle Veröffentlichung einer Organisation? Wenn ja, welche?
  - Deutet der Server-Name z.B. auf ein Unternehmen, eine Hochschule, eine Behörde oder ein kommerzielles Unternehmen hin?
  - …

- **Titel des Dokuments**
  - Steht der Titel des Dokuments im Zusammenhang mit den Darstellungen?
  - Wird durch den Titel bereits die Qualität der Darstellungen deutlich?
  - …

- **Verfasser**
  - Ist der Verfasser angegeben?
  - Kann über die Verfasserangabe auf die Kompetenz geschlossen werden?
  - …

- **Aktualität**
  - Ist das Erscheinungsdatum angegeben?
  - Ist das Dokument aktuell?
  - …

4 Auswertung von Webseiten

Werten Sie drei selbst gewählte Webseiten mit diesen oder eigenen Kriterien aus.

- **Motive**
  - Öffentlichkeitsarbeit, Werbung
  - Forschungsbericht
  - Politische Information
  - …

- **Wahrheitsgehalt**
  - Sind die Aussagen korrekt oder weniger korrekt?
  - Sind die Quellen oder Literaturhinweise angegeben?
  - …

- **Objektivität**
  - Sind die Aussagen wertneutral oder enthalten sie subjektive Meinungen?
  - Wird mit dem Sprachstil eine Beeinflussung angestrebt?
  - Sind die Angaben vollständig oder sind bestimmte Fakten weggelassen worden?
  - …

- **Layout**
  - Farbwahl passend, unpassend
  - Schriftgröße
  - Übersichtlichkeit
  - Animationen passend oder überfrachtend?
  - Störende Werbung?
  - …

- **Pflege**
  - Sind die Hyperlinks noch gültig?
  - Sind die Angaben aktuell?
  - …

1 Elektrotechnische Systeme analysieren und Funktionen prüfen
1.3.4 Technische Dokumentation

1 Übersicht

Bei der Erstellung technischer Dokumentationen sind vielfältige Aspekte zu beachten.
Finden Sie diese heraus und erweitern Sie die vorgegebene Struktur.

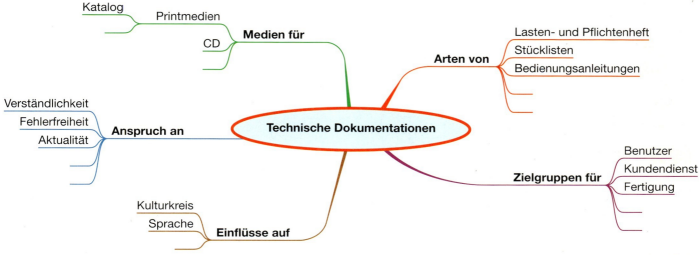

2 Funktionen technischer Dokumentationen

Ermitteln Sie stichwortartig Funktionen technischer Dokumentationen für **Hersteller** und **Anwender.**

3 Bewertung technischer Dokumentationen

Vom Hersteller werden für die Benutzer von Handys technische Dokumentationen in Form von Bedienungsanleitungen zur Verfügung gestellt.
a) Wählen Sie eine Bedienungsanleitung aus und bewerten Sie diese aus der Benutzersicht.
b) Stellen Sie die Ergebnisse übersichtlich dar und präsentieren Sie das Ergebnis Ihren Mitschülerinnen und Mitschülern.
Hinweis: Präsentationsregeln beachten!

Beispiele für Beurteilungsmöglichkeiten:
Gestaltung, Übersichtlichkeit, Verständlichkeit, Aktualität, Handhabbarkeit, Lesbarkeit, Bilder, Schriftgröße, Grafiken, Zusammenfassungen, …

4 Zufriedenheit

Wenn man nicht die genauen Zusammenhänge zwischen den Größen in einem Diagramm darstellen, sondern mehr mit anschaulichen Methoden Unterschiede verdeutlichen möchte, kann man dazu z. B. Chernoff-Gesichter verwenden.
Die Zufriedenheit von Autobesitzern ist auf diese Weise dargestellt worden.
Ermitteln Sie die Zahl der Unterscheidungsmerkmale und stellen Sie für jedes eine Rangfolge der Automobile auf.

Audi	BMW	Ford	Honda	Mazda
Mercedes	Porsche	Toyota	VW	Volvo

5 Diagrammanalyse

In der Technik und besonders in der Elektrotechnik werden verschiedenartige Diagramme eingesetzt.
Sie sollen technische Sachverhalte verdeutlichen und das Wesentliche herausstellen.

a) Entwickeln Sie Fragenbereiche bzw. Fragen zur Analyse.
  Hinweis:
  Mögliche Fragenbereiche können sein

Inhalt	Form	Aussage und Interpretation
– Was ist dargestellt?	– Aufbau	– Veranschaulichung
– …	– …	– …

b) Beurteilen Sie anschließend mit diesen Fragen das unten dargestellte Diagramm.

X-Y-Z-Oberflächenplot mit Höhenfarben und Konturen

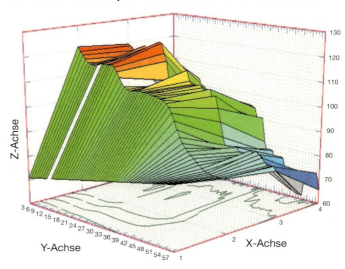

1 Elektrotechnische Systeme analysieren und Funktionen prüfen

1.4 Elektrotechnische Systeme

1 Solaranlage

An einer Solaranlage für einen Kleingarten sollen folgende Geräte betrieben werden:
- 2 Energiesparlampen
- 1 Radiorecorder
- 1 Kompressorkühlschrank
- 1 Fernsehgerät
- 1 Sat-Anlage
- 1 Videorecorder
- 1 Wasserpumpe

Bestimmen Sie dafür das erforderliche Solarmodul (1.) und den Energiespeicher (Akkumulator 2.).

Hinweis: Für die Auswahl des Solarmoduls ist zunächst der erforderliche Energiebedarf zu ermitteln. Danach kann erst der notwendige Akkumulator bestimmt werden (s. Ablaufdiagramme rechte Spalte).

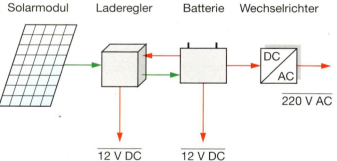

1. Solarmodul
Folgendes ist zu berücksichtigen:

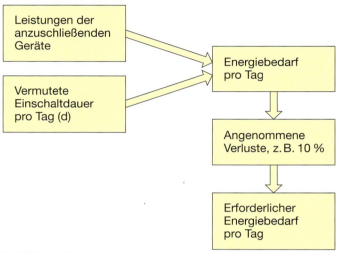

2. Akkumulator
Folgendes ist zu berücksichtigen:

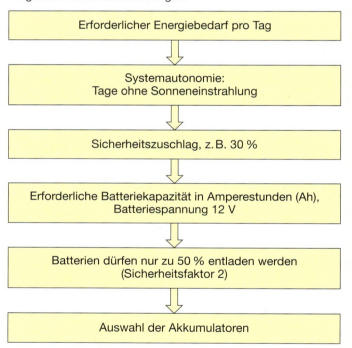

2 Solaranlage und öffentliches Energienetz

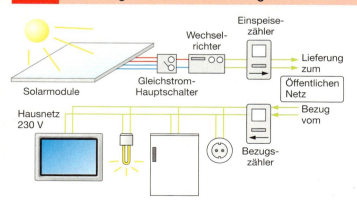

Die Abbildung zeigt schematisch den Einsatz einer Solaranlage im öffentlichen Energienetz eines Herstellers.

a) Beschreiben Sie die grundsätzliche Arbeitsweise und das Zusammenwirken der unterschiedlichen Energiesysteme.

b) Benennen Sie die dargestellten Geräte bzw. Objekte.

c) Welche Rolle spielen die Zähler?

d) Weshalb befindet sich in der Solaranlage kein Akkumulator?

1 Elektrotechnische Systeme analysieren und Funktionen prüfen

1.5.1 Elektrische Größen eines Netzteils

1 Symbole zur Kennzeichnung elektrischer Geräte

Ermitteln Sie die Bedeutung der folgenden Symbole.

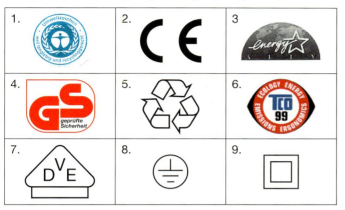

2 Leistungsschild eines Schweißgerätes

Die folgenden Angaben befinden sich auf der Beschreibung eines englischen Schweißgerätes:

Manufacturer's rating plate
The following symbols are used on the manufacturer's rating plate to indicate the type of protection:

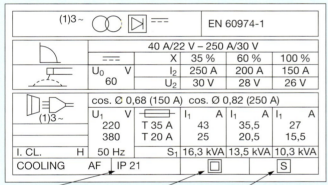

a) Ermitteln Sie die grundsätzliche Arbeitsweise.
b) Welche besonderen Hinweise werden über die Sicherheit gemacht?
c) Was bedeuten die Angaben (1)3 ~ ?
d) Ermitten Sie die Eingangsgrößen des Schweißgerätes.
e) Mit wie viel Ampere ist das Gerät abgesichert?
f) Ermitteln Sie die Ausgangsgrößen des Schweißgerätes.

3 PC-Netzteil

In einem PC können zusätzliche Komponenten (z. B. Festplatte, DVD-Laufwerk) installiert werden.
Die Spannungsversorgung erfolgt über das vorhandene Netzteil.
In der Abbildung ist einer dieser Steckverbinder zu sehen.

a) Ermitteln Sie für jeden Kontakt die Spannung.
b) Warum sind an jedem Kontakt zwei Leitungen angeschlossen?

1.5.2 Elektrische Spannung

1 Spannungsbereiche

Nennen Sie Geräte bzw. Anlagen, in denen Spannungen der folgenden Bereiche anzutreffen sind:
a) Megavolt   c) Millivolt
b) Kilovolt   d) Mikrovolt

2 Modell

In dem Buch „Du und die Elektrizität" von Eduard Rhein (1940) wird auf S. 188 das abgebildete Stromkreismodell zur Veranschaulichung verwendet.

a) Beschreiben Sie die abgebildeten Vorgänge in den Bereichen A bis D.
b) Ersetzen Sie in einem zweiten Schritt Ihre Beschreibung durch elektrische Größen und Einheiten.
c) Welche dargestellten Vorgänge sind mit den heutigen Vorstellungen über Elektrizität nicht zu vereinbaren bzw. sogar falsch?

3 AC/DC: Was ist der Unterschied?

In 1887 direct current (DC) was king. At that time there were 121 Edison power stations scattered across the United States delivering DC electricity to its customers.
But DC had a great limitation – namely, that power plants could only send DC electricity about a mile before the electricity began to lose power.
So when George Westinghouse introduced his system based on high-voltage alternating current (AC), which could carry electricity hundreds of miles with little loss of power, people naturally took notice.
A "battle of the currents" ensued. In the end, Westinghouse's AC prevailed.

a) Beschreiben Sie mit eigenen Worten den Sachverhalt im Jahre 1887.
b) Welches technische Problem wurde gelöst?

4 Galvanis Experiment

Luigi Galvani (italienischer Wissenschaftler, 1737–1798) führte folgendes Experiment durch (s. Abbildung):

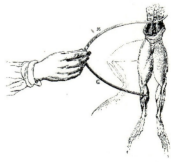

Wenn er die das Bein versorgenden Nerven und einen Wadenmuskel des Präparats mit einem metallischen Bogen verband, zuckte das Bein in der dargestellten Weise.
Bögen aus nicht leitendem Material (z. B. Glas, Holz) lösten diesen Effekt nicht aus.

Erklären Sie dieses Phänomen mit unseren heutigen Vorstellungen über die Elektrizität.

1 Elektrotechnische Systeme analysieren und Funktionen prüfen

1.5.3 Spannungsarten

1 Spannungsmessung mit dem Oszilloskop

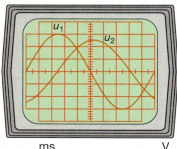

Das Oszillogramm zeigt zwei gegeneinander verschobene (phasenverschobene) Wechselspannungen.
Ermitteln Sie die
a) Maximalspannungen,
b) Periodendauern und Frequenzen sowie
c) Phasenverschiebungszeit.

$A_X = 1\,\frac{ms}{cm}$ $A_Y = 0{,}5\,\frac{V}{cm}$

Lösungshinweis:
Die Größen können mit Hilfe der Ablenkkoeffizienten (A_X und A_Y) des Elektronenstrahls im Oszilloskop ermittelt werden.

2 Summenspannung

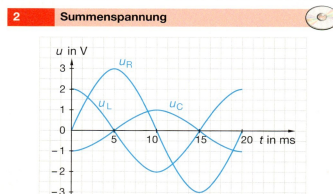

Die drei Teilspannungen sind mit einem Oszilloskop an drei elektrischen Bauteilen gemessen worden. Sie entstehen aus einer einzelnen Spannungsquelle. Ermitteln Sie zeichnerisch den Verlauf der Gesamtspannung der Wechselspannungsquelle.

3 Effektivwert

The effective value of an alternating current or voltage is the value of alternating current or voltage that produces the same amount of heat in a resistive component that would be produced in the same component by a direct current or voltage of the same value. The effective value of a sine wave is equal to 0,707 times the peak value. The effective value is also called the root mean square or rms value.

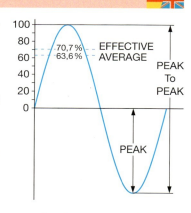

The term rms value is used to describe the process of determining the effective value of a sine wave by using the instantaneous value of voltage or current. You can find the rms-value of a current or voltage by taking equally spaced instantaneous values on the sine wave and extracting the square root of the average of the sum of the instantaneous values. This is where the term "Root-Mean-Square" (rms) value comes from.

The formulas for effective and maximum values of voltage are:
$U_{eff} = 0{,}707 \cdot U_{max}$ $U_{max} = 1{,}414 \cdot U_{eff}$

Formulieren Sie den beschriebenen technischen Sachverhalt in deutscher Sprache.

4 Mischspannung

A mixed voltage is a combination of direct voltage and alternating voltage. The line diagram shows a possible function. The level of voltage is not constant. It varies around a mean value. In this case, the level of the voltage varies between +3 V and +17 V. The mean value is 10 V.

Übersetzen Sie den Text.

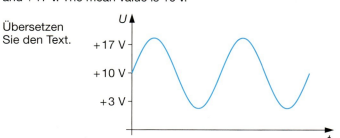

5 Drehzahlmessung

In der Abbildung ist das Prinzip einer Drehzahlmessung bei einem Motor dargestellt.

a) Beschreiben Sie die grundsätzliche Arbeitsweise.

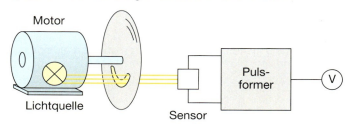

Mit einem Oszilloskop werden die im Liniendiagramm abgebildeten Impulse am Sensorausgang gemessen.

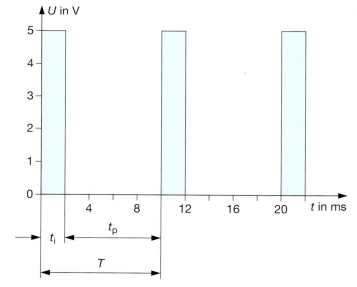

b) Ermitteln Sie die Impulsdauer t_i, die Impulspause t_p, die Periodendauer T und die Frequenz f.

Am Ausgang des Impulsformers liegt ein Drehspulmessgerät, das im Gleichspannungsbereich eine Spannung von 1 V anzeigt. Dieses ist der **arithmetische Mittelwert**. Er besitzt das Formelzeichen U_{AV}.

c) Finden Sie die Bedeutung des arithmetischen Mittelwertes heraus und entwickeln Sie eine allgemeine Formel, in der die Größen des Liniendiagramms vorkommen.

1 Elektrotechnische Systeme analysieren und Funktionen prüfen
1.5.4 Stromstärke

1 Stromstärke

Current is the measure of the flow of electrons passing through a given point in a circuit in a given amount of time. The unit is the amp(ere). Since it would be impractical to state the actual number of electrons flowing through the conductor, one amp is defined by 1 coulomb per second. One coulomb equals 6 240 000 000 000 000 000 electrons.

Beschreiben Sie mit eigenen Worten die Aussagen über die Stromstärke.

2 Kundenberatung

Ein Kunde besitzt für seine Fernbedienung zwei Akkumulatoren des Typs ①. Für seine PC-Maus wurden ihm zwei Akkumulatoren des Typs ② verkauft. Da beide im Preis unterschiedlich sind, beschwert sich der Kunde.

Informieren Sie sich über die beiden Akkumulator-Typen und stellen Sie Argumente zusammen, weshalb der Preisunterschied berechtigt ist.

Elektrochemisches System: Nickel Hydride	Elektrochemisches System: Nickel Cadmium
Bezeichnungen:	Bezeichnungen:
Deutsch: HR6-AA	Deutsch: KR6-AA
USA: AA	USA: AA
International: HR6	International: KR6
Spannung: 1,2 V	Spannung: 1,2 V
Kapazität: 1,7 Ah	Kapazität: 750 mAh

3 Ladevorgang

Ein Akkumulator wird 10 Stunden lang aufgeladen. In den ersten 4 Stunden mit 4 A und danach mit 2 A.

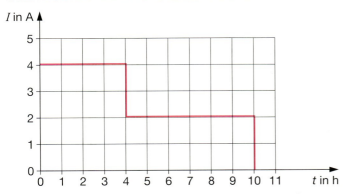

a) Berechnen Sie die insgesamt transportierte Ladung für die dargestellte Zeit.

b) Zu wie viel Prozent ist der Akkumulator aufgeladen, wenn seine Kapazität mit 36 Ah angegeben ist?

4 Wirkungen der elektrischen Stromstärke

Electric currents have the following effects:
- Heating effect
- Lighting effect
- Magnetic effect
- Chemical effect
- Physiological effect

These effects are used in numerous ways by technology. Some devices for using these effects will be mentioned and briefly described here.

Heating effect
In the immersion heater and soldering iron the heating effect of electric current is put to use. The current flows through a thin metal wire and heat it.

Lighting effect
If the current strength his high enough, the wire is not only heated, but begins to glow as well, emitting light. This effect is used in incandescent lamps.

Under certain conditions, gases too can conduct electricity. In fluorescent lamps and in the sodium vapour lamp, this effect is used to generate light.

Magnetic effect
Whenever current flows through a conductor, a magnetic field is generated around it. This effect can be magnified by using coiled conductors (coils). This effect is put to use in the electromagnet to lift up iron parts.

Chemical effect
When an electrical current flows through a conductive, nonmetallic fluid solution (electrolyte), solution and deposited on the electrodes. The dissolved materials (solute) can thus be extrated from the solvent.

Deposition takes place on the surface of the electrodes. Under certain circumstances, the deposit adheres to the electrode, giving rise to a surface finish (electroplating).

Physiological effect
When an electric current flows through a human body or the body of an animal, it gives rise to physiological effects. It causes convulsions of the muscles. Although this effect can be damaging, electric current in suitable doses is also used therapeutically in medicine. For this purpose, law current strengths of a few µA are used.

Beschreiben Sie die Wirkungen des elektrischen Stromes mit eigenen Worten.

5 Messschaltung

Die abgebildete Schaltung ist zur Untersuchung eines Bauteils aufgebaut worden. Beantworten Sie dazu folgende Fragen:

a) Welche elektrische Größe wird gemessen?

b) Wie groß ist die Spannung für die Schaltung und woher wird sie bezogen?

c) In welcher Weise sind welche beiden Bauteile zusammengeschaltet worden?

1 Elektrotechnische Systeme analysieren und Funktionen prüfen

1.5.5 Gefahren des elektrischen Stromes

1 Regeln für die Sicherheit

Erstellen Sie für die abgebildeten Schilder in deutscher Sprache entsprechende Schilder mit englischem Text.

Die 5 Sicherheitsregeln
- Freischalten
- Gegen Wiedereinschalten sichern
- Spannungsfreiheit feststellen
- Erden und kurzschließen
- Benachbarte unter Spannung stehende Teile abdecken oder abschranken

2 Fehlerursachen

Die Berufsgenossenschaft der Feinmechanik und Elektrotechnik hat folgende Erhebungen (1985–1994) veröffentlicht:

Unfallursache	Anzahl der Unfälle	
	Fachkraft	Laien
Steckvorrichtung oder Leitungsisolation defekt	468	750
Kupplung verkehrt zusammensteckbar	42	27
Schutzleiter nicht angeschlossen bzw. unterbrochen	136	177
Schutzleiter vertauscht	101	56
Schutzleiter nicht vorhanden	34	32
Fehler oder mangelhafter Schutz gegen Berühren	439	438
Fehler oder mangelhafter Schutz gegen zu hohe Berührungsspannung	116	116
Aufsicht fehlte, beging Fehler	146	115
Verschulden Dritter	486	275
Ungenügende Ausbildung und/oder Belehrung	71	73

a) Bringen Sie für jede Personengruppe die Fehlerursachen in eine Rangfolge (Schutzleiterfehler zusammenfassen).
b) Beschreiben Sie Maßnahmen, wie diese Fehler vermieden werden können.

3 Spannungsfreiheit feststellen

Begründen Sie, weshalb mit dem abgebildeten oder einem ähnlichen Gerät z. B. die Spannungsfreiheit an einer Steckdose festgestellt werden muss.

4 Unfallanzeige

Folgende Situation:

Sie sind trotz aller Vorsichtsmaßnahmen bei der Installation von Elektroleitungen in einem Neubau mit der Leiter abgerutscht und haben sich den Fuß verstaucht. Ein Glas Ihrer Brille ist dabei zerbrochen.

Informieren Sie sich, ob Sie gegen Unfall versichert sind. Erstellen Sie eine Unfallanzeige in der die wesentlichen Informationen aufgeführt sind.

Beispiele für Informationsquellen:

Bundesministerium für Gesundheit und Soziale Sicherung   http://www.bmgs.bund.de/

BGFE
Berufsgenossenschaft der Feinmechanik und Elektrotechnik

http://www.bgfe.de/pages/service.htm

5 Erst-Maßnahmen bei Stromunfällen

Die folgende Übersicht verdeutlicht mit Hilfe eines Flussdiagramms entscheidende Schritte bei einem Stromunfall.

Erstellen Sie mit einem PC die gleiche Struktur und geben Sie den Text in englischer Sprache an, damit ein Englisch sprechender Kollege fachgerecht Hilfe leisten kann.

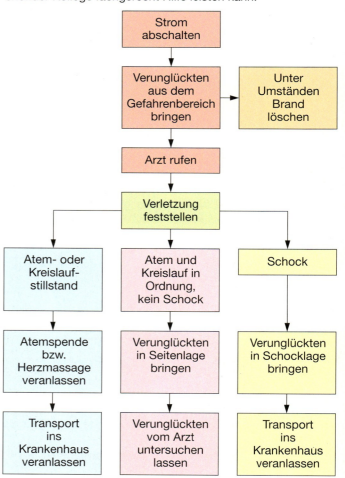

1 Elektrotechnische Systeme analysieren und Funktionen prüfen
1.5.5 Gefahren des elektrischen Stromes

6 Sicherheit bei der Arbeit

Formulieren Sie für jede Karikatur eine passende Überschrift bzw. geben Sie einen Hinweis auf eine Sicherheitsregel.

Bildquelle für alle Zeichnungen: BGFE www.bgfe.de

1 Elektrotechnische Systeme analysieren und Funktionen prüfen
1.5.6 Messen von Spannung und Stromstärke

1 Messgeräteuntersuchung

Wählen Sie jeweils ein analog und ein digital anzeigendes Messgerät aus (Schullabor, Betrieb).
a) Schreiben Sie auf, welche Größen in welchen Bereichen gemessen werden können.
b) Bezeichnen Sie die Buchsen und geben Sie an, wie die Größen gemessen werden.
c) Stellen Sie fest, welche Symbole sich auf der Skala des analogen Messgerätes befinden und klären Sie die Bedeutungen (Tabellenbuch, Bedienungsanleitung).

2 Anzeige bei einem Spannungsmesser

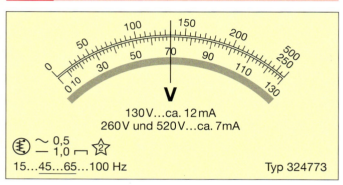

Die Skala des in einem Service-Koffer befindlichen Messgerätes ist hier abgebildet.

a) Finden Sie heraus,
 – um welches Messgerät es sich handelt,
 – welche Größe in welchen Bereichen gemessen werden kann und
 – welche Belastung das Messgerät für eine Messschaltung darstellt.
b) Ermitteln Sie die Bedeutung der Symbole auf der Skala.
c) Das Messgerät wird im 130 V Bereich betrieben. Berechnen Sie den absoluten und den größtmöglichen relativen Fehler.

3 Technische Unterlagen eines Messgerätes

mV-MULTIZET für Gleichstrom
mit spannungsempfindlichem Drehspulmesswerk mit Spannbandlagerung.
Messtoleranz:
±1 % vom Messbereichsendwert
bei Widerstand ±1,5 % von der Skalenendlänge
Maße 112 mm x 165 mm x 65 mm
26 Messbereiche

3 mV	300 mV	30 V
10 mV	1 V	100 V
30 mV	3 V	300 V
100 mV	10 V	1000 V
300 µA	(4 mV)	30 mA (10 mV)
1 mA	(7 mV)	100 mA (12 mV)
3 mA	(8 mV)	300 mA (15 mV)
1 A	(30 mV)	
3 A	(50 mV)	
10 A	(150 mV)	

$R_i = 4 \ k\Omega/V$ (für die Spannungsbereiche 30 V bis 1000 V)

Die Abbildung zeigt einen Ausschnitt aus den technischen Unterlagen eines analogen Vielfachmessgerätes.

a) Ermitteln Sie für jeden Spannungsmessbereich den Widerstand des Gerätes (Tabelle).
b) Welchen Widerstand besitzt das Messgerät in den einzelnen Strombereichen (Tabelle)?

4 Rechtecksignale

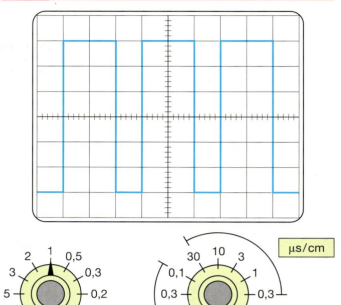

In einer elektronischen Schaltung werden die abgebildeten Signale mit einem Oszilloskop gemessen.

Ermitteln Sie die Periodendauer, die Frequenz sowie den Wert von Spitze zu Spitze.

5 Messung mit Zweikanal-Oszilloskop

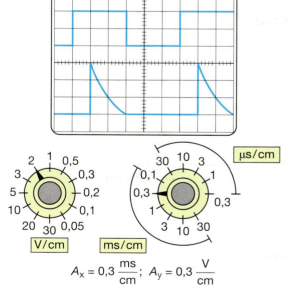

$A_x = 0,3 \ \dfrac{ms}{cm}; \ A_y = 0,3 \ \dfrac{V}{cm}$

Die beiden abgebildeten Spannungen sind mit einem Zweikanal-Oszilloskop gemessen worden.

Ermitteln Sie die
a) Zeit mit der die zweite Spannung gegenüber der ersten verzögert auftritt,
b) Frequenzen der Spannungen und
c) Spannungen von Spitze zu Spitze.

1 Elektrotechnische Systeme analysieren und Funktionen prüfen

1.5.7 Elektrischer Widerstand

1 Widerstandsbegriff

Übersetzen Sie den folgenden englischen Text:

The term resistance applies on the one hand to an electrical property of a material, and on the other hand to a component in an electrical circuit. When referring to components, we have been using the term resistor. In this section, we will be dealing with resistance.

2 Isolationswiderstand

Die Abbildung zeigt die grundsätzliche Überprüfung des Isolationswiderstandes. Verwendet wird eine Spannungsquelle mit Hochspannung (ca. 500 V).

Informieren Sie sich über den Begriff Isolationswiderstand und formulieren Sie die Bedeutung schriftlich.

3 Übergangswiderstand

Die Abbildung zeigt zwei Elektroden und zwei Bleche, die durch Elektroschweißen verbunden werden sollen. Das Widerstandsverhalten zwischen den Elektroden ist besonders gekennzeichnet.

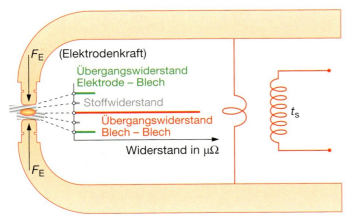

a) Beschreiben Sie kurz den Vorgang beim Elektroschweißen.
b) Welche verschiedenen Widerstände zwischen den Elektroden kommen vor?
c) Zeichnen Sie das Widerstandsersatzschaltbild, das sich zwischen den beiden Elektroden ergibt.

4 Widerstandsbegriffe

Erklären Sie folgende Begriffe:
Leiterwiderstand, Leitungswiderstand, Innenwiderstand, Eingangswiderstand.

1.5.8 Elektrische Leistung

1 Leistung im Gleichstromkreis

Die elektrische Leistung soll in einem Liniendiagramm grafisch dargestellt werden.
Dieser Auftrag soll mit folgender Angabe gelöst werden:
$R = 20\ \Omega$

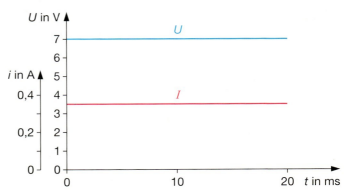

Skizzieren Sie den Verlauf von 0 bis 20 ms und beschreiben Sie den Verlauf.

2 Leistung im Wechselstromkreis

Im Gegensatz zum Gleichstromkreis sind im Wechselstromkreis Stromstärke und Spannung nicht konstant. Somit wird sich auch die Leistung ändern. Der genaue Verlauf soll ermittelt werden.

Dazu soll wie folgt vorgegangen werden:

a) Der Widerstand beträgt 20 Ω. Ermitteln Sie die maximale Spannung und Stromstärke.
b) Welche Bedeutung haben die negativen Werte (von 10 ms bis 20 ms) für die Leistung?
c) Berechnen Sie die Maximalleistung und für einzelne Zeitaugenblicke die momentane Leistung. Zeichnen Sie die Kurve von 0 bis 20 ms.
Hinweis: Werte aus dem Diagramm übernehmen und Leistung berechnen oder mit Hilfe der Funktionsgleichung und dem Taschenrechner die Werte berechnen.
d) Wandeln Sie die Kurve in ein flächengleiches Rechteck um und ermitteln Sie den Mittelwert der Leistung.

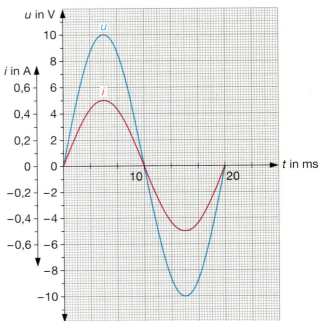

1 Elektrotechnische Systeme analysieren und Funktionen prüfen
1.5.9 Elektrische Energie und Arbeit

1 Kostenanteile für elektrische Energie

Die Kosten für die elektrische Energie berechnen sich wie folgt:

Überprüfen Sie die Abrechnung Ihres Energieversorgungsunternehmens und stellen Sie Folgendes fest:
a) Aus welchen Bestandteilen setzen sich die Kosten für Ihre genutzte elektrische Energie zusammen und wie hoch ist die Stromsteuer?
b) Wie groß sind die gesamten Energiekosten Ihres Haushaltes für ein Jahr?

2 Energiekosten für ein Heizgerät

Zur Überprüfung der Wirtschaftlichkeit sollen die Kosten für einen elektrischen Heizofen pro Tag ermittelt werden.
Folgende Daten sind bekannt:
– Leistung des Heizofens 2 kW
– Betriebsdauer pro Tag 14 Stunden
– Arbeitspreis 13,1 ct/kWh
– Leistungspreis 0,69 ct/kWh
– Mehrwertsteuer 16 %

3 Kraftwerk

Die Abbildung zeigt die grundsätzliche Energieumwandlung bei einem Kohlekraftwerk. Folgende Energiearten treten auf: Chemische Energie, Wärmeenergie, potenzielle Energie (in diesem Fall ist es der Dampf unter hohem Druck), Bewegungsenergie und elektrische Energie.

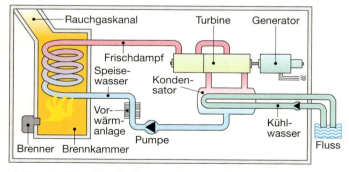

a) Beschreiben Sie die Umwandlungsvorgänge.
b) Mit Hilfe dieser Energiearten soll anschließend ein Umwandlungsdiagramm erstellt und die Orte bzw. Baueinheiten gekennzeichnet werden.

4 Energiesparen

Notieren Sie Ideen, wie Sie bei folgenden Geräten bzw. Tätigkeiten sparsamer mit Energie umgehen können:
- Heizung
- Auto
- Warmwasser
- Kochen
- Waschen
- Kühlen

5 Energiebedarf pro Tag

Unser Energiebedarf hängt von der Tageszeit ab und wird aus verschiedenen Quellen gespeist (s. Diagramm).

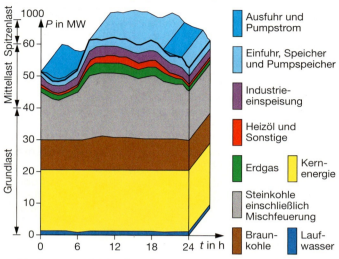

a) Ermitteln Sie Zeiten, bei denen der Energiebedarf besonders hoch bzw. besonders niedrig ist.
b) Den verschiedenen Kraftwerken können bestimmte Lastarten zugeordnet werden. Welche Energieumwandlungen finden in Grundlast-, Mittellast- und Spitzenlastkraftwerken statt?

6 Wirkungsgrad bei der Energieumwandlung

Zur Qualitätsbeschreibung des Energieumwandlungsprozesses verwendet man den Wirkungsgrad η. Er ist das Verhältnis von nutzbarer Energie (Ausgangsgröße) zu eingesetzter Energie (Eingangsgröße).
Da aufgrund der Verluste die Ausgangsgröße stets kleiner als die Eingangsgröße ist, ergibt sich eine Zahl, die zwischen 0 und 1 liegt. Das Ergebnis kann aber auch in % ausgedrückt werden. Dazu muss die Zahl mit 100 multipliziert werden.

Energie im Brennstoff: 100
Kohlekraftwerk
- Kamin- und Rohrleitungen 10
- Kühlwasser 48
- Generator 1
- Eigenbedarf des Kraftwerkes 3
- Stromtransport 2

Abgegebene Elektrische Energie: 36

a) Ermitteln Sie aus dem Diagramm den Gesamtwirkungsgrad des Energieumwandlungsprozesses.
b) Ermitteln Sie für jedes einzelne System (Kamin- und Rohrleitungen, Kühlwasser, …) die Wirkungsgrade.
c) Entwickeln Sie eine allgemeingültige Formel, in der die Einzelwirkungsgrade vorkommen.

1 Elektrotechnische Systeme analysieren und Funktionen prüfen
1.5.10 Zusammenhang zwischen Spannung und Stromstärke

1 Widerstand und Toleranz

Während eines Herstellungsprozesses für Widerstände wird stichprobenartig überprüft, ob die Werte noch im jeweiligen Toleranzbereich liegen. Dieses kann automatisch oder mit Hilfe einer Messreihe überprüft werden. Für einen Widerstand von 100 Ω und 10 % Toleranz ist die folgende Messreihe aufgenommen worden:

U in V	1	2	3	4	5	6	7	8	9	10
I in mA	11	21	33	40	52	64	71	84	95	105

a) Zeichnen Sie die Kennlinie für die Stromstärke in Abhängigkeit von der Spannung.

b) Ermitteln Sie den Widerstand aus der Kennlinie, indem Sie das Verhältnis U/I bilden.

c) Zeichnen Sie in das Diagramm den Toleranzbereich des Widerstandes ein (Maximal- und Minimalwert) und überprüfen Sie, ob der gemessene Widerstand im Toleranzbereich liegt.

2 Kennlinienschar

In dem Diagramm befinden sich die Kennlinien von vier Widerständen.

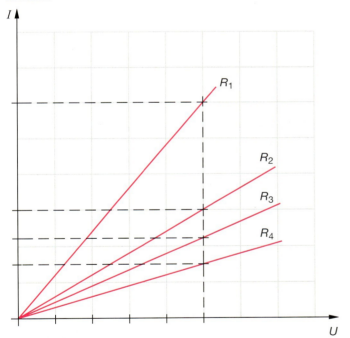

a) Welcher Widerstand hat den größten und welcher den kleinsten Wert?

b) Die Achsen sind mit einer linearen Teilung versehen, allerdings ohne Angabe von Zahlenwerten.
Ermitteln Sie die Widerstände R_2, R_3 und R_4, wenn $R_1 = 5\ \Omega$ groß ist.

3 Veränderung der Stromstärke

a) Um wie viel Prozent verändert sich die Stromstärke in einer Schaltung, wenn der Widerstand verdoppelt und die angelegte Spannung verdreifacht wird?

b) Wie verändert sich die Stromstärke in einer Schaltung, wenn der Leitwert um 20 % zunimmt und die Spannung konstant bleibt?

4 Widerstandskennlinien

Die Kennlinien von drei Widerständen wurden ermittelt und in das folgende Diagramm eingetragen.

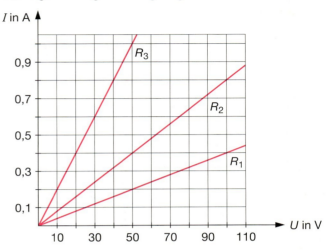

a) Woran lässt sich erkennen, welcher Widerstand der größte ist?

b) Ermitteln Sie die Größen der einzelnen Widerstände.

c) Wie groß muss die Spannung an R_1 sein, damit die Stromstärke 0,3 A beträgt?

d) Welche Änderung der Stromstärke tritt an R_2 auf, wenn die Spannung (U = 50 V) an ihm um 20 % erhöht wird?
Geben Sie die prozentuale Änderung der Stromstärke an.

e) Wodurch lässt sich die Stromstärke an R_3 von 0,8 A auf 0,5 A senken?

f) Überprüfen Sie ob das Ohmsche Gesetz erfüllt ist, wenn eine Spannungsänderung an R_2 von 40 V zu einer Änderung der Stromstärke von 0,3 A führt.

5 Kennlinie ohne „Nullpunkt"

Die Kennlinie zeigt die Abhängigkeit zwischen zwei Größen bei einem Bauteil.

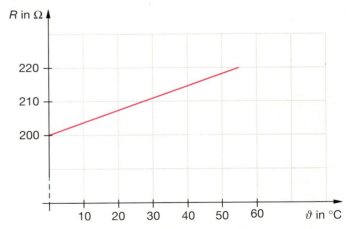

a) Welche Beziehungen werden durch das Diagramm dargestellt?

b) Die Kennlinie geht nicht durch den Nullpunkt des Koordinatensystems. Erläutern Sie diese Darstellungsweise.

c) Die Ordinate ist unterbrochen. Was bedeutet das?

d) Wie verhält sich der Widerstand zwischen 0 °C und 55 °C?

1 Elektrotechnische Systeme analysieren und Funktionen prüfen

1.5.10 Zusammenhang zwischen Spannung und Stromstärke

6 Widerstand metallischer Leiter

Der Widerstand von metallischen Leitern ist von der Temperatur abhängig.

a) Ermitteln Sie die Art der Abhängigkeit und beschreiben Sie die Ursache.

b) Die Abhängigkeit lässt sich in bestimmten Temperaturbereichen durch eine Formel ausdrücken und in einem Diagramm darstellen.
Zeichnen Sie die Kennlinie eines Widerstandes entsprechend der Formel
$$R_T = R_{20} (1 + \Delta T \cdot \alpha)$$
für ΔT von 0…200 K bei einem $R_{20} = 100\ \Omega$ und einem Temperaturbeiwert von $\alpha = 0{,}004 \cdot 1/K$ (auch K^{-1}).

Hinweis: K ist das Einheitenzeichen Kelvin für die Temperatur T. Der Nullpunkt liegt bei $-273\,°C$.

7 Spannungsberechnung

a) Welche Spannung muss an einen 470 Ω Widerstand angelegt werden, um eine Stromstärke von 350 mA zu erzielen?

b) Die Spannung an einem Widerstand wird um 24 V erhöht. Dieses führt zu einem Anstieg der Stromstärke um 15 %. Wie groß war die ursprüngliche Spannung?

c) Welche Spannung darf nicht überschritten werden, damit die Betriebswerte der Glühlampe eingehalten werden?

8 Widerstandsberechnungen

a) Bei einer angelegten Spannung von 24 V beträgt die Stromstärke durch einen Widerstand 0,05 A. Berechnen Sie den Widerstand und den entsprechenden Leitwert.

b) Die Leuchtdiode wird durch einen Vorwiderstand gegen Überlastung geschützt. Wie groß ist der Widerstand?

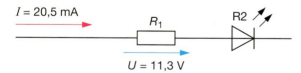

c) Die Stromstärke in einem Widerstand ändert sich um 15 mA. Dieses führt zu einem Spannungsanstieg von 30 V. Wie groß ist der Widerstand?

9 Stromstärkenberechnungen

a) Wie verändert sich die Stromstärke in einer Schaltung, wenn der Leitwert um 20 % zunimmt und die Spannung konstant bleibt?

b) Der Leitwert eines Widerstandes wurde mit 0,45 mS ermittelt. Die an ihm gemessene Spannung betrug 16 V. Berechnen Sie die Stromstärke und den Widerstand.

c) Der Widerstand einer Übertragungsstrecke ist mit 1,2 Ω angegeben. Der Spannungsfall an der Leitung beträgt 0,36 V. Berechnen Sie den Leitwert der Leitung und die Stromstärke.

1.5.11 Zusammenhang zwischen Widerstand und Stromstärke

1 Widerstandsänderung im Stromkreis

In einer Laborschaltung werden unterschiedliche Widerstände in einen Stromkreis eingeschaltet und die jeweiligen Stromstärken gemessen. Die Messreihen sind in folgenden Tabellen aufgeführt:

R in kΩ	5	10	15	20	25
I in mA	10	5	3,33	2,5	2

R in kΩ	30	35	40	45	50
I in mA	1,66	1,43	1,25	1,11	1

a) Stellen Sie die Stromstärke in Abhängigkeit vom Widerstand grafisch dar (Maßstäbe: 5 kΩ ≙ 1 cm; 1 mA ≙ 1 cm).

b) Wie groß war die für die Messung verwendete Spannung?

2 Kennlinienuntersuchung

Die abgebildete Kennlinie soll analysiert werden.

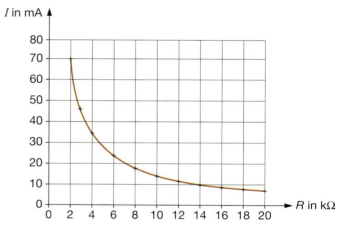

a) Mit welcher Spannung wurde die Kennlinie aufgenommen?

b) Bestimmen Sie die Stromstärke bei 6 kΩ und 16 kΩ.

c) Zeichnen Sie den Stromlaufplan der Messschaltung, mit der die Messreihe aufgenommen wurde.

d) Zeichnen Sie in ein neues Diagramm den Kennlinienverlauf bei halber Spannung (Maßstab wie dargestellt).

3 Elektronische Schaltung

Berechnen Sie den Widerstand R 3085. Die Stromstärke wurde in den Serviceunterlagen mit 0,3 mA angegeben.

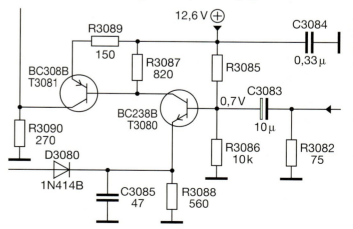

1 Elektrotechnische Systeme analysieren und Funktionen prüfen
1.6.1 Energieumwandlungssysteme

1 Elektrische Leistung bei Spannungsabsenkung

Es soll untersucht werden, welchen Einfluss eine Spannungsabsenkung um 15 % auf die elektrische Leistung hat. Zur Klärung des Zusammenhangs wird von einem kleinen Heizlüfter mit 500 W bei 230 V Betriebsspannung ausgegangen. Der Widerstand des Gerätes soll sich bei dieser Betrachtung nicht verändern. Um wie viel Prozent ändert sich die elektrische Leistung?

2 Stromstärke und elektrische Arbeit

In einem Haushalt sind an der Wechselspannung von 230 V durchschnittlich pro Tag folgende Elektrogeräte angeschlossen:
– 1 Kochplatte mit 3,2 kW für 1,2 Stunden,
– 5 Glühlampen mit je 60 W für 4 Stunden,
– 1 Energiesparlampe mit 12 W für 6 Stunden und
– sonstige Elektrogeräte mit 2,2 kW für 2,5 Stunden.

Berechnen Sie für alle Elektrogeräte jeweils die Stromstärken und die pro Tag benötigte elektrische Arbeit.

3 Kenndaten von Glühlampen

Der Widerstand von Glühlampen im häuslichen Gebrauch wird in der Regel nicht angegeben. Spannungsangaben und Leistungsangaben sind üblich. Um eine Vorstellung von den Größenordnungen zu bekommen, sollen für folgende Glühlampen die Widerstände berechnet werden:

a) 230 V und 25 W
b) 230 V und 100 W
c) 230 V und 150 W

4 Zählerstand und Leistung

Für die in einem Wohnhaus angeschlossenen und im Betrieb befindlichen Geräte soll die mittlere Leistung für eine Zeitspanne von 30 Minuten ermittelt werden. Da die Anschlusswerte der einzelnen Geräte nicht bekannt sind, sollen diese über den Elektrizitätszähler ermittelt werden.

Beschreiben Sie die grundsätzliche Vorgehensweise und führen Sie unter Umständen eine Berechnung durch.

5 Leistung und Widerstand

In der Kennlinie ist das Strom-Spannungsverhalten eines Widerstandes dargestellt. Für welche Leistung ist der Widerstand ausgelegt? Überprüfen Sie Ihre Überlegungen rechnerisch anhand von drei Wertepaaren.

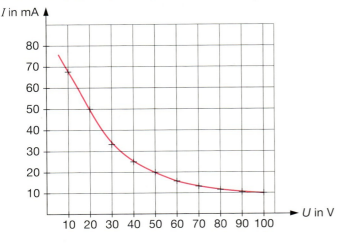

6 Leistungs- und Arbeitsmessung

Die beiden Messschaltungen zeigen zwei Leistungsmesser in unterschiedlichem Einsatz.

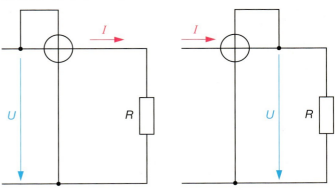

Erklären Sie die Unterschiede und geben Sie Einsatzmöglichkeiten an.

7 Messen elektrischer Arbeit

Beschreiben Sie das Messverfahren mit eigenen Worten.

…Using an electrical energy meter is even simpler. This device basically consists of a voltage path (which corresponds to a voltmeter), and a current path (which corresponds to an ammeter). Both of these activate the same counter, which registers the work in accordance with time.

The unit of all work – including electrical work – is the joule. The watt-second Ws, however, is the units used in electrical engineering. Since this unit is very small, however, larger units have become customary.

These are the watt-hour Wh, and the kilowatt-hour kWh.

8 Aufgezeichnete Leistung

Mit einem Aufzeichnungsgerät sind die beiden abgebildeten Leistungsverläufe erstellt worden. Sie zeigen unterschiedliche Belastungsfälle.

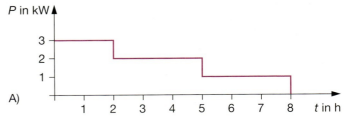

A)

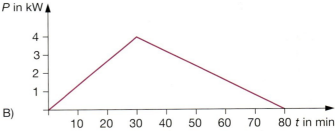

B)

a) Ermitteln Sie mit Hilfe der Diagramme die jeweils verrichtete elektrische Arbeit.
b) Ermitteln Sie für die Einschaltdauer jeweils die mittlere Leistung.
c) Wie groß müsste eine mittlere Stromstärke sein, wenn für die Einschaltdauer eine konstante Spannung von 100 V angenommen wird?

1 Elektrotechnische Systeme analysieren und Funktionen prüfen
1.6.3 Parallelschaltung

1 Merksätze

Übersetzen Sie die folgenden Merksätze zur Parallelschaltung:
- If resistors are connected in parallel across the same voltage source, the voltage across each of them will be the same.
- The total current is equal to the sum of component currents.
- The largest current flows through the smallest resistor.
- In a parallel connection, currents bear the inverse proportion to each other as the respective resistors through which they flow.
- The equivalent resistor of a parallel connection is smaller than the smallest component resistor.
- In a parallel connection, the total conductance is equal to the sum of partial conductances.

2 Herdplatte

Der Stromlaufplan zeigt einen Auszug aus einer Herdplattenschaltung. In der gezeichneten Schalterstellung wird eine Gesamtleistung von 1500 W umgesetzt. Die Leistung von R_2 konnte mit 500 W (230 V) mit Hilfe der Serviceunterlagen ermittelt werden. Berechnen Sie die

a) Leistung von R_1,
b) Widerstände R_1 und R_2,
c) Stromstärken durch die beiden Widerstände.

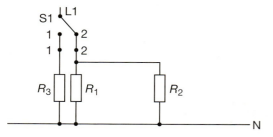

3 Schaltungsveränderung

Die abgebildete Schaltung soll hinsichtlich ihrer elektrischen Größen untersucht werden.

a) Um wie viel Prozent ändert sich die Gesamtstromstärke in der Schaltung, wenn der Schalter geöffnet wird?
b) Berechnen Sie die Gesamtstromstärke bei geschlossenem Schalter.
c) Wie groß ist die Leistung der gesamten Schaltung vor und nach dem Öffnen des Schalters?
d) Durch welche zusätzliche Schaltungsmaßnahme kann die Gesamtleistung auf 0,257 W verringert werden?

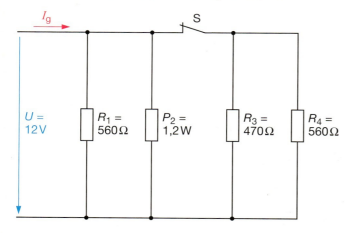

4 Messgerät

Der Stromlaufplan zeigt einen Ausschnitt aus der Schaltung eines Vielfachmessgerätes mit einem Drehspulinstrument.

a) Beschreiben Sie die Arbeitsweise der Schaltung.
b) Berechnen Sie die zuschaltbaren Widerstände.

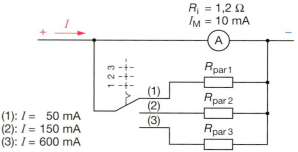

(1): $I = 50$ mA
(2): $I = 150$ mA
(3): $I = 600$ mA

5 Temperatursensor

In einem Temperatursensor sind ein temperaturabhängiger und ein nicht temperaturabhängiger Widerstand parallel geschaltet.

a) Um welchen temperaturabhängigen Widerstand handelt es sich und wie ist sein Temperaturverhalten?
b) Zeichnen Sie die sich ergebende Gesamtkennlinie der Schaltung mit Hilfe der abgebildeten Kennlinie.
c) Welchen Vorteil hat diese Parallelschaltung gegenüber dem Verhalten des einzelnen temperaturabhängigen Widerstandes?

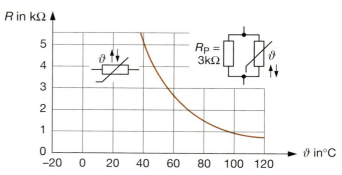

6 Zu- und Abschalten von Geräten

Die über Steckdosen angeschlossenen Geräte der Hausinstallation liegen parallel. Durch Zu- und Abschalten ändern sich die Größen. Im abgebildeten Stromlaufplan wird beispielsweise ein Gerät (Widerstand R_3) zu- bzw. abgeschaltet. Welche Folgen hat dieses auf I_1, I_2, I_3, I_g, R_g, P_1, P_2, P_3 und P_g, wenn der

a) Schalter geöffnet und
b) danach wieder geschlossen wird?

Erstellen Sie für die Aussagen eine Tabelle und verwenden Sie folgende Symbole:
größer ≙ ↑; kleiner ≙ ↓; gleich ≙ =

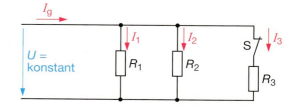

1 Elektrotechnische Systeme analysieren und Funktionen prüfen

1.6.4 Reihenschaltung

1 Merksätze

Übersetzen Sie die folgenden Merksätze zur Reihenschaltung:
- The total applied voltage is equal to the sum of voltage across individual resistors.
- The largest voltage drop takes place across the largest resistor and the smallest across the smallest resistor.
- In a series connection, the partial voltages bear the same ratios to each other as the respective individual resistors do.
- The equivalent resistor (total resistor) can be substituted for series connection. The voltage source will continue to drive the same current through the circuit as before.
- In a series connection, the total resistor is equal to the sum of partial resistors.

2 Veränderungen in der Reihenschaltung

Drei Widerstände sind in Reihe geschaltet und liegen an einer konstanten Spannung von 6 V. Der Gesamtwiderstand beträgt 1,71 kΩ. Zwei Widerstände haben Werte von R_1 = 330 Ω und R_3 = 820 Ω.

a) Zeichnen Sie den Stromlaufplan.
b) Berechnen Sie die Gesamtstromstärke.
c) Wie groß sind die Teilspannungen?
d) Geben Sie an, wie sich folgende Werte in der Schaltung ändern, wenn R_2 überbrückt und die Spannung konstant bleibt:
R_g, I, U_1, U_2, U_3, P_1, P_2, P_3 und P_g.
Erstellen Sie eine Tabelle mit den Größen und den Symbolen:
größer ≙ ↑; kleiner ≙ ↓; gleich ≙ =.
e) Überprüfen Sie die Tabellenangaben durch Berechnung der Werte.

3 Fehler auf der Platine

Durch einen Feinschluss auf der Platine wurde der Widerstand R_2 überbrückt. Die Widerstände R_1 und R_3 sind mit 1 W belastbar. Welche Auswirkungen ergeben sich?
Belegen Sie Ihre Aussagen durch eine Berechnung.

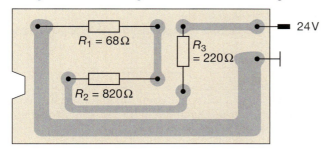

4 Vorwiderstand für eine LED

Zum Schutz der LED dient der Vorwiderstand.
a) Berechnen Sie den Vorwiderstand.
b) Auf welchen Wert muss R_v geändert werden, wenn eine weitere LED in Reihe geschaltet wird?

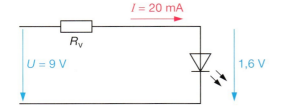

5 Reihenschlussmotor

Im Stromlaufplan ist das Widerstandsersatzschaltbild eines Reihenschlussmotors mit Anlasswiderstand dargestellt. Der Motor ist an 230 V angeschlossen.

a) Informieren Sie sich anhand des Schaltzeichens (mit Spulen) über die Bestandteile und zählen Sie diese auf.
b) Welcher Spannungsfall tritt beim Anlassen am Anlasswiderstand R_1 auf, wenn die Anlassstromstärke das Doppelte der Betriebsstromstärke von 12 A beträgt?

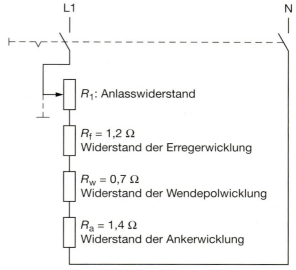

6 Anzugsverzögerung

a) Beschreiben Sie die Arbeitsweise der Anzugsverzögerung eines Relais mit dem temperaturabhängigen Widerstand (s. Stromlaufplan).
b) Berechnen Sie mit der Kennlinie des temperaturabhängigen Widerstandes den Widerstand der Reihenschaltung bei einer Heißlufttemperatur von 20 °C bis 100 °C in Abständen von 10 K.
c) Bei welcher Temperatur des Heißleiters spricht das Relais an, wenn die Ansprechstromstärke 0,1 A beträgt?
d) Stellen Sie den Verlauf der Stromstärke als Funktion der Temperatur des Heißleiters dar.

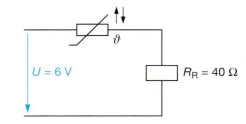

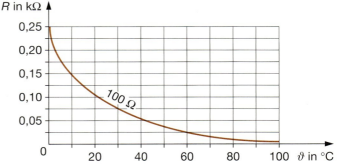

1 Elektrotechnische Systeme analysieren und Funktionen prüfen

1.6.4 Reihenschaltung

7 Stufig einstellbarer Widerstand

Mit grafischen Darstellungen lassen sich elektrotechnische Zusammenhänge sowie Veränderungen in Schaltungen anschaulich darstellen. Lösen Sie deshalb den folgenden Auftrag grafisch.

Ein Spannungsteiler besteht aus den Widerständen $R_1 = 220\ \Omega$ und $R_2 = 100\ \Omega$. Der Widerstand R_2 kann in Stufen von $20\ \Omega$ von $0\ \Omega$ bis $100\ \Omega$ verändert werden. Die Gesamtspannung beträgt 50 V.

Ermitteln Sie die Spannungen am Widerstand R_2 für jede Widerstandseinstellung.

a) Zeichnerische Lösung (Maßstab: 0,1 A ≙ 5 cm; 10 V ≙ 2 cm)
b) Mathematische Lösung
c) Wie groß muss R_2 gewählt werden, damit die Spannung $U_2 = 30$ V groß wird?

Hinweise zur grafischen Lösung:
1. Achsenkreuz mit dem zu erwartenden Spannungs- und Stromstärkenbereich zeichnen, Maßstab wählen.
2. Stromstärke durch R_1 für eine beliebige Spannung berechnen und diesen Koordinatenpunkt mit dem Nullpunkt verbinden (Kennlinie für R_1).
3. Stromstärke durch R_2 für eine beliebige Spannung berechnen und diesen Koordinatenpunkt mit dem Wert für die Gesamtspannung auf der U-Achse verbinden (Kennlinie für R_2).
4. An der I-Achse die Stromstärke der Reihenschaltung ablesen (Schnittpunkt der Kennlinien), I_{12}.
5. An der U-Achse die Teilspannungen U_1 und U_2 ablesen (Schnittpunkt).

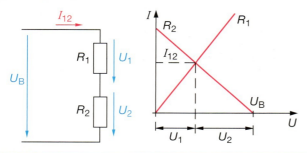

8 Parallele Widerstandskennlinien

Die grafische Lösung einer Reihenschaltung von zwei Widerständen ist im Diagramm zu sehen.

a) Zeichnen Sie den dazugehörigen Stromlaufplan und tragen Sie darin die aus dem Diagramm ermittelbaren Werte ein.
b) Welche Bedeutung haben die parallel und gestrichelt gezeichneten Linien zur Kennlinie von R_2?

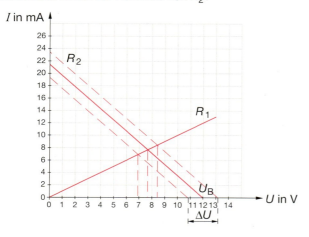

9 Widerstände mit Toleranzen

Ein Spannungsteiler aus den Widerständen $R_1 = 470\ \Omega$ und $R_2 = 330\ \Omega$ wird an 60 V betrieben. Die Widerstände besitzen eine Toleranz von ±20 %.

a) Ermitteln Sie grafisch den Toleranzbereich der Ausgangsspannung ($U_{2\,max}$ und $U_{2\,min}$).
Maßstab: 10 V ≙ 2 cm; 20 mA ≙ 2 cm
Beachten Sie den Lösungshinweis im Auftrag 7.
b) Überprüfen Sie die grafisch ermittelten Werte rechnerisch.

10 Operationsverstärker

Der Stromlaufplan zeigt einen Ausschnitt aus einer regelungstechnischen Schaltung mit einem Operationsverstärker.

a) Bestimmen Sie grafisch die Größen des Widerstandes R_1.
Beachten Sie den Lösungshinweis im Auftrag 7.
b) Wie groß sind die Teilspannungen U_1 und U_2? Der Innenwiderstand des Operationsverstärkers kann hier als unendlich angesehen werden.

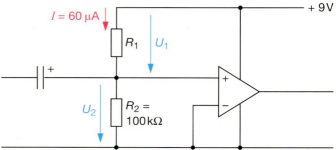

11 Temperaturabhängiger Widerstand

Interpretieren Sie das Verhalten des temperaturabhängigen Widerstandes und erklären Sie das Schaltzeichen.

a) Ermitteln Sie grafisch, bei welcher Temperatur R_2 betrieben wird.
Beachten Sie den Lösungshinweis im Auftrag 7.
b) Wie groß ist der Gesamtwiderstand bei −20 °C und 120 °C (R_1 ist temperaturabhängig)?
c) Berechnen Sie die Spannung U_2 bei den in b) angegebenen Temperaturen.

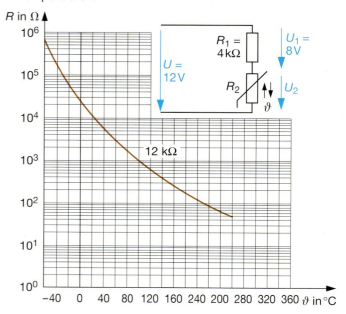

1 Elektrotechnische Systeme analysieren und Funktionen prüfen
1.6.6 Gruppenschaltungen

1 Pegel-Tester

Im Schaltungsauszug ist die Eingangsschaltung eines Pegel-Testers für logische Schaltungen dargestellt.

a) Informieren Sie sich über die Pegel-Zustände H und L von logischen Schaltungen und beschreiben Sie mögliche Einsatzbereiche eines Pegel-Testers.
b) Berechnen Sie den Widerstand R_1 für den Fall, dass die Eingangsspannung U_E = 5 V beträgt.

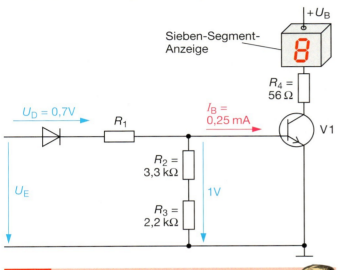

2 R-2R-Netzwerk

Die abgebildete Schaltung verdeutlicht das Prinzip eines Digital-Analog-Umsetzers mit Widerständen. Die grundsätzliche Arbeitsweise soll herausgefunden werden. Dazu soll wie folgt vorgegangen werden:

a) Erklären Sie, wie grundsätzlich eine Digital-Analog-Umsetzung erfolgt.
b) Berechnen Sie den Gesamtwiderstand.
c) Wie viele Kombinationsmöglichkeiten lassen sich mit den Schaltern S1 bis S3 einstellen?
   Fertigen Sie dazu eine Tabelle an. Beginnen Sie mit S1=S2=S3=0 und enden Sie mit S1=S2=S3=1.
d) Welche Stromstärke I_g wird bei den einzelnen Schalterstellungen angezeigt? Ergänzen Sie dazu die Tabelle.
e) Beurteilen Sie die Schaltung. Erfüllt sie ihren Zweck?

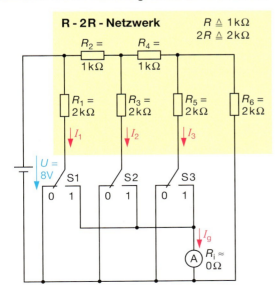

3 Spannungsteiler am Transistor

Der Schaltungsauszug kennzeichnet die Spannungsversorgung für einen Transistor, der als Verstärker arbeitet. R_{BE} ist der Eingangswiderstand des Transistors. Berechnen Sie die Widerstände R_{B1}, R_{B2} und R_{BE}.

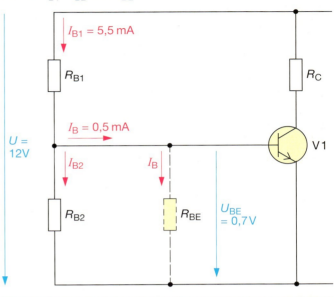

4 Spannungsmessung

Die Aussagekraft der Spannungsmessung soll beurteilt werden.
a) Welcher Wert ergibt sich für U_2, wenn S1 geöffnet ist?
b) Welchen Wert zeigt das Messgerät bei geschlossenem Schalter an?
c) Welche Spannung würde angezeigt werden, wenn ein anderes Messgerät mit R_i = 20 kΩ/V verwendet wird?
d) Erläutern Sie die gefundenen Ergebnisse.
e) Erklären Sie mit Hilfe der vorliegenden Ergebnisse, weshalb ein Spannungsmessgerät einen möglichst hohen Innenwiderstand besitzen sollte.

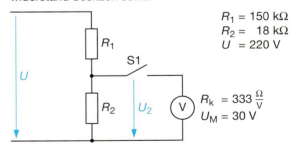

R_1 = 150 kΩ
R_2 = 18 kΩ
U = 220 V
R_k = 333 $\frac{\Omega}{V}$
U_M = 30 V

5 Umschaltbare Widerstände

Ermitteln Sie für jede Schalterstellung die Stromstärke, die die Spannungsquelle liefern muss.

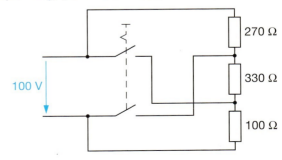

1 Elektrotechnische Systeme analysieren und Funktionen prüfen
1.6.6 Gruppenschaltungen

6 Spannungsteilerschaltung

Method

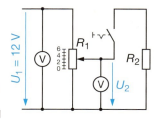

The slide contact of a potentiometer is moved step by step from 0 to 6. The voltage U_2 is measured for each position. The input voltage remains constance (monitored by a voltmeter). The measurement is carried out (for each slide position) for no load, a load of 4 Ω and a load of 24 Ω.

The values from the experiment are represented in a diagram. The output voltage U_2 (vertical axis) is plotted as the dependent variable against the slide position (horizontal axis).

If the voltage divider is used without load, then every displacement of the slider results in a proportionate change in voltage. If the voltage divider is loaded, however, then the change in voltage no longer corresponds to the extent of movement of the slide. The less the ohmic value of the load is, in comparison to the potentiometer, the greater the extent of the deviation.

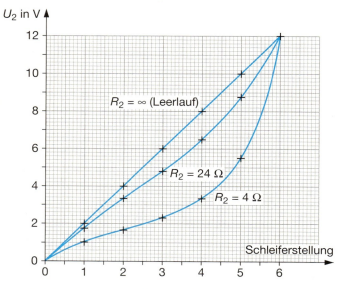

A useful principle for practical application should be drawn from this observation: ...

a) Übersetzen Sie den Text.
b) Formulieren Sie einen abschließenden Merksatz zu dem englischen Text in deutscher Sprache.
c) Übersetzen Sie den Merksatz ins Englische.

7 Einstellbarer Widerstand

Auf welchen Wert muss R_2 eingestellt werden, damit sich an ihm eine Ausgangsspannung von 10,2 V einstellt? Die Stromstärke durch R_2 soll dabei $1{,}6 \cdot I_L$ betragen.

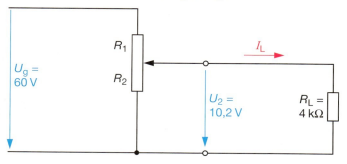

8 Satelliten-Empfang

Der Empfangkonverter in einer Satellitenschüssel kann mit Gleichspannungen von 14 V und 18 V auf den Empfang unterschiedlicher Satelliten umgeschaltet werden. Da der vorhandene Receiver (älteres Modell) am Ausgang nur eine Spannung von 18 V abgibt, soll eine entsprechende Schaltung entworfen und berechnet werden.

9 Gleichstrom-Nebenschlussmotor

Die Abbildung zeigt das Widerstandsersatzschaltbild eines Gleichstrom-Nebenschlussmotors.

a) Ermitteln Sie die im Motor vorkommenden Wicklungen und zeichnen Sie mit diesen den Stromlaufplan.
b) Ermitteln Sie den erforderlichen Anlasswiderstand, wenn die Anlaufstromstärke den 1,5fachen Wert der Betriebsstromstärke nicht überschreiten soll.

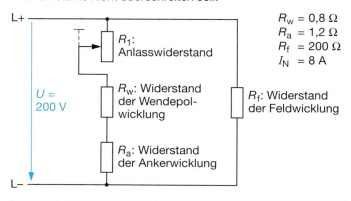

$R_w = 0{,}8\ \Omega$
$R_a = 1{,}2\ \Omega$
$R_f = 200\ \Omega$
$I_N = 8\ A$

10 LWL-Sender mit Mikrofon-Vorstufe

In der Schaltung werden Mikrofon-Signale in Lichtsignale umgewandelt.

a) Geben Sie die Bauteile an, die elektrische Signale verstärken.
b) In welchem Bauteil erfolgt die Umwandlung in Lichtsignale?
c) Welche Spannung gegen Masse zeigt ein Spannungsmesser mit einem Innenwiderstand von 1 MΩ am Anschluss 3 der integrierten Schaltung an (Innenwiderstand IC unendlich groß)?

Vorverstärker

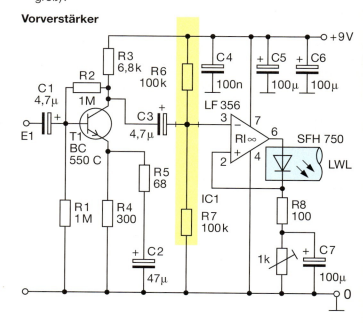

34

1 Elektrotechnische Systeme analysieren und Funktionen prüfen

1.6.7 Messung von Widerständen

1 Spannungs- und Stromfehlerschaltung

In the voltage error circuit, the error arises as a result of the series connection between the ammeter and the resistance. The smaller the voltage drop across the ammeter is, in relation to the voltage at the resistance, the smaller the error will be.
In the current error circuit, the error arises because of the parallel connection between the voltmeter and the resistance. The lower the current through the voltmeter is in proportion to the current through the resistance, the smaller will be the error.

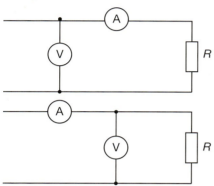

Entwickeln Sie für jede Schaltung formelmäßige Beziehungen, aus denen man abschätzen kann, für welchen Widerstand welche Messschaltung eingesetzt werden sollte.

2 Widerstand eines Relais

Der Widerstand eines Relais wird durch eine Spannungsfehlerschaltung bestimmt.
Messwerte: $U = 60$ V; $I = 21$ mA
Spannungsmesser: 1 kΩ/V; 100 V Bereich
Strommesser: Messbereich 30 mA (100 mV)

a) Berechnen Sie den unkorrigierten Wert.
b) Berechnen Sie den korrigierten Wert und die prozentuale Abweichung vom unkorrigierten Wert.
c) Zwischen welchen Werten bewegt sich der wahre Wert des Relaiswiderstandes, wenn für die Messgeräte Genauigkeitsklassen von 1,0 angegeben werden.

3 Eingangswiderstand

Der Eingangswiderstand einer integrierten Schaltung soll durch eine Strom- und Spannungsmessung ermittelt werden. Verwendet wird eine Spannungsfehlerschaltung.
Messwerte: $U = 5$ V; $I = 2,3$ mA
Messgeräte: $R_{i(U)} = 1$ kΩ/V; 10 V Bereich
$R_{i(I)} = 100$ Ω

a) Berechnen Sie den Eingangswiderstand.
b) Begründen Sie, warum die gewählte Messschaltung geeignet oder nicht geeignet war.

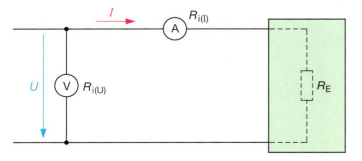

1.6.8 Brückenschaltung

1 Erdschluss bei TK-Leitung

Die Ader einer Leitung in einem Telekommunikationsnetz besitzt den eingezeichneten Erdschluss. Der Fehlerort soll mit Hilfe einer angeschlossenen Brückenschaltung ermittelt werden.
a) Erklären Sie die Vorgehensweise bei der Messung.
b) In welcher Entfernung vom Messort liegt der Fehler?

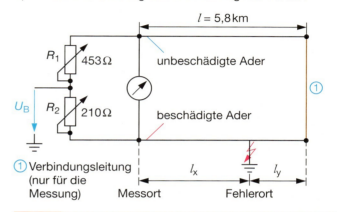

2 Berührung zwischen den Adern einer Leitung

Durch einen Schadensfall berühren sich zwei Adern einer Leitung. Der Berührungsort soll mit der abgebildeten Messschaltung ermittelt werden.
a) Beschreiben Sie das Messprinzip.
b) Stellen Sie eine Formel für die Abgleichbedingung auf.
c) Berechnen Sie die Länge l_x.

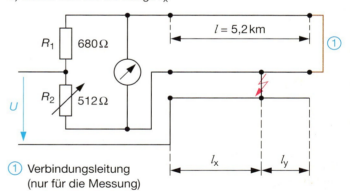

3 Brückenschaltung mit Temperatursensor

Die Brückenschaltung für einen Temperatursensor ist so abgeglichen, dass bei einer Temperatur von $\vartheta = 20\,°C$ die Brückenspannung $U_{AB} = 0$ V ist.
a) Wie verändert sich die Spannung zwischen A und B, wenn die Temperatur steigt (Polarität angeben)?
b) Überprüfen Sie Ihre Aussage durch eine Berechnung. Wählen Sie eigene Werte für die Brückenschaltung.

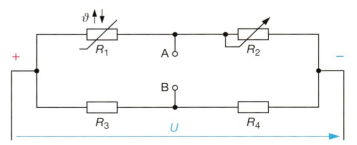

1 Elektrotechnische Systeme analysieren und Funktionen prüfen
1.6.9 Widerstand als Bauteil

1 Übungen

a) What are the minimum requirements which have to be specified when ordering resistors?
b) What can change the load capacity of resistors?
c) What are the advantages and disadvantages of wire-wound resistors when compared to layer resistors?
d) What are the resistance values of the two resistors?

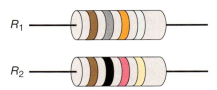

2 Farbringfolge

Geben Sie die Farbringfolge für folgende Widerstände an:

a) $2{,}2\ k\Omega \pm 10\ \%$
b) $330\ \Omega \pm 5\ \%$
c) $4{,}7\ \Omega \pm 2\ \%$
d) $1{,}5\ M\Omega \pm 5\ \%$
e) $82\ k\Omega \pm 1\ \%$
f) $566\ \Omega \pm 1\ \%$

3 E 12 Reihe

Welche Widerstände der E 12 Reihe benötigen Sie, um folgende Widerstandswerte zu bilden (Addition aus drei Widerständen)?

a) $10{,}1\ k\Omega$
b) $1266\ \Omega$
c) $10{,}8\ \Omega$
d) $68{,}8\ \Omega$
e) $12{,}78\ M\Omega$

4 Spannung

Durch einen Widerstand mit der Farbcodierng rot-violett-orange-silber wird eine Stromstärke von 0,75 A gemessen.

Wie groß sind Widerstand und Leitwert sowie die anliegende Spannung?

5 Toleranzen

Ein Widerstand besitzt die Farbkennzeichnung 4 x rot.
Die Stromstärke beträgt 2,5 mA.

a) In welchem Bereich kann die angelegte Spannung liegen?
b) Um welchen Wert kann die Spannung vom mittleren Wert abweichen?
c) Wie groß ist diese maximale Abweichung in % des Mittelwertes?

6 Werte von Widerständen

Ermitteln Sie die Werte der abgebildeten Widerstände.

7 Supraleitfähigkeit

If these materials could be cooled down to absolute zero (0 K = –273,15 °C) their resistance would be zero. This property is called superconductivity and such conductors at very low temperatures are known as super-conductors. Such conductors can transmit large currents through small cross-sections.

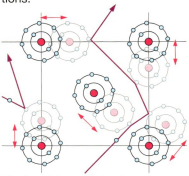

Rise in resistance due to stronger vibrations of atom trunks upon heating

Just as the vibrations of the atom-trunks affect the movement of quasi-free electrons, the converse is also true. The collision of quasi-free electrons with electrons in the shells of atom-trunks causes these to vibrate more strongly, which is manifested by a rise in temperature. The effect is put to use heating appliances.

Heating caused by the flow of current is known as self heating, whereas heating from outside is known as external heating. ...
Please translate.

8 Widerstand und Temperatur

In einer Laborschaltung wird das Verhalten von Widerstandsmaterialien gegenüber der Temperatur untersucht. Das Ergebnis ist in Form von zwei Kennlinien dargestellt.

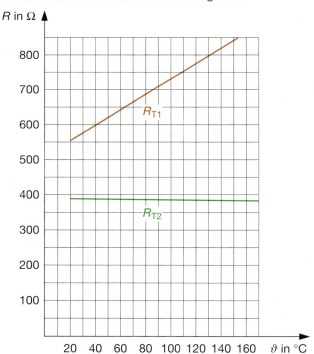

a) Beschreiben Sie das Widerstandsverhalten in Abhängigkeit von der Temperatur und finden Sie heraus, um welche Materialien es sich handelt.
Hinweis: Eine Berechnung der Temperaturkoeffizienten α mit Hilfe von Kennlinien ist sinnvoll.
b) Ermitteln Sie die Widerstände bei 60 °C.
c) Aus welchem Material würden Sie einen Präzisionswiderstand herstellen? Begründen Sie Ihre Antwort.

1 Elektrotechnische Systeme analysieren und Funktionen prüfen

1.7.1 Spannungsquellen in einer Solaranlage

1 Batterieaufladung

Die Ausgangsspannung einer vollständig beleuchteten Solarzelle beträgt etwa 0,4 V. Zur Aufladung der abgebildeten Bleibatterien mit 6 Zellen und maximalen Ladespannungen von 2,35 V pro Zelle müssen deshalb viele Einzelzellen zu einem Modul zusammengeschaltet werden. Die Diode R1 verhindert eine Entladung der Batterie über die Solarzelle. Sie wirkt aus Richtung der Batterie wie eine Sperre. Sie arbeitet beim Aufladen nicht verlustlos. An ihr fällt dann eine Spannung von 0,7 V ab.

a) Berechnen Sie die Mindestzahl der Solarzellen, wenn R2 vernachlässigt werden kann ($R_2 = 0\ \Omega$ angenommen).

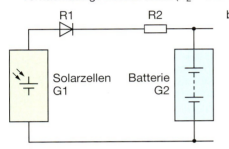

b) Es stehen Solarmodule mit der Zellenzahl von n = 38, 40, 55 und 144 zur Verfügung. Welches Modul ist zu wählen?

2 Kennlinien eines Solarmoduls

a) Wie groß sind die Leerlaufspannung und die Kurzschlussstromstärke bei maximaler Beleuchtungsstärke E?
b) Wie viele Zellen sind in dem Modul in Reihe geschaltet, wenn im beleuchteten Zustand pro Zelle etwa 0,4 V angesetzt werden können?

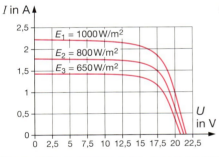

c) Das Modul wird mit einer Beleuchtungsstärke von $E = 800\ W/m^2$ beleuchtet und mit $R_L = 20\ \Omega$ belastet. Wie groß sind die Stromstärke und die Klemmenspannung?

3 Energiebilanz

Das Diagramm zeigt den Verbrauch von elektrischer Energie eines Haushaltes und die Einspeisung durch eine Solaranlage.

a) Ermitteln Sie den Energieverbrauch des Haushaltes für ein Jahr.
b) Wie groß ist die in einem Jahr erzeugte Energie durch die Solaranlage?
c) Wie hoch ist der Anteil (in %) photovoltaisch erzeugter Energie, wenn der Wirkungsgrad des Wechselrichters 94 % beträgt?

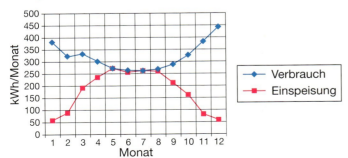

4 Wirkungsgrad

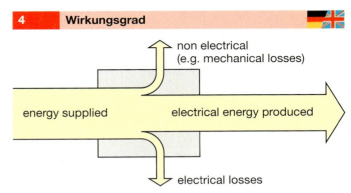

All voltage sources have one thing in common – they are energy converters. They convert other forms of energy into electricity. This does not take place without losses.

The diagram of losses shown applies in principle to all voltage sources. There are always non-electrical losses during operation. As far as these are concerned, it is not very important whether the voltage source is loaded or not.

Electrical losses nearly always take place only when the voltage source is loaded. Some voltage sources do indeed have losses when they are not under load, but these are small in comparison to electrical losses when loaded, that they can generally be disregarded.

a) Zeichnen Sie ein Diagramm mit deutschen Begriffen.
b) Geben Sie den Sinn des Textes in deutscher Sprache wieder.

5 Leistung eines Solarmoduls

Das Diagramm zeigt Kennlinien eines Solarmoduls. Durch Analyse des Diagramms soll die Wirksamkeit ermittelt werden.

a) Bei welcher Spannung und welcher Stromstärke ist die Leistung des Moduls maximal?
b) Wie groß müsste für diesen Sonderfall der Belastungswiderstand gewählt werden?
c) Das Modul wird über einen Widerstand zur Aufladung eines Akkumulators mit einer Leerlaufspannung von 2 V verwendet. Der Ladewiderstand beträgt 5 Ω. Zeichnen Sie das Schaltbild und übertragen Sie die Spannungs-Strom-Kennlinie auf ein Extrablatt. Ermitteln Sie dann zeichnerisch die Einzelspannungen und die Ladestromstärke.

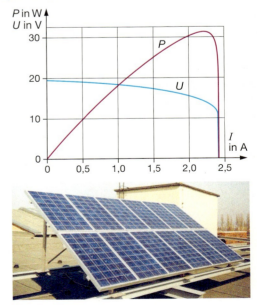

1 Elektrotechnische Systeme analysieren und Funktionen prüfen
1.7.2 Verhalten von Spannungsquellen

1 Energieversorgung im Haus

Die Energieversorgung unserer Haushalte erfolgt über die Generatoren der Energieversorger und ein weit verzweigtes Leitungsnetz. Diese komplexen Anlagen können vereinfacht wie ein System aufgefasst werden, das aus einer Spannungsquelle mit angeschlossenen Widerständen besteht. Für einen Belastungsfall sollen jetzt die Kennwerte dieses Systems schrittweise ermittelt werden. Als Belastung ist eine Kochplatte mit zwei Schaltstellungen vorgesehen.

Folgende Berechnungen sollen durchgeführt werden:

a) Wie groß sind bei diesen Belastungsfällen die Stromstärken?
b) Wir groß sind der Innenwiderstand unserer modellhaften Spannungsquelle und die Leerlaufspannung?
c) Zeichnen Sie das Ersatzschaltbild der Spannungsquelle und geben Sie darin die ermittelten Werte an.
d) Wie groß wäre die theoretische Kurzschlussstromstärke?

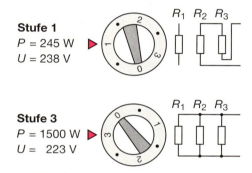

Stufe 1
$P = 245$ W
$U = 238$ V

Stufe 3
$P = 1500$ W
$U = 223$ V

2 Mikrofone als Spannungsquellen

Wenn auf das abgebildete Mikrofon Schall trifft, gibt es Wechselspannungen ab. Es ist also wie eine Spannungsquelle zu behandeln. Der immer vorhandene Innenwiderstand muss deshalb bei Anschluss an einen Verstärker beachtet werden.

Folgende Praxisprobleme sollen mit den Angaben aus der Tabelle gelöst werden.

a) Wie groß müssen bei den aufgeführten Mikrofonen die Eingangswiderstände der nachfolgenden Verstärker sein, damit die Eingangsspannung $U_q/2$ groß wird?
b) Die vier Mikrofontypen sollen an einem Verstärker mit einem Eingangswiderstand von 10 kΩ betrieben werden. Wie groß wären dann die Eingangsspannungen für den Verstärker?
c) Welche der in b) ermittelten Belastungsfälle sind sinnvoll?

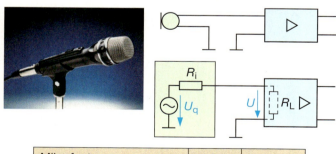

Mikrofontyp	R_i	U_q (z.B.)
Tauchspul (m. Übertrager)	200 Ω	2 mV
Bändchen (m. Übertrager)	200 Ω	0,1 mV
Kristall	1 MΩ	1 mV
Kondensator	50 MΩ	10 mV

3 Spannungsquellen bei Belastung

Die abgebildete Messschaltung wurde verwendet, um das Belastungsverhalten einer Spannungsquelle zu untersuchen. Dazu mussten der Belastungswiderstand verändert und die Ausgangsgrößen gemessen werden. Das Ergebnis ist in Form eines Diagramms dargestellt.

a) Im Diagramm kommen **normierte Größen** vor. Sie werden als Verhältnisse dargestellt. Welchen Vorteil hat diese Darstellungsart und welche Größen werden verwendet?
b) Bei welchem Belastungswiderstand im Vergleich zum Innenwiderstand wird die maximale Leistung abgegeben?
c) Stellen Sie allgemeine Gleichungen für die Klemmenspannung, die Stromstärke, die abgegebene Leistung und den Wirkungsgrad auf, wenn der Belastungswiderstand gleich dem Innenwiderstand ist.

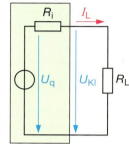

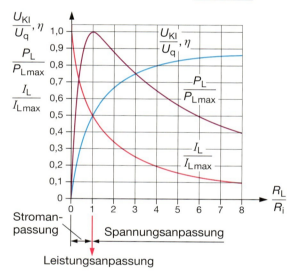

4 Lautsprecheranpassung

Die Endstufe eines NF-Verstärkers besitzt einen Innenwiderstand von 4 Ω. Als maximale Quellenspannung werden 10 V angegeben (Leerlaufspannung). Zum Anschluss an diesen Verstärker stehen zwei Lautsprecher mit jeweils 4 Ω zur Verfügung. Es handelt sich hierbei um einen Widerstand, der nur bei Wechselstrom auftritt. Der reine Gleichstromwiderstand ist erheblich geringer und somit vernachlässigbar.

a) Wie sollten die Lautsprecher an den Verstärker angeschlossen werden, damit eine maximale Leistung übertragen wird?
b) Wie groß sind für diesen Maximalfall die abgegebene Leistung und der Wirkungsgrad?
c) Ermitteln Sie die abgegebene Leistung, wenn die beiden Lautsprecher parallel bzw. in Reihe geschaltet werden. Welche Schaltungsart könnte für den Verstärker bedenklich sein?

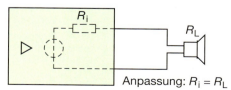

NF-Endstufe mit Lautsprecher

1 Elektrotechnische Systeme analysieren und Funktionen prüfen

1.7.3 Reihenschaltung

1 Notstromanlage

In einer Notstromanlage einer Funkstation ist ein 24 V Akkumulator ausgefallen. Die Anlage soll vorübergehend durch zwei 12 V Akkumulatoren betriebsbereit gehalten werden.

Über den ursprünglichen Akkumulator sind folgende Werte bekannt:

$U_q = 24{,}0$ V; $R_i = 9{,}8$ mΩ

Die Ersatzakkumulatoren besitzen folgende Werte:

$U_{q1} = 12{,}5$ V; $R_{i1} = 7{,}5$ mΩ
$U_{q2} = 12{,}1$ V; $R_i = 8{,}2$ mΩ

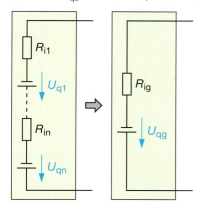

Durch die provisorische Anlage muss gewährleistet sein, dass bei einer Belastung mit 110 A die Klemmenspannung um höchstens 10 % von 24 V absinkt. Überprüfen Sie, ob dieses mit den Ersatzakkumulatoren erreicht wird.

2 Übungen

a) How high is the internal resistance of a voltage source whose terminal voltage falls from 42 V to 39 V under a load of 12 A?

b) Three equal voltage sources with $U_q = 13{,}5$ V and $R_i = 2$ Ω are connected in series and then connected to a resistor $R = 48$ Ω.
   a) How high is the total primary voltage?
   b) How high is the total internal resistance?
   c) How high is the current?
   d) What is the voltage across the resistor $R = 48$ Ω?
   e) How high is the voltage loss of one voltage source?

c) What is the total voltage of the series connection?

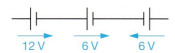

3 Belastete Reihenschaltung

Zwei Akkumulatoren besitzen gleiche Quellenspannungen aber unterschiedliche Innenwiderstände. Sie sind in Reihe geschaltet.

$U_{q1} = U_{q2} = 12{,}5$ V
$R_{i1} = 0{,}27$ Ω
$R_{i2} = 1{,}03$ Ω

Die Stromstärke für den Belastungsfall darf 1,15 A betragen. Berechnen Sie

a) die Klemmenspannung,
b) den Belastungswiderstand,
c) die Leistung im Belastungswiderstand,
d) die Leistungen in den Innenwiderständen,
e) die theoretische Kurzschlussstromstärke und
f) die Leistung, die im Kurzschlussteil in den Innenwiderständen umgesetzt werden würde.

1.7.4 Parallelschaltung

1 Elektroantrieb für ein Fahrzeug

Für den Antrieb eines Elektrofahrzeuges sind zwei Akkumulatoren parallel geschaltet. Die Parallelschaltung erfolgt erst dann, wenn das Fahrzeug anfährt. Durch diese Maßnahme soll verhindert werden, dass bei abweichenden Daten der Akkumulatoren zu hohe Ausgleichsströme bei Nichtbetrieb fließen.

a) Wie groß würde die Ausgleichsstromstärke zwischen den Quellen sein, wenn der Schalter S1 geschlossen wäre?
b) Wie groß ist der Innenwiderstand der Parallelschaltung?

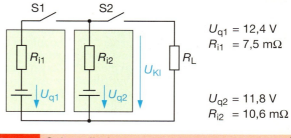

$U_{q1} = 12{,}4$ V
$R_{i1} = 7{,}5$ mΩ

$U_{q2} = 11{,}8$ V
$R_{i2} = 10{,}6$ mΩ

2 Schutzdioden

In der abgebildeten Schaltung sind in Reihe mit den Spannungsquellen Dioden geschaltet. Diese Dioden haben für die Schaltung eine Schutzfunktion.

Informieren Sie sich über die grundsätzliche Arbeitsweise von Dioden.

Beschreiben Sie die Funktion des Schutzes und geben Sie auch mögliche Nachteile an.

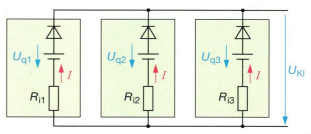

3 Energieversorgung eines Wohnmobils

Die Energieversorgung der elektrischen Geräte in einem Wohnmobil soll bei abgeschaltetem Motor durch Akkumulatoren gewährleistet sein. Dazu sollen ein oder mehrere Akkumulatoren ausgewählt und der Preis ermittelt werden.
Folgende Vorgehensweise bietet sich an:

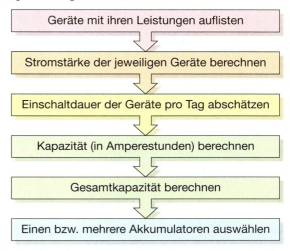

Führen Sie diesen Auftrag für selbst gewählte Geräte aus.

1 Elektrotechnische Systeme analysieren und Funktionen prüfen

1.8.1 Netzteilauswahl

1 Einbauhinweise

Netzteile erwärmen sich und müssen bestimmten Sicherheitsanforderungen genügen.

a) Stellen Sie fest, welche Vorschriften beim Einbau des Netzteils SITOP power 24 V/10 A beachtet werden müssen.

b) Ermitteln Sie, für welche IP-Schutzklasse das Netzteil SITOP power 24 V/10 A ausgelegt ist und klären Sie deren Bedeutung.

2 Störungen

In vielen Netzteilen werden Spannungen und Ströme geschaltet. Aufgrund dieser raschen Änderungen treten hochfrequente Schwingungen auf, die zu Störungen in der Umgebung führen können. Aus diesem Grunde müssen diese Störungen durch Schaltungsmaßnahmen im Netzteil verhindert werden.

Netzteile müssen aber auch empfindliche elektronische Geräte mit Energie versorgen. Sie müssen deshalb weitgehend immun gegen äußere Störungen sein.

Wir sprechen in diesem Zusammenhang von der elektromagnetischen Verträglichkeit (**EMV**).

a) Beschreiben Sie Störphänomene für
  • Emission (Störaussendung) und
  • Immunität (Störfestigkeit).

b) Stellen Sie fest, welche EMV-Vorschriften für SITOP power 24 V/10 A eingehalten werden.

3 Parallelschaltung

Für die Erweiterung einer Steuerung mit mehreren Relais reicht die bisherige Energieversorgung mit einer SITOP power 24 V/10 A nicht mehr aus. Durch zusätzliche Relais werden bei gleichbleibender Spannung jetzt insgesamt 15 A benötigt. Sie kommen auf die Idee, zwei gleichartige Netzteile parallel zu schalten.

In den Herstellerunterlagen finden Sie folgenden Schaltplan:

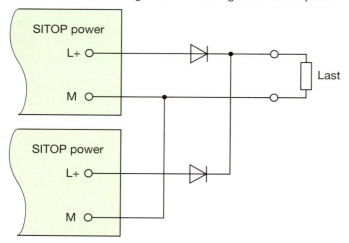

a) Informieren Sie sich zunächst über die grundsätzliche Funktion der im Schaltbild vorhandenen Dioden.

b) Ermitteln Sie aus den Herstellerunterlagen wichtige Informationen über die Parallelschaltung dieser Netzteile.

4 Absicherung der Sekundärseite

Prüfen Sie anhand der Herstellerunterlagen, ob das SITOP power Netzteil 24 V/10 A auf der Sekundärseite abgesichert werden muss.

5 Reihenschaltung

Damit eine Spannung von 48 V zur Verfügung steht, haben Sie vor, zwei SITOP power Netzteile zu schalten. In den Herstellerunterlagen finden Sie das folgende Schaltbild:

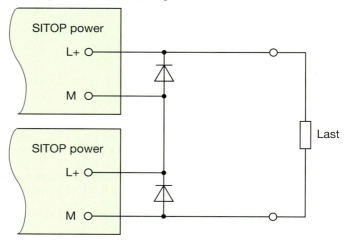

a) Informieren Sie sich zunächst über die grundsätzliche Funktion der im Schaltbild vorhandenen Dioden.

b) Ermitteln Sie aus den Herstellerunterlagen wichtige Informationen über die Reihenschaltung dieser Netzteile.

6 Technische Daten

Für das abgebildete Netzteil liegen die technischen Daten nur in englischer Sprache vor. Für eine Kundeninformation sollen Sie eine deutsche Übersetzung erstellen.

Primary switch mode power supply
24 V DC max. 10 A adjustable 22 – 28 V
input supply selectable 115 V_{AC} / 230 V_{AC}
mountain rail
screw type terminals

– high efficiency, low weight and strong metal housing
– two input voltage ranges
– output circuit continuously protected against open or short-circuit operation
– internal over voltage protection
– double screw terminals on the output
– output can be operated in parallel
– self cooling by convection
– ambient temperature operation up to +70 °C derating -3%/°C above 50 °C

Specifications:

Type	SLK2410
Input	115/230 V
Output Voltage	22.0 – 28.0 V_{DC}
Output current	1.0 A
Ambient temperature	0° – 50(70) °C
Efficiency	83 %
Dimensions (*l* x *w* x *h*)	115 x 100 x 120 mm

1 Elektrotechnische Systeme analysieren und Funktionen prüfen

1.8.3.1 Transformator

1 Aufbau und Schaltzeichen

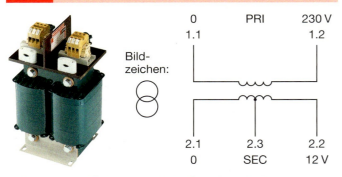

a) Aus welchen Teilen besteht der Transformator?
b) Erklären Sie das verwendete Bildzeichen im Zusammenhang mit dem Schaltplan.
c) An welche Anschlüsse wird die Primärspannung gelegt, wo wird die Ausgangsspannung abgenommen und wie groß sind die Ausgangsspannungen?

2 Transformator einer Wechselspannungsanlage

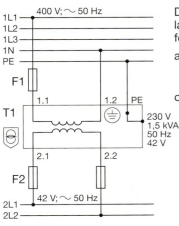

Der Auszug aus einem Stromlaufplan enthält einen Transformator.

a) Finden Sie heraus, welche Bedeutung das Bildzeichen hat.
c) Beschreiben Sie die Funktion des Transformators.

3 Übungen

a) How does the secondary voltage of a transformer with a constant primary voltage alter if the number of turns in the secondary winding is tripled?
b) How does the secondary voltage of a transformer with a constant primary voltage alter if the number of turns in the primary winding is doubled.
c) What is meant by the transformation (turns) ratio of a transformer? Give the associated formulae.
d) A transformer with $U_1 = 230$ V has a number of turns in the primary winding $N_1 = 1760$. What no-load voltage is measured on the secondary side if the secondary winding has 440 turns?
e) What primary current is consumed by a transformer with $U_1 = 230$ V if a secondary current of 5 A flows at the secondary voltage of 6,3 V?

4 Transformator mit Wirkungsgrad

Der Netztransformator für eine Spannungsversorgung eines Transistorgerätes liegt primärseitig an 230 V. Auf der Sekundärseite soll bei einer Stromstärke von 11 A eine Spannung von 40 V zur Verfügung stehen. Die Primärwicklung hat 1100 Windungen. Der Wirkungsgrad wird mit 96 % angegeben.

Berechnen Sie das Übersetzungsverhältnis, die Primärstromstärke und die sekundäre Windungszahl.

5 Spartransformator

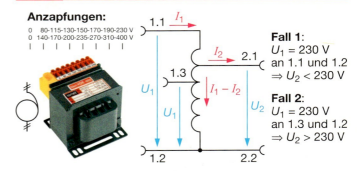

Ermitteln Sie, weshalb der abgebildete Transformator als „Spartransformator" bezeichnet wird.

6 Trenntransformatoren

Isolating transformers are used to power a single electrical device with a single operating voltage. They isolate the device from the line voltage for protective isolation. The secondary winding is connected neither to the core nor to ground. Primary and secondary winding are isolated from one another in such a way that even in the case of a wire break no electrical contact between them is possible. The highest permitted rated secondary load voltages for isolating transformers are for
- single-phase transformers 250 V,
- three-phase transformers 380 V.

The highest permitted rated secondary current is 16 A. Movable isolating transformers must be of protectively-insulated construction. There must be a single fully-insulated output socket without protective grounding to which consumers are connected.

Finden Sie heraus, welche Besonderheiten Trenntransformatoren aufweisen.

7 Bildzeichen für Kleintransformatoren

Die folgenden Bildzeichen kennzeichnen Kleintransformatoren. Ermitteln Sie die jeweilige Bedeutung.

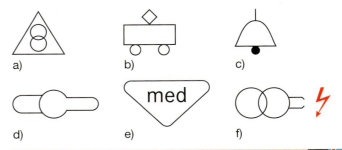

8 Was sind Wirbelströme?

In an experiment we can show, that a change in magnetic flux induces a voltage in a coil. The cause of this is a displacement of charges in the conductor. Such movements of charges takes place in the iron core as well. A voltage is therefore induced there as well.

Because of the low electrical resistance, this induced voltage results in short circuit currents. Since the displaced charges and short circuit currents do not have fixed paths, the term "eddy currents" is used.

eddy current paths

1 Elektrotechnische Systeme analysieren und Funktionen prüfen
1.8.3.2 Gleichrichtung

1 Betriebsverhalten von Halbleiterdioden

When an on-state current is flowing through a diode, it tends to heat up. The temperature it reaches depends on the strength of the current. The heating effect arises from the fact that a diode operated in the on-state direction still has a certain resistance, the on-state DC resistance. This resistance, normally no higher than a few milliohms, converts electrical energy into heat. The heating of the diode releases bonds in the crystal structure. The conductivity of the material increases. The on-state DC resistance falls. As a result, I_F rises.

If I_F rises steeply and the diode heats up considerably, the crystalline structure of the semiconducting material is destroyed due to de-bonding. The diode no longer has a valve effect. This phenomenon is described as thermal breakdown.

Beschreiben Sie das Betriebsverhalten von Halbleiterdioden.

2 Trennung von Schaltsignalen

Die abgebildete Schaltung dient zur Trennung von Schaltsignalen.

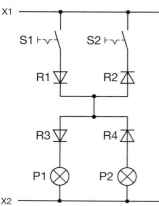

a) Zeichnen Sie einen Stromlaufplan, bei dem X1 positiv und X2 negativ ist. Kennzeichnen Sie die Stromrichtung durch Strompfeile an Leitungen und Bauteilen, wenn S1 betätigt wird.

b) Welche Dioden sind leitend, wenn nur S2 betätigt wird?

c) Wie verhält sich die Schaltung, wenn X1 negativ und X2 positiv wird und die Schalter nacheinander betätigt werden?

3 Unbekannte Schaltung

Vier vergossene Schaltungen mit je drei Anschlüssen werden mit einem Widerstandsmessgerät untersucht. Der maximale und eindeutig ablesbare Widerstandswert mit dem verwendeten Messgerät beträgt etwa 50 kΩ.

Es wird vermutet, dass sich Dioden in der Schaltung befinden. Deshalb wird jede Strecke mit unterschiedlichen Polaritäten des Widerstandsmessgerätes gemessen.

Zeichnen Sie die Stromlaufpläne für die folgenden ermittelten Messwerte:

a)			b)		
R_{AB}	= 5 kΩ	(B positiv)	R_{AB}	= 2 Ω	(A positiv)
R_{AB}	= 5 kΩ	(A positiv)	R_{AB}	= 10 kΩ	(B positiv)
R_{AC}	= 5 kΩ	(C positiv)	R_{AC}	= 12 Ω	(A positiv)
R_{AC}	→ ∞	(A positiv)	R_{AC}	= 10 kΩ	(C positiv)
R_{BC}	= 2 Ω	(C positiv)	R_{BC}	= 10 Ω	(B positiv)
R_{BC}	→ ∞	(B positiv)	R_{BC}	= 10 Ω	(C positiv)

c)			d)		
R_{AB}	= 2 Ω	(A positiv)	R_{AB}	= 60 Ω	(A positiv)
R_{AB}	→ ∞	(B positiv)	R_{AB}	= 60 Ω	(B positiv)
R_{AC}	→ ∞	(A positiv)	R_{AC}	= 30 Ω	(A positiv)
R_{AC}	→ ∞	(C positiv)	R_{AC}	= 30 Ω	(C positiv)
R_{BC}	= 2 Ω	(C positiv)	R_{BC}	= 70 Ω	(C positiv)
R_{BC}	→ ∞	(B positiv)	R_{BC}	= 70 Ω	(B positiv)

```
        A ┌─────────┐ B
         │         │
         │         │
         └────┬────┘
              │ C       Vergossene
                        Schaltung
```

4 Strom-Spannungs-Kennlinie

Kennlinien von Dioden werden häufig in Diagrammen mit logarithmischen Achsenteilungen dargestellt. Entnehmen Sie entsprechende Daten aus der Abbildung und stellen Sie den Durchlassstrom I_F der Silizium-Diode in Abhängigkeit von der Durchlassspannung U_F in einem Diagramm mit linearer Achsenteilung dar (bis U_F = 0,9 V).

Maßstab: 0,1 V ≙ 2 cm; 10 mA = 2 cm ≙ 2 cm

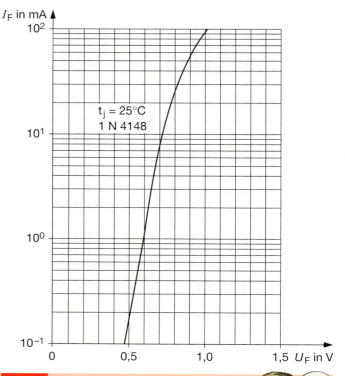

5 Umschaltung mit einer zweiadrigen Leitung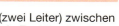

Die Schaltung soll mit nur einer Leitung (zwei Leiter) zwischen A1 und A2 und einem Umschalter folgende Funktion besitzen:
- Wenn S1 nicht betätigt ist, soll K1 angezogen sein.
- Wenn S1 betätigt ist, soll K2 anziehen und K1 abfallen.

Zeichnen Sie den Stromlaufplan, wenn die Bauteile entsprechend der Abbildung in ihrer Anordnung vorgegeben sind.

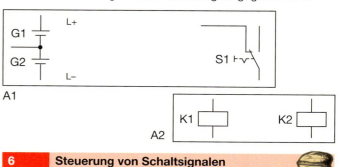

6 Steuerung von Schaltsignalen

Zwei Relais K1 und K2 sollen durch drei Taster so geschaltet werden, dass durch
- S1 nur K1 anzieht,
- S3 nur K2 anzieht und
- S2 beide Relais anziehen.

Zeichnen Sie den Stromlaufplan mit zwei Dioden und drei einpoligen Schaltern.

1 Elektrotechnische Systeme analysieren und Funktionen prüfen
1.8.3.3 Gleichrichterschaltungen

1 Schaltungsergänzung

Auf einer Platine sind jeweils vier Dioden wie in der dargestellten Weise angeordnet.

Sie sind in Form einer Zweipuls-Brückenschaltung verbunden.

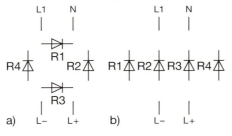

Übernehmen Sie diese Anordnung und ergänzen Sie die Schaltung so, dass jeweils eine Zweipuls-Brückenschaltung entsteht.

2 Akkumulatorladegerät

Für einen Laborplatz soll ein einfaches Ladegerät (ungeregelt) für Akkumulatoren aufgebaut werden.
Zeichnen Sie den Stromlaufplan mit folgenden Bedingungen:

- Einpuls-Mittelpunktschaltung M1.
- Transformator mit sekundären Anzapfungen bei 3 V; 6 V; 9 V; 12 V und 15 V. Die Spannungen werden über einen Umschalter an die Diode gelegt.
- Auf der Primärseite befindet sich eine Sicherung, ein einpoliger Schalter und eine Signallampe (Glimmlampe) zur Anzeige des eingeschalteten Zustands.
- Im Netzteil befindet sich ein Gleichspannungsmessgerät.
- Zur Glättung der Spannung wird ein Elektrolytkondensator verwendet.

3 Zweipuls-Mittelpunktschaltung

A somewhat smoother pulsating voltage is provided by the twopulse mid-point circuit M2.
This type of circuit requires a transfo-rectifier with a centre tapping, to provide two equal component voltages. Two rectifier diodes are also needed These form the two arms of the rectifier circuit.
Erklären Sie mit Hilfe dieses Textes die Funktion der Schaltung.

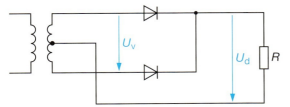

4 Arithmetische Mittelwerte

For pulsating direct voltages and currents, the average value of the voltage and current during one cycle is determined graphically or mathematically. The value is termed the arithmetical mean. A simple example shows how you can determine the arithmetical mean value graphically. The Fig. depicts a voltage u_d which has a value of 400 V over a time of 5 s and of 0 V over a further time of 5 s. In order to calculate the arithmetical mean, the area below the curve is divided equally. We obtain the blue rectangle with a voltage of 200 V.

Formulieren Sie einen Merksatz zum arithmetischen Mittelwert in englischer Sprache.

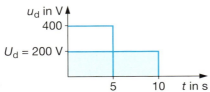

5 Schalten von Signalen

Zwischen drei Fließbandarbeiten (A, B und C) und der Endabnahme werden Störungen durch ein optisches Signal weitergegeben. Der Material- und Informationsfluss wird durch den folgenden Wirkungsablauf verdeutlicht:

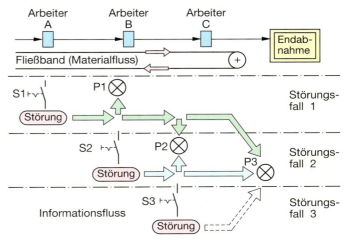

Analyse:
- Treten beim Arbeiter A Störungen auf, dann wird diese Information an die Arbeiter B, C und an die Endabnahme weitergegeben.
- Treten beim Arbeiter B Störungen auf, dann wird diese Information an den Arbeiter C und an die Endabnahme weitergegeben.
- Treten beim Arbeiter C Störungen auf, dann wird diese Information nur an die Endabnahme weitergegeben.

Lösung:
Diese Informationsweitergabe wurde bisher mit Schaltern und Signallampen wie folgt realisiert:

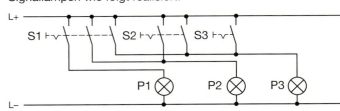

a) Beschreiben Sie die Schaltung mit Hilfe von logischen Wirkungsketten, z.B.:
Wenn Schalter S… geschlossen ist, dann leuchtet P…

Im Rahmen einer Neuinstallation sollen die mehrpoligen Schalter durch einpolige ersetzt und der Informationsfluss durch Dioden weitergegeben werden.

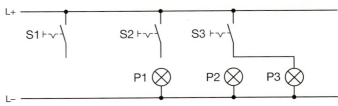

b) Entwerfen und zeichnen Sie einen entsprechenden Stromlaufplan.
c) Beschreiben Sie die neue Schaltung mit Hilfe von logischen Wirkungsketten (vgl. a).
d) Bewerten Sie beide Schaltungen (z.B. Funktionssicherheit, Herstellungskosten).

1 Elektrotechnische Systeme analysieren und Funktionen prüfen

1.8.3.4 Kondensatoren

1 Kapazitätssonde

Beim Erreichen eines bestimmten Füllstandes soll der abgebildete kapazitive Sensor (Prinzipdarstellung) auslösen. Er besteht im Prinzip aus zwei voneinander isolierten Kondensatorplatten.

Ermitteln Sie die Kapazitätsänderung, wenn der Sensor vorher in Luft und dann in Öl eintaucht.

a = 3,5 cm
b = 6,7 cm
ε_r = 2,5 (Öl)
d = 0,85 cm

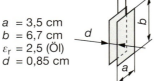

2 Elektrolytkondensator

Elektrolytkondensatoren haben eine aufgeraute Plattenoberfläche. Dadurch erhöht sich die wirksame Oberfläche.

Berechnen Sie die wirksame Oberfläche eines 470 µF Kondensators, dessen Oxidschicht 0,6 µm und dessen Dicke des Papierdielektrikums 6,5 µm betragen. Als Dielektrizitätszahl kann ein Wert von 8,5 angesetzt werden.

3 Entstörfilter

Entstörfilter besitzen Spulen und Kondensatoren. Berechnen Sie die Gesamtkapazität aus C_x und C_y auf der Eingangsseite.

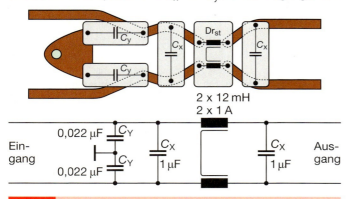

4 Energieversorgung

In Schaltungen der Energieversorgung werden oft Kondensatoren zu Batterien zusammen geschaltet. In der Abbildung sind Aluminium-Elektrolyt-Kondensatoren als Energiespeicher für einen Umrichter-Zwischenkreis zu sehen. Die zu den Kondensatoren parallel geschalteten Widerstände können vernachlässigt werden. Sie sorgen dafür, dass an jedem Kondensator die gleiche Spannung liegt.

Vom Hersteller wurden folgende Daten gegeben: Einzelkapazität C = 6000 µF; Spannung U = 350 V; Anzahl der Kondensatoren: 3 in Reihe und 27 parallel, insgesamt 81.

a) Berechnen Sie die Gesamtkapazität.
b) Wie groß ist die gespeicherte Ladung?

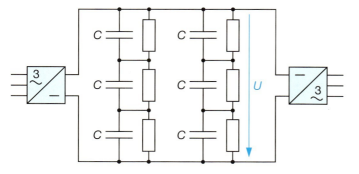

5 Kondensator mit Entladewiderstand

Capacitors continue to store charges even after a circuit has been switched off. Resistors must therefore be included to ensure that the voltage is quickly brought down to a safe level (any measures taken must of course comply with the regulations applying to the installation). Alternatively, the capacitors can be discharged via the windings of the consumer they are used to compensate.

Erklären Sie die Funktion des Widerstandes.

6 MP- und MKV-Kondensatoren

Metallized paper capacitors have impregnated paper dielectrics and vacuum metallized films (approx. 1/100 mm in thickness) as plates. If current flashes over, then thin metal films burn off, that the capacitor "heals" itself.

Metallized film capacitors are also "self-healing". They have vacuum metallized coatings on paper separated by plastic film dielectrics. The losses are lower than for the metallized paper type.

Overloading (heating) and excessive "self-healing" can produce overpressure within the capacitor casing due to the evaporation on the resulting explosion hazard. Circular grooves pressed into the casing expand under excess pressure. At the same time, the notched connecting wire is stretched and breaks at this predetermined point. This ensures that the capacitor fails safe.

Erklären Sie mit eigenen Worten die Aussagen über beide Kondensatoren.

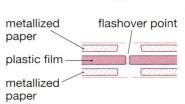

7 Ladekondensator

Blitzlichtgeräte benötigen für die Blitzlichtlampen in kurzer Zeit eine große Menge elektrischer Energie. Dazu werden Kondensatoren als Ladungsspeicher verwendet. In einem vorhandenen Gerät befindet sich ein Kondensator mit 470 µF, der mit 300 V aufgeladen wird.

Durch Parallelschaltung eines weiteren Kondensators soll die Gesamtladung auf Q_g = 0,5 As vergrößert werden.

Wie groß ist die Kapazität des zuschaltbaren Kondensators (Normwert wählen)?

1 Elektrotechnische Systeme analysieren und Funktionen prüfen
1.8.4 Längsgeregelte Netzteile

1 Festspannungsregler

Der in der Schaltung enthaltene integrierte Festspannungsregler liefert eine Ausgangsspannung von 5 V bei einer maximalen Stromstärke von etwa 200 mA. Er ist um einen Transistor ergänzt worden. Die Kennlinie der Schaltung ist ebenfalls dargestellt.

a) Interpretieren Sie den Kurvenverlauf.
b) Geben Sie an, wodurch die erhöhte Stromstärke I_2 erreicht wird.

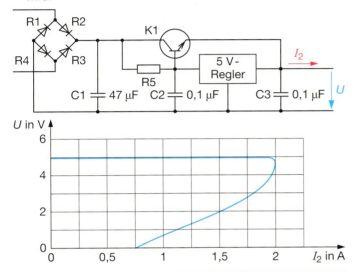

2 Spannungseinstellung

Die Ausgangsspannung U_2 der Stabilisierungsschaltung ist von folgenden Größen der Formel abhängig:

$$U_2 = 1{,}25\ \text{V} \left(1 + \frac{R_2}{R_1}\right)$$

Geben Sie die Werte an, zwischen denen die Ausgangsspannung eingestellt werden kann.

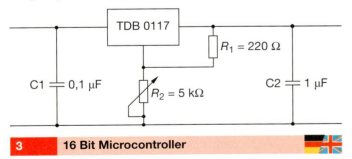

3 16 Bit Microcontroller

The MSP430 needs between 1,8 and 3,6 V. The following schematic shows a regulated power supply that can be used.

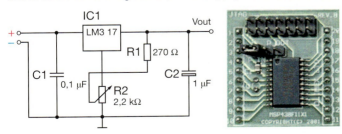

To the input you can connect a wall plug-in power supply, the output voltage of the circuit is regulated with the potentiometer.
Beschreiben Sie den Sachverhalt.

4 Spannungsstabilisierung

When we wish to draw large load currents from a stabilizing circuit, we make use of circuits with series pass transistors. The collector-emitter path of a transistor in a circuit of this type is in series with the consumer. The transistor functions like an adjustable drop resistor. The way in which this occurs is explained below. U_{BE} can be calculated as $U_{BE} = U_Z - U_L$.
If U_L rises or falls due to a change in U_1 or I_L, U_{BE} varies in inverse proportion to U_L, whereas U_Z stays virtually constant. The change in U_{BE} shifts the operating point of the transistor, causing the collector and emitter currents to rise or fall until U_L has reverted to its starting value. The load current which can be drawn from a series pass stabilizing circuit is equivalent to the highest permissible collector current of the transistor. Since this is, for example, approximately 15 A in the case of a BD 130 transistor, heavy duty power supplies with stabilized output voltages can be manufactured at low coast.
Erstellen Sie eine deutsche Funktionsbeschreibung.

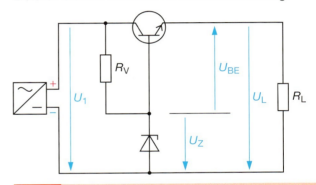

5 Kompaktnetzteil

Mit Hilfe der Herstellerunterlage für ein Netzteil sollen folgende Fragen beantwortet werden:

a) Wie wird die Gleichrichterschaltung bezeichnet und wodurch erfolgt die Stabilisierung?
b) Welche Funktion haben die drei Bauteile am Ausgang?
c) Der Netzteiltyp 4FC8 soll an einer primären Wechselspannung von 115 V betrieben werden. Welche Schaltverbindungen sind herzustellen?
d) Wie groß ist die Ausgangsspannung zwischen den Anschlüssen 33 und 34 beim Typ 4FC9?

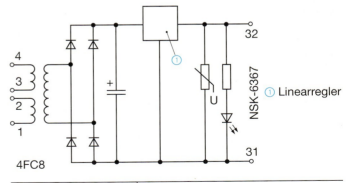

	Klemmenbezeichnungen 4FC8		4FC9
	Anschluss	Schaltverbindungen	Anschluss
Eingang L1, N 230 (240) V	1 – 4	2 – 3	1 – 2
115 (120) V	1 – 4	1 – 3; 2 – 4	–
			5 V 24 V
Ausgang L+	32	–	32 34
L–	31	–	31 33

1 Elektrotechnische Systeme analysieren und Funktionen prüfen
1.8.4 Längsgeregelte Netzteile

6 Vergleich

In den Schaltplänen werden ein Relais bzw. ein Schütz mit einem Transistor verglichen. Stellen Sie Gemeinsamkeiten bzw. Unterschiede heraus.

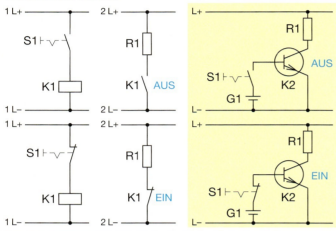

7 Schaltzustände

Das Kennlinienfeld zeigt die Kollektorstromstärke in Abhängigkeit von der Kollektor-Emitter-Spannung und den Belastungswiderstand.

a) Ermitteln Sie die Kollektor-Emitter-Spannung und die Kollektorströme für die Schaltzustände EIN und AUS.
b) Bestimmen Sie die Widerstände R_{EIN} und R_{AUS} bei diesen Schaltzuständen.

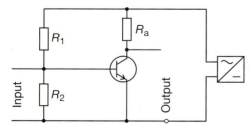

8 Transistor als Verstärker

The circuit shows a simple amplifier. The base bias is supplied by the voltage dividers, R_1 and R_2. The circuit input is connected between the base and the emitter, the output between collector and the emitter. Since the emitter represents a common connection for both input and output, this type of circuit is known as an emitter circuit. There are other types of circuit in which the common connection is the base or collector (base or collector circuits).

Beschreiben Sie das Transistorverhalten.

9 Eingangswiderstand

In den Eingang des Transistors (Basis) fließt bei anliegender Spannung ein Strom. Es kann deshalb ein Eingangswiderstand angegeben werden. Wir unterscheiden:
- Gleichstromwiderstand (Gleichgrößen $R_{BE} = U_{BE}/I_B$)
- Wechselstromwiderstand (Wechselgrößen $r_{BE} = \Delta U_{BE}/\Delta I_B$)

Eine weitere wichtige Größe zur Kennzeichnung von Transistoren ist die **Stromverstärkung B**. Sie ist das Verhältnis von I_C/I_B.

Ermitteln Sie für U_{BE} = 0,9 V den Eingangswiderstand für Gleich- und Wechselstrom.

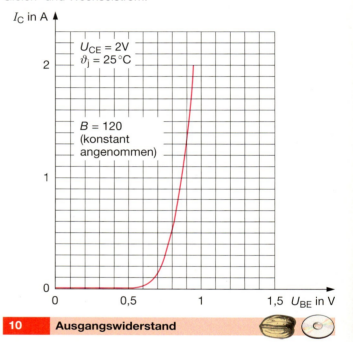

10 Ausgangswiderstand

Ermitteln Sie für U_{CE} = 10 V und I_{B1} = 0,1 mA; I_{B2} = 0,2 mA und I_{B3} = 0,3 mA den Ausgangswiderstand für Gleich- und Wechselstrom ($R_{CE} = U_{CE}/I_C$; $r_{CE} = \Delta U_{CE}/\Delta I_C$).
Informationen über Widerstände siehe Auftrag 9.

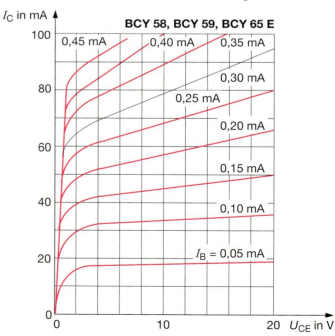

1 Elektrotechnische Systeme analysieren und Funktionen prüfen
1.8.5 Primär getaktetes Schaltnetzteil

1 Belastungskennlinie

Die abgebildete Kennlinie zeigt das Spannungsverhalten am Ausgang eines Netzteiles in Abhängigkeit von der Belastungsstromstärke.

Erklären Sie die Bedeutung der in der Kennlinie angegebenen drei Punkte.

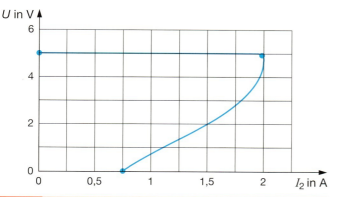

2 Ausgangsspannung

Schaltnetzteile geben besonders stabile Ausgangsspannungen ab. Die abgebildete Kennlinie zeigt die Ausgangsspannung in Abhängigkeit von der Belastungsstromstärke.

a) Ermitteln Sie die Ausgangsspannung bei den Belastungen von 2 A und 4 A.
b) Berechnen Sie die Abweichungen in % bei 2 A und 4 A, wenn für 230 V der Wert 100 % angenommen wird.

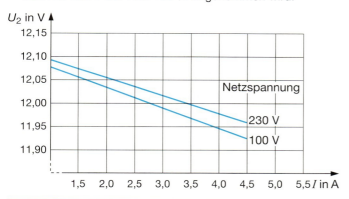

3 Wirkungsgrad

a) Ermitteln Sie die maximalen Wirkungsgrade des Schaltnetzteiles bei Netzspannungen von 100 V und 230 V.
b) Ermitteln Sie den Unterschied der Wirkungsgrade bei einer Belastung von 20 W und den Netzspannungen von 100 V und 230 V.

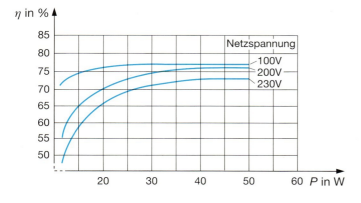

4 Schaltnetzteil

Übersetzen Sie die wichtigsten Kenndaten und beschreiben Sie das Netzteil.

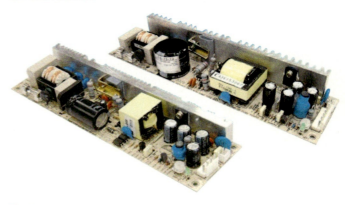

Features
- Universal AC input / Full range
- Protections: Short circuit / Over load / Over voltage
- Cooling by free air convention
- Small and compact size
- Built-in remote ON-OFF control
- LED indicator for power on
- 100 % full load burn-in test
- Low profile 23 mm thickness
- 2 years warranty

Block Diagram

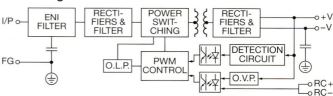

Derating Curve

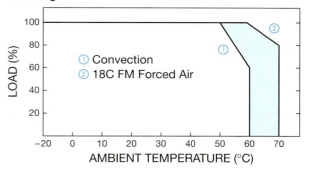

Static Characteristics

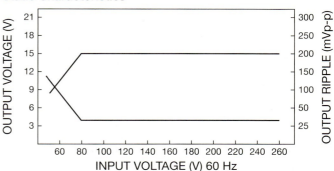

2 Elektrische Installationen planen und ausführen

2.1.1 Lastenheft

1 Neuinstallation

Der Kunde Herr Mark möchte gern ein Angebot für die Installation des neu errichteten Vorbaus an seinem Wohnhaus haben.

a) Sie sollen telefonisch diese Anfrage präzisieren. Notieren Sie sich deshalb Fragen, die Sie Herrn Mark stellen wollen.

b) Lassen Sie sich von einem Mitschüler sinnvolle Antworten zu den Fragen in a) geben.

c) Notieren Sie die Fragen, die Sie nur an Ort und Stelle klären können.

2 Hobbyraum

Herr Heinrich hat in seinem Haus einen Hobbyraum, in dem er auch verschiedene Wechselstrom-Maschinen benutzt. Er möchte von Ihrer Firma die elektrische Versorgung erweitern lassen.

Er braucht eine zusätzliche Beleuchtung an seiner Werkbank und einen Drehstromanschluss für seine Drechselbank.

Als Unterlage für das Gespräch in Ihrer Firma bringt er die unten abgebildete Skizze mit.

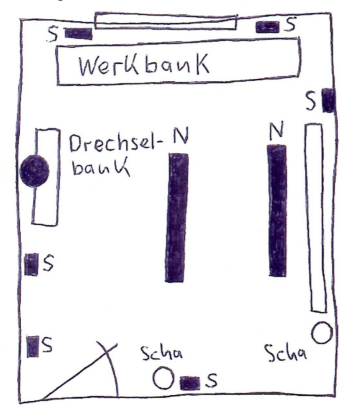

a) Notieren Sie, welche Informationen Sie von Herrn Heinrich zu diesem Plan benötigen.

b) Ergänzen Sie die Skizze durch einen Vorschlag für die gewünschte Erweiterung. Notieren Sie sich Fragen, die Sie in diesem Zusammenhang mit dem Kunden klären müssen.

c) Welche zusätzlichen Angaben müssen Sie bei einer Ortsbesichtigung erfragen?

2.1.2.1 Hausanschlusskasten

1 VNB-/Hausnetz

a) Benennen Sie die Bestandteile des abgebildeten Hausanschlusskastens.

b) Geben Sie die Grenzstelle zwischen VNB-Netz und Hausnetz an.

c) Sie haben Arbeiten an der Hauptleitung vorzunehmen und dazu müssen Sie diese abtrennen.
Was ist dabei zu beachten?

2 Spannungen im HAK

Bei einer Messung in einem Hausanschlusskasten werden folgende Spannungen angezeigt:

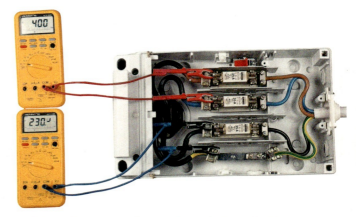

a) Geben Sie an, zwischen welchen Leitern die Messungen vorgenommen werden.

b) Erklären Sie mit Hilfe eines Zeigerdiagramms, wie die beiden Spannungen zusammenhängen.

3 NH-Sicherungen

Erklären Sie das Entfernen der Sicherung mit Hilfe des Werkzeuges.

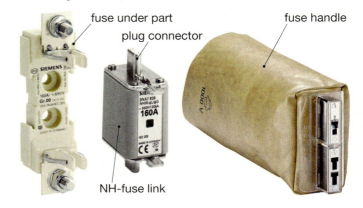

fuse under part — plug connector — fuse handle — NH-fuse link

2 Elektrische Installationen planen und ausführen
2.1.2.1 Hausanschlusskasten

4 Durchlauferhitzer

Ein Auszubildender soll einen Durchlauferhitzer mit 400 V/18 kW anschließen. Um die Anschlussleitung festlegen zu können, will er die Betriebsstromstärke berechnen. Da das Betriebsmittel an Drehstrom angeschlossen wird, hat der Auszubildende in einem Tabellenbuch nachgesehen und fand die folgende Zusammenstellung.

Da sich der Auszubildende nicht genau mit den Bezeichnungen auskannte, hat er seinen Ausbilder um Rat gefragt und dabei Folgendes erfahren:

- Die aufgenommene Leistung eines elektrischen Gerätes ist immer die Scheinleistung.
- Bei Drehstrom muss mit $\sqrt{3}$ gerechnet werden, weil die Spannungen und damit auch die Ströme miteinander verkettet sind.

Berechnen Sie die Stromstärke in jedem Leiter.

Verbraucherschaltungen im Drehstromnetz
Consumer circuits in three phase network

U_S: Strangspannung I_S: Strangstrom S: Gesamt-Scheinleistung Q: Gesamt-Blindleistung
U: Leiterspannung I: Leiterstrom P: Gesamt-Wirkleistung $\cos\varphi$: Leistungsfaktor

Symmetrische Belastung $I_N = 0$

$S = \sqrt{3} \cdot U \cdot I$ $[S]$ = VA $P = \sqrt{3} \cdot U \cdot I \cdot \cos\varphi$ $[P]$ = W $Q = \sqrt{3} \cdot U \cdot I \cdot \sin\varphi$ $[Q]$ = var

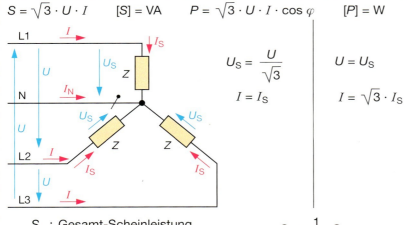

$U_S = \dfrac{U}{\sqrt{3}}$ $U = U_S$

$I = I_S$ $I = \sqrt{3} \cdot I_S$

S_Y: Gesamt-Scheinleistung bei Sternschaltung

$S_Y = \dfrac{1}{3} \cdot S_\Delta$

S_Δ: Gesamt-Scheinleistung bei Dreieckschaltung

---

5 Gesamtleistungen

a) Berechnen Sie die Leistung eines Heizgerätes für 230 V/ 400 V, durch dessen Leiter 15,8 A fließen.

b) Berechnen Sie die Leistung des Motors mit folgendem Leistungsschild:

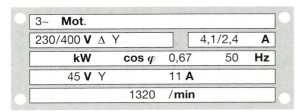

6 Leiterströme

a) Ein Heizgerät hat eine Leistung von 6 kW.

Berechnen Sie die Stromstärke in den Leitern beim Anschluss an ein 400 V-Drehstromnetz.

b) Ein Drehstrom-Motor mit 10,2 kW wird in einer Werkstatt an das 230 V/400 V-Netz angeschlossen.

Ermitteln Sie die Bemessungsstromstärke des vorgeschalteten Leitungsschutzschalters.

c) Drei Lampen von jeweils 1 kW sind in einer Leuchte in Sternschaltung an 230 V/400 V angeschlossen. Wie groß ist die jeweilige Leiterstromstärke?

2 Elektrische Installationen planen und ausführen

2.1.2.2 Hauptpotenzialausgleich

1 Hauptpotenzialausgleichsschiene

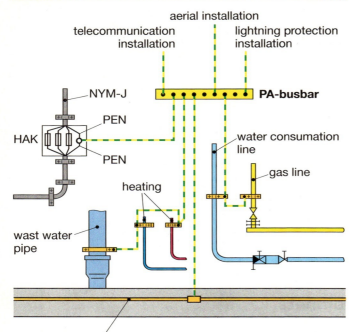

a) Listen Sie die Teile auf, die mit der Hauptpotenzialausgleichsschiene verbunden sind.

b) Die Verbindungen an der Heizungsanlage und an der Wasserverbrauchsleitung zeigen eine Besonderheit. Beschreiben Sie diese und geben Sie eine Begründung dafür an.

2 Fundamenterder

a) Informieren Sie sich (z. B. bei Ihrem VNB) über die Ausführungsbestimmungen von Fundamenterdern.

b) Erstellen Sie eine Liste der zu beachtenden Vorschriften.

c) Welche besondere Pflicht ergibt sich für die Elektrofachkraft beim Einbau von Banderdern durch Baufachkräfte?

3 Örtlicher Potenzialausgleich

Nach Renovierungsarbeiten im Bad ist versehentlich die Verbindung ① nicht wieder hergestellt worden.

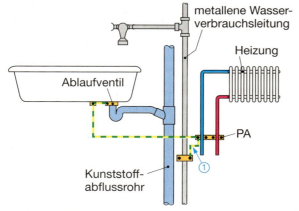

Kann für den Menschen dadurch eine Gefahr entstehen, wenn die Heizung einen niederohmigen Körperschluss hat? Begründen Sie Ihre Antwort mit Hilfe einer Skizze.

2.1.2.3 Zähler

1 Schaltungsnummer

a) Welche Schaltungsnummer hat ein Wechselstromzähler mit Zweitarif-Umschalter mit innerem Anschluss?

b) Nennen Sie die Merkmale eines Zählers mit der Schaltungsnummer 7020.
Klären Sie, wo solche Zähler eingesetzt werden.

2 Arbeitsweise von Zählern

The rotor disc is spinning by a force, which is excited by the magnetic field of two coils. These are the voltage-coil (load-voltage) and the current-coil (load-current). For information of the disc-spinning, a phase shift of 90° between both magnetic fields is necessary. It's created by many turns of the voltage-coil and a additional coil at the **current-coil-core**. The eddy current at the rotor disc is alternating by the two coils.

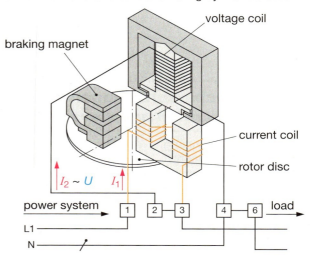

The breaking magnet (permanent magnet) is working as a eddy-current brake. So the disc stops immediately after switching of the load and makes sure that the rotation speed is constant.

Beschreiben Sie die Arbeitsweise eines Zählers auf der Grundlage des englischen Textes.

3 Zweitarifzähler

In einem älteren Wohnhaus soll der Wechselstromzähler gegen einen Wechselstrom-Zweitarifzähler mit Zeitschaltuhr ausgewechselt werden. In einem Tabellenbuch finden Sie dazu folgende Schaltungen abgebildet.

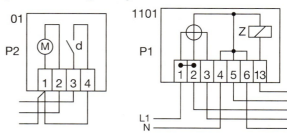

Tarifschaltuhr mit Tagesschalter

a) Stellen Sie anhand der Schaltungsnummer fest, ob es sich um die richtige Schaltung des neuen Zählers handelt.

b) Geben Sie die notwendigen Verbindungen des Zählers mit der Tarifschaltuhr und den Verbrauchern in einer Tabelle an.

c) Beschreiben Sie die Arbeitsweise von Zählern mit Tarifschaltuhr.

2 Elektrische Installationen planen und ausführen

2.1.2.3 Zähler

4 Energieeinsparung

Die Abbildung zeigt den Energieverbrauch in einem 4-Personen-Haushalt.

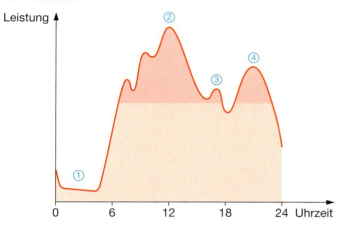

a) Nennen Sie mögliche Ursachen für die Extremwerte 1 bis 4.

b) Geben Sie an, welche technischen Möglichkeiten der Kunde hat, den Spitzenverbrauch in verbrauchsärmere Zeiten zu verlagern.

5 Tarifrechner

Ein Kunde verbraucht mit seiner Familie im Jahr ca. 6500 kW/h. Im Haushalt fällt viel Wäsche an, das Brauchwasser wird elektrisch erwärmt und die Familie betreibt einen Töpferofen. Der Kunde hat etwas über „Nachttarife" gehört und möchte sich bei Ihnen über Einsparungsmöglichkeiten erkundigen.

Erstellen Sie eine schriftliche Planung des zu führenden Kundengespräches.

6 Zähler bei Fotovoltaiksystemen

Ordnen Sie den einzelnen Symbolen im Stromlaufplan die folgenden Begriffe zu:
- Leistungsbegrenzer
- Einspeisestromzähler
- Verbrauchszähler
- Betriebsstundenzähler
- Netzkopplungsgerät
- Stromübergabepunkt
- Schalteinrichtung
- allgemeine Schaltstelle
- Zähler der produzierten Energie
- evtl. Schutzvorrichtung
- Abnehmer

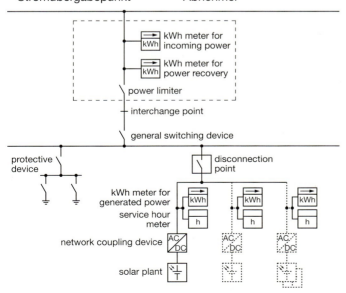

2.1.2.4 Stromkreisverteiler

1 Büroetage

Sie sollen die Unterverteilung einer Büroetage planen und den Übersichtsschaltplan skizzieren. Bei dem Informationsgespräch mit dem Kunden wird Folgendes festgestellt bzw. festgelegt:

- Es sind sieben Büros, ein Aufenthaltsraum mit Kochgelegenheit und zwei WCs vorhanden.

- Für jeweils zwei Büros ist
  – ein Steckdosen- (5 kW) und
  – ein Beleuchtungsstromkreis (2 kW) vorgesehen.

- Das 7. Büro soll einen Stromkreis für Beleuchtung und einen für Steckdosen haben.

- Für den Aufenthaltsraum und die WCs ist
  – ein Stromkreis für Beleuchtung (1 kW) und
  – einer für Steckdosen (2.5 kW) geplant.

- Die gemeinsam versorgten Büros sollen über einen dreipoligen LS-Schalter geschaltet werden.

- Als Schutzmaßnahme bei indirektem Berühren wird eine RCD verwendet.

2 Metzgerei

Vom Architekten haben Sie den folgenden Installationsplan des Verkaufsraumes und des Büros erhalten. Die einzelnen Objekte sind bereits durch Nummern (unter dem Bruchstrich, z.B. bei $\frac{X1}{2}$) bestimmten Stromkreisen zugeordnet.

a) Ermitteln Sie mit Hilfe einer Tabelle die Zuordnung aller Objekte.

b) Zeichnen Sie den Übersichtsschaltplan der Verteilung.

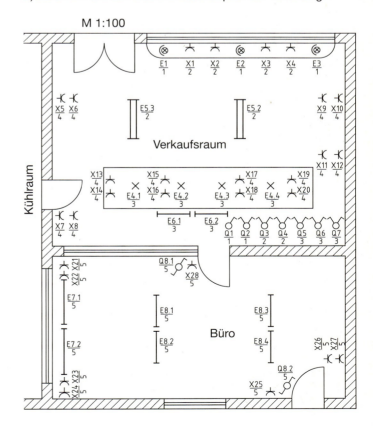

2 Elektrische Installationen planen und ausführen
2.1.2.4 Stromkreisverteiler

3 Installation

Sie finden in einem Katalog folgende Seite:

The wall grips, included as standard, have a dual purpose.

On the one hand, they reduce depth of mounting in two additional steps.

On the other, they can be used as spacers where several consumer units are to be placed side by side.

The removable cable inlet allows easy insertion of input and output cables and uses a quick, singlehand-operated push-and-stay design. Both cable inlets can be screwed tight when installation is complete.

Beschreiben Sie die Installation des Stromkreisverteilers.

4 Hauptleitung

Nach der TAB 2000 wird gefordert, dass die Leitungen bis zu den Stromkreisverteilern für mindestens 63 A auszulegen sind. Ein Auszubildender fragt Sie, ob bei einem Einfamilienhaus eine RCD 40 A verwendet werden darf, wenn die zu erwartende Belastung dieses zulässt.

Geben Sie eine begründete Antwort.

5 Energieversorgung

Ermitteln Sie das senkrechte Lösungswort (... versorgen die einzelnen Objekte mit elektrischer Energie).

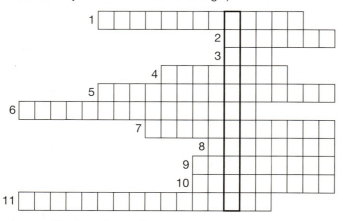

1: sorgt für einen festen Sitz der Leitungen
2: damit kann der Stromkreisverteiler stromlos geschaltet werden
3: sorgt für einen optimalen Personenschutz
4: sorgt für eine knusprige Pizza
5: schützt die Leitungen vor zu hohem Strom
6: damit die Leitungen zu den Objekten nicht zu lang werden, montiert man den Stromkreisverteiler dort
7: kennzeichnet die einzelnen Stromkreise
8: dazu dienen die inneren Abdeckungen des Stromkreisverteilers
9: davon hat jede Reihe des Stromkreisverteilers 12
10: steht auf dem Typenschild und ist wichtig für die Berechnung des Querschnitts
11: ... sorgt für den Komfort der elektrischen Ausrüstung

6 Wohnung

Die Wohnung mit dem dargestellten Grundriss soll mit dem Ausstattungswert 3 (RAL-RG678) installiert werden.

a) Zeichnen Sie den Installationsplan.
b) Legen Sie die Stromkreise durch Zuordnung der Räume bzw. Objektgruppen fest.
c) Zeichnen Sie den Übersichtsschaltplan der Unterverteilung dieser Wohnung.

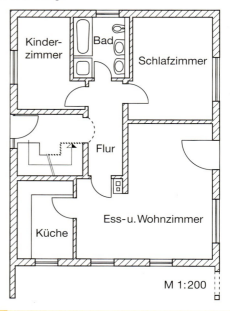

M 1:200

7 Wohnhaus

Sie sollen die Verteilung mit 15 Stromkreisen für das im Grundriss dargestellte Wohnhaus planen. Zeichnen Sie deshalb den entsprechenden Verteilungsplan.

Hinweise:
- Schutz bei indirektem Berühren: RCD
- Einen Stromkreis für Keller und Werkstattraum
- Einen Stromkreis für Garage und Garten

Stromkreise:

1: Herd, 10 kW; 3 x 400 V; 14,5 A
2: Durchlauferhitzer, 18 kW; 3 x 400 V; 26,1 A
3: Waschmaschine, 3 kW; 230 V
4: Geschirrspüler, 3,3 kW; 230 V
1 Stromkreis als Reserve

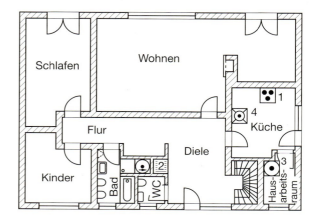

2 Elektrische Installationen planen und ausführen
2.2.1 Schaltpläne und 2.2.2 Leitungsschutz

1 Wohnungsverteilung

Sie sollen zusammen mit einem Elektroniker den E-Check in einem Zweifamilienhaus durchführen. Beide Wohnungen sind nach dem abgebildeten Verteilungsplan installiert.

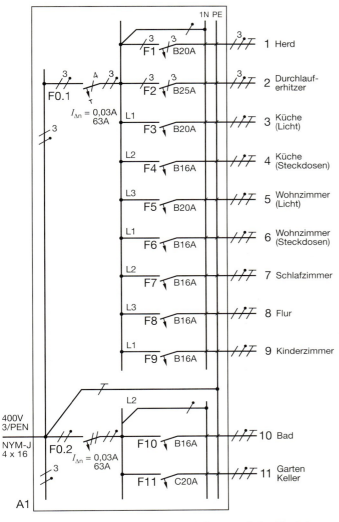

a) Sie müssen sich zuerst mit dem Aufbau und der Funktion der Wohnungsinstallation vertraut machen, indem Sie folgende Fragen beantworten:

1. Wie und wo erfolgt die Einspeisung?
2. Welche Daten haben die RCDs?
3. Welche Stromkreise werden durch welche RCDs geschützt?
4. An welche Außenleiter sind die Stromkreise angeschlossen?
5. Warum hat F11 die Charakteristik C?
6. Sind die Bemessungsstromstärken der LS-Schalter richtig gewählt?
7. Warum gibt es zwei N-Schienen?

b) Überprüfen Sie bei der Gelegenheit auch, ob die Versorgung der Wohnung (92 m²) dem Ausstattungswert 2 (nach HEA) entspricht.

c) Der Wohnungseigentümer möchte gern im Keller einen Gefrierschrank aufstellen. Welchen Rat geben Sie ihm für den Anschluss des betreffenden Stromkreises?

2 Stromkreisverteiler

Ein Kunde bittet Sie um Überprüfung der (älteren) Unterverteilung seiner Wohnung und gegebenenfalls um Änderungsvorschläge.

Sie erhalten dazu erst einmal den unten stehenden Verteilungsplan, den Sie auf Normgerechtigkeit hin untersuchen.

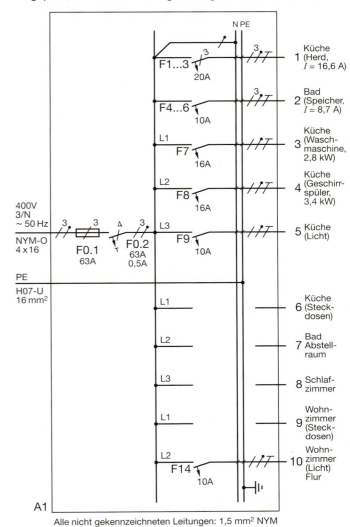

Alle nicht gekennzeichneten Leitungen: 1,5 mm² NYM

a) Sie notieren zuerst den Aufbau der Anlage.

b) Sie beschreiben dann die Aufgaben einzelner Objekte, besonders der Schutzorgane F0.1 bis F14.

c) Sie vergleichen diese Einspeisemöglichkeit mit anderen (z.B. in Auftrag 1) und beurteilen Vor- und Nachteile.

d) Da bei den Schutzorganen keine Charakteristika angegeben sind, legen Sie solche fest, die Sie dann später in der Anlage überprüfen.

e) Sie überprüfen die Bemessungsstromstärken der LS-Schalter und schlagen gegebenenfalls Änderungen vor. Begründen Sie Ihre Entscheidung.

f) Sie kontrollieren besonders die Schutzmaßnahme gegen Stromschlag im Bad. Machen Sie gegebenenfalls Änderungsvorschläge.

g) Korrigieren Sie gegebenenfalls den Verteilungsplan aufgrund der notwendigen Veränderungen.

2 Elektrische Installationen planen und ausführen
2.2.1 Schaltpläne und 2.2.2 Leitungsschutz

3 Selektivität

Ein Kunde schildert Ihnen, dass die Sicherung F0.7 manchmal auslöst, wenn der LS-Schalter F1.1 abschaltet. Sie wissen, dass das nicht sein dürfte. Sie suchen die Ursache deshalb mit Hilfe folgender Überlegungen:

a) Bei welcher Stromstärke sollen die Sicherungen F0.7 (sichert L1 ab) und F1.1 (Hobbyraum ist an L1 angeschlossen) auslösen?

b) Informieren Sie sich über den Begriff Selektivität.

c) Herrscht zwischen den Überstrom-Schutzorganen F0.7 und F1.1 Selektivität?
Begründen Sie Ihre Antwort unter Umständen mit Hilfe des Internets.

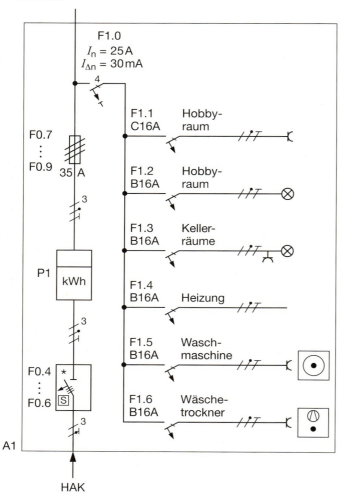

4 Überprüfung der Schutzeinrichtungen

a) For the different circuits (job 3) take the maximum values of power.

b) Calculate the current by using the maximum power values.

c) Check the rated currents of the circuit breaker.

d) Are the circuit breaker characteristics correct? Explain your answer.

e) Assess the value of $I_{\Delta n} = 30$ mA regarding to possible leakage currents, the connected objects and safety aspects.

5 Auslösekennlinien

Ein Hersteller von Verteilungssystemen hat für einen bestimmten LS-Schalter folgende Kennlinien in seinem Katalog abgebildet:

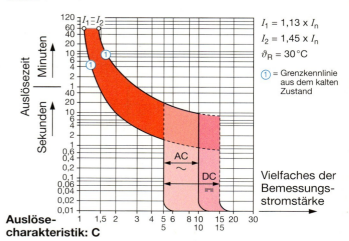

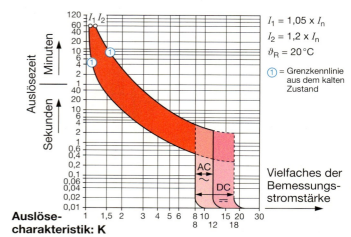

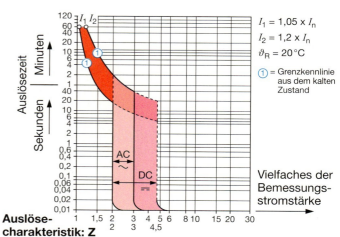

a) Vergleichen Sie die Merkmale des LS-Schalters mit der Charakteristik C mit denen der Charakteristiken K und Z. Stellen Sie Ihre Antwort tabellarisch dar.

b) Geben Sie an, für welche Objekte LS-Schalter mit K- und Z-Charakteristik geeignet sind.

c) Ermitteln Sie die Werte der Antworten nach a) für einen LS-Schalter mit $I_n = 25$ A.

2 Elektrische Installationen planen und ausführen
2.2.3 Leitungsauswahl

1 Zimmer-Installation

Sie sollen beim Lager Ihrer Firma die Materialien für die Installation des Zimmers anfordern.

a) Um die Aderzahlen der Leitungen festlegen zu können, skizzieren Sie den Übersichtsschaltplan.

b) Erstellen Sie dann eine Stückliste des benötigten Installationsmaterials.

Hinweise:
- Abzweigdosen werden 30 cm unterhalb der Decke gesetzt.
- Schalter werden 1,05 m über dem Fußboden gesetzt.
- Steckdosen werden 30 cm über dem Fußboden gesetzt.
- Steckdosen werden durchgeschleift.
- Leitungsverschnitt von 10 % annehmen.

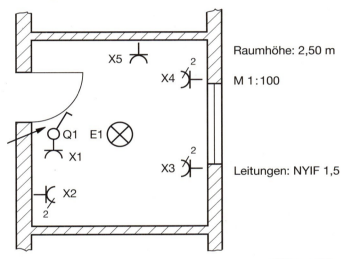

Raumhöhe: 2,50 m
M 1:100
Leitungen: NYIF 1,5

2 Serienschaltung

Der Kunde beauftragt Sie, den Schalter Q1 durch einen Dimmer zu ersetzen.

a) Ermitteln Sie dazu die Aderzahlen zwischen den Abzweigdosen. Hierzu ist ein Stromlaufplan in zusammenhängender Darstellung sehr hilfreich.
Zeichnen Sie einen solchen Plan.

b) Zwischen welchen Objekten können durch den Dimmer Leiter eingespart werden?

c) Würde bei einer Neuinstallation diese Einsparung den höheren Anschaffungspreis des Dimmers ausgleichen?

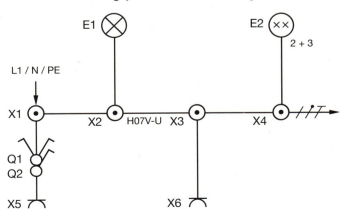

3 Aufputz-Installation

a) Um die Aderzahlen der Leitungen festlegen zu können, skizzieren Sie den Übersichtsschaltplan.

b) Erstellen Sie dann eine Stückliste des benötigten Installationsmaterials.

c) Ein Elektrohelfer soll die Anlage verdrahten, dazu ist ein Stromlaufplan in zusammenhängender Darstellung sehr hilfreich.
Zeichnen Sie einen solchen Plan.

Hinweise:
- Steckdosen und Schalter werden 1,05 m über dem Fußboden gesetzt.
- Weitere Hinweise: siehe Auftrag 1.

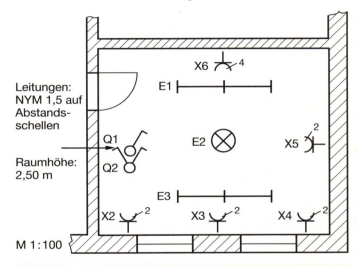

Leitungen: NYM 1,5 auf Abstandsschellen
Raumhöhe: 2,50 m
M 1:100

4 Schaltungsanalyse

Ein Arbeitszimmer soll nach diesem Übersichtsschaltplan (unvollständig) installiert werden. Damit die richtigen Objekte und Leitungen beschafft werden, sollen Sie die Anlage analysieren.

Beantworten Sie dazu folgende Fragen und begründen Sie Ihre Antworten.

1. Welche Objekte werden verwendet?
2. Welche Leitungsart ist vorgesehen?
3. Welche Verlegungsart ist vorgesehen?
4. Sind Q1 und X4 unter eine gemeinsame Abdeckung zu installieren?
5. Wieviele Leiter sind zwischen X1 und X2 nötig?
6. Was wird mit dem Pfeil hinter X3 ausgesagt?

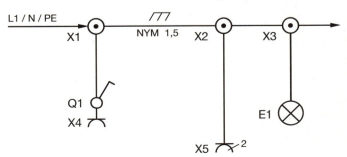

2 Elektrische Installationen planen und ausführen
2.2.3 Leitungsauswahl

5 Wohnzimmer-Installation

Sie sollen ein Wohnzimmer nach folgendem Installationsplan installieren.

a) Damit Sie die richtigen Leitungen zum Kunden mitnehmen, müssen Sie die Aderzahlen kennen.
Skizzieren Sie deshalb den Übersichtsschaltplan.

Hinweise:
- Q2 schaltet E1 und E2.
- Steckdosen werden nicht durchgeschleift, sondern mit Abzweigdosen verbunden.
- Unter-Putz-Verlegung mit NYM.

b) Um die Objekte richtig zu verbinden, ist ein Stromlaufplan in zusammenhängender Darstellung hilfreich.
Zeichnen Sie den Stromlaufplan.

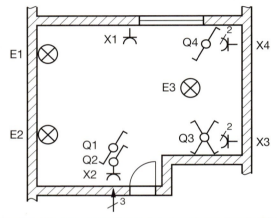

6 Notbeleuchtung

A room should be installed by using the following circuit diagram.

a) Analyse the wirings function for choosing the type of switch Q1.
Therefore proceed as follows:
1. Count the numbers of lamp circuits.
2. Describe the current path for both switching positions of Q1.

b) Describe the effect when a two-way-switch of a two-circuit-switch is installed.

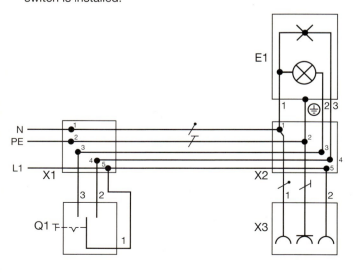

7 Flur-Installation

Sie sollen beim Lager Ihrer Firma die Materialien für die Installation des Flurs anfordern.

a) Um die Aderzahlen der Leitungen festlegen zu können, skizzieren Sie den Übersichtsschaltplan.

b) Erstellen Sie dann eine Stückliste des benötigten Installationsmaterials.

Hinweis:
- Der Stromstoßschalter befindet sich in der Abzweigdose über S1.

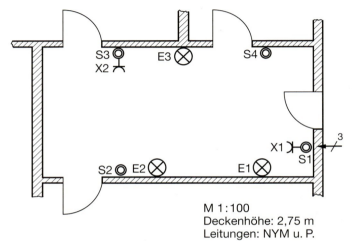

M 1:100
Deckenhöhe: 2,75 m
Leitungen: NYM u. P.

8 Treppenhausschaltung

Nach dem abgebildeten Stromlaufplan ist eine Treppenhausschaltung installiert worden. Bei der Überprüfung stellt sich eine Fehlfunktion heraus.

a) Analysieren Sie die Schaltung, um die Fehler zu finden.
Beantworten Sie dazu folgende Fragen und begründen Sie Ihre Antworten:
1. Welche Verzögerungsart hat Q2?
2. Leuchten die Lampen ohne Tasterbetätigung?
3. Leuchten die Lampen mit Tasterbetätigung?
4. Welchen Einfluss hat das Umschalten von Q1 nach 4?
5. Was geschieht, wenn Q1 in Stellung 4 ist und ein Taster betätigt wird?
6. Was wurde in X4 falsch verklemmt?

b) Skizzieren Sie X4 mit den richtigen Verbindungen.

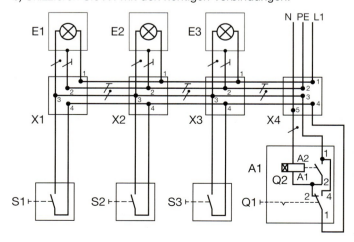

2 Elektrische Installationen planen und ausführen
2.2.3 Leitungsauswahl

9 Abzweigdose

Infolge von Reparaturarbeiten soll die Abzweigdose X2 neu verklemmt werden. In den anderen Abzweigdosen ist nichts verändert worden. Dem Elektroniker liegt der abgebildete Übersichtsschaltplan vor.

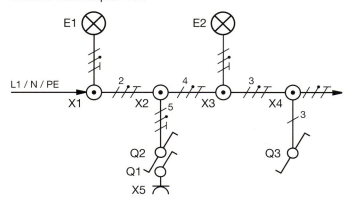

- Die Spannung ist abgeschaltet.
- Der Schalter Q1 ist offen.
- In der Abzweigdose kommen folgende Leiter an:
  links: 1 x schwarz, 1 x braun, 1 x blau, 1 x grün-gelb
  rechts: 1 x schwarz, 3 x braun, 1 x blau, 1 x grün-gelb
  unten: 3 x schwarz, 2 x braun, 1 x blau, 1 x grün-gelb
- Mit einem Durchgangsprüfer, durch Schalten der Schalter und durch Einsetzen von Verbrauchern stellt der Elektroniker folgende Durchgänge fest:

≙ Durchgang angezeigt

Lfd. Nr.	Richtung	Draht	Durchgang ohne Schalterbetätigung	Durchgang mit betätigtem Q2	Q3	Verbraucher an X5
1	links	schwarz	•			
2		braun		•		
3		blau	•			
4		grün-gelb				
5	rechts	schwarz	•			
6		braun 1	•			
7		braun 2				•
8		braun 3	•			
9		blau				
10		grün-gelb				
11	unten	braun 1	•	•		
12		braun 2		•		
13		schwarz 1	•	•		
14		schwarz 2		•		
15		schwarz 3				•
16		blau				•
17		grün-gelb				

a) Um feststellen zu können, welche Leiter zusammengehören, ermitteln Sie zuerst zu welchen Objekten (mit Klemmenangaben) die oben genannten 17 Leiter führen.

b) Geben Sie an, welche Leiter miteinander verbunden werden müssen.

c) Zur Kontrolle Ihrer Überlegungen skizzieren Sie den Stromlaufplan in zusammenhängender Darstellung.

10 Wohn-Ess-Zimmer

Ein Kunde hat sein Haus umgebaut. Sein neues Wohn-Ess-Zimmer soll installiert werden. Es sind folgende Objekte vorgesehen:

① Schalter für ②, ④, ⑦, ⑨, ⑩, ⑪, ⑫, ⑬ Steckdose in Kombination
② Indirekte Schrankbeleuchtung
③ Schalter für ④ Steckdose in Kombination
④ Deckenleuchte
⑤ Schalter für ④
⑥ Doppelsteckdose
⑦ Deckenleuchte mit veränderbarer Helligkeit
⑧ Doppelsteckdose
⑨ Indirekte Beleuchtung (Leuchtstofflampen) Doppelsteckdose
⑩ Strahler
⑪ Doppelsteckdose
⑫ Deckenleuchte
⑬ Doppelsteckdose
⑭ Beleuchtung eines Barfaches

M 1:100
Raumhöhe: 2,50 m

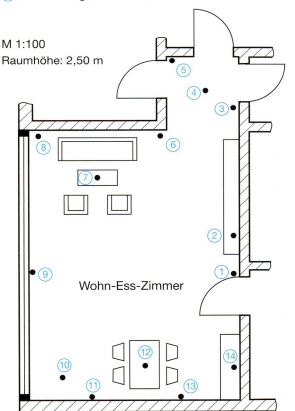

a) Um eine eindeutige Absprache mit dem Auftraggeber treffen zu können, tragen Sie die Objekte in den Grundriss ein.

b) Um das benötigte Material von Ihrem Firmenlager anfordern zu können,
 – skizzieren Sie den Übersichtsschaltplan (wegen der Adernzahlen) und
 – erstellen Sie eine Stückliste.

2 Elektrische Installationen planen und ausführen
2.2.4 Leitungsarten

1 Verwendungszwecke

Ordnen Sie den folgenden Abbildungen
– die Verwendungszwecke und
– die Leitungskurzzeichen zu.

Bezeichnung	Abbildung
Spiralleitung	
PVC-Schlauchleitung	
PVC-Schlauchleitung (mittlere Ausführung)	
Gummi-Schlauchleitung (leichte Ausführung)	
Gummi-Schlauchleitung (schwere Ausführung)	
PVC-Einzeladern	
Wärmebeständige PVC-Einzeladern	
Stegleitung	
PVC-Mantelleitung	
Halogenfreie Mantelleitung	
PVC-Mantelleitung mit Tragseil, Zugentlastung	

Verwendungszwecke
1. Unterhaltungselektronik
2. Elektrowerkzeuge
3. Küchengeräte
4. Stehleuchten
5. Tischleuchten
6. Waschmaschinen
7. Feste Verlegung in Hohlräumen (Fertigbauten)
8. Große Kochkessel
9. Standbohrmaschinen
10. Kreissägen
11. Bei hohen Temperaturen
12. Haushaltsgeräte
13. In Möbeln
14. Innere Verdrahtung von Geräten
15. Verlegung in Leuchten
16. In trockenen Räumen unter und in Putz
17. Im Außenbereich
18. Erhöhter Schutz für Menschen und Sachen
19. Straßenbeleuchtung in Luft
20. Hausanschluss über Dachständer

Kurzzeichen
a. H07V-U/K
b. H05V2-K
c. NYM
d. NHXMH
e. NYIF
f. H05BQ-F
g. H03VV-F
h. H05RR-F
i. H05RN-F
j. H07RN-F
k. H05VV-F
l. H05V-U/K
m. NYMZ

2 Feste Verlegung

Bei der E-Check-Überprüfung in einer Werkstatt sehen Sie H05VV-F als Zuleitung zu einem Motor. Diese Leitung ist über mehrere Meter mit Nagelschellen an einer Wand befestigt. Diese Leitung ist als feste Verlegung nicht zulässig.

a) Begründen Sie diese Behauptung.

b) Schlagen Sie dem Kunden eine richtige Leitung vor.

3 Neue Aderkennzeichnung

Sie sollen bei einer betrieblichen Unterweisung einem jüngeren Auszubildenden mit Hilfe der folgenden Übersicht die Unterschiede zwischen der bisherigen und der neuen Aderkennzeichnung erklären. Dabei sollen Sie besonders die Vorteile der neuen Kennzeichnung erläutern.

Formulieren Sie einen entsprechenden Text als Gedächtnisstütze.

Aderzahl	mit grün-gelb	ohne grün-gelb	mit grün-gelb	ohne grün-gelb
2	✕	● ●	✕	● ●
3	● ● ●	● ● ●	● ● ●	● ● ●
4	● ● ● ●	● ● ● ●	● ● ● ●	● ● ● ●
5	● ● ● ● ●	● ● ● ● ●	● ● ● ● ●	● ● ● ● ●

4 Leitungsaufbau

Mit Hilfe der folgenden Abbildung sollten Sie Ihren Klassenkameraden den Aufbau einer Mantelleitung erklären.

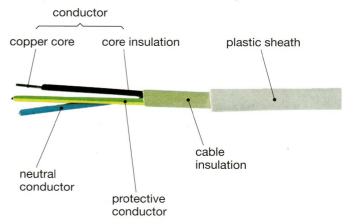

2 Elektrische Installationen planen und ausführen
2.2.5.1 Abhängigkeit von der Temperatur

1 Küchen-Installation

Ihre Firma erhält den Auftrag, eine Küche zu installieren. Die Installation soll natürlich unter Putz ausgeführt werden. Ihr Ausbilder hat sich für Stegleitung entschieden. Mit dem Auftraggeber wurden folgende Stromkreise vereinbart:

1: Allgemeinbeleuchtung durch Deckenleuchte

2: Arbeitsplatzbeleuchtung 1 (Wandleuchte) und Arbeitsplatzbeleuchtung 2 (Leuchtstofflampen unter Hängeschränken)

3: 4 Doppel-Steckdosen für Arbeitsplätze

4: Steckdose für Mikrowellengerät

5: Steckdose für Kühlschrank

6: Steckdose für Geschirrspülmaschine und für Dunstabzugshaube

7: Herdanschlussdose (Drehstrom)

8: Durchlauferhitzer (Drehstrom)

Sie sollen vom Lager Rollen mit den notwendigen Leitungen holen. Nach Rückfragen wird Ihnen bestätigt, dass für die Drehstromkreise 5 adrige Leitung und für die Wechselstromkreise 3 adrige Leitung benötigt wird. Sie müssen die Leitungsquerschnitte bestimmen. Dazu sollen Sie folgende Größen ermitteln:

a) Belastungen (Leistungen) aus dem Internet oder Tabellenbuch

b) Betriebsstromstärken

c) Nächsthöhere zulässige Belastungsstromstärken

d) Bemessungsquerschnitte

2 Leitungs-Querschnittsberechnungen

a) Ein Kunde möchte von Ihnen eine Waschmaschine (2,3 kW) und einen Wäschetrockner (3,5 kW) im Kellergeschoss angeschlossen haben. Sie entscheiden sich im Einvernehmen mit dem Auftraggeber für eine Aufputz-Verlegung mit NYM-Leitung in Installationsrohr. Bei der Ortsbesichtigung stellen Sie fest, dass die Leitung mehrere Meter durch eine wärmegedämmte Wand geführt werden muss.

Welchen Leiterquerschnitt müssen Sie wählen?

b) Sie sollen für einen Kunden einen Warmwasserspeicher mit 3 kW in Unterputz-Installation anschließen. Bauseitig wird Ihnen NYM 3x1,5 zur Verfügung gestellt.

Dürfen Sie diese Leitung installieren?

Begründen Sie Ihre Antwort.

c) Auf Anweisung Ihres Ausbilders sollen Sie bei einem Kunden einen Herd mit 11,5 kW mit NYM 5x2,5 anschließen. Der Auftraggeber ist damit nicht einverstanden. Er meint die billigere NYM 5x1,5 würde auch reichen.

Wer hat Recht?

Wie verhalten Sie sich?

d) Ein Kunde hat sich für seine Fichte im Vorgarten eine Weihnachtsbeleuchtung installiert. Diese besteht aus 15 m Leitung (q = 0,75 mm^2) mit insgesamt 100 Leuchten (6 V/0,6 W). Jetzt will er eine zweite Anlage dieser Art parallel schalten.

Welchen Querschnitt müssen die Leiter der gemeinsamen Zuleitung haben?

3 Leitungshäufung

Sie sollen in einer Fabrikhalle die Allgemeinbeleuchtung nach folgendem Übersichtsschaltplan installieren.

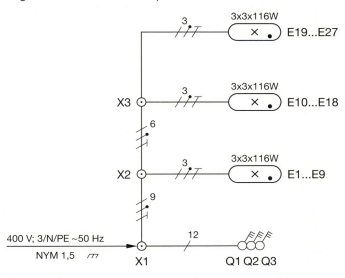

Aus den Firmenunterlagen zu den Leuchtstofflampen ergibt sich für jeden Außenleiter eine Stromstärke von 4 A. Daraus ergibt sich, dass ein Leiterquerschnitt von 1,5 mm^2 ausreicht.

Auf dem Leitungsweg von X1 bis X2 liegen drei Leitungen (da drei belastete Adern) einlagig übereinander (s. Abb.). Die Leitungen erwärmen sich dadurch gegenseitig.

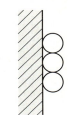

Klären Sie mit Hilfe des Internets bzw. der Vorschrift DIN VDE 0298-4 (Tab. 21), ob der Querschnitt dann auch noch ausreicht.

4 Abhängigkeiten für Leiterquerschnitt

a) Sie sollen vor Ihren Klassenkameraden ein Kurzreferat halten mit dem Thema:

„Festlegung von Leiterquerschnitten"

- Verwenden Sie dabei ein Flussdiagramm.
- Verwenden Sie mindestens die Begriffe Wärmeabfuhr, Verlegeart, Umgebungstemperatur.
- Gehen Sie auch auf erhöhte Umgebungstemperatur ein. Informieren Sie sich hierüber im Internet bzw. der Vorschrift DIN VDE 0298-4.
- Gehen Sie auch auf Leiterhäufung ein. Informieren Sie sich auch hierüber im Internet bzw. der Vorschrift DIN VDE 0298-4.

b) Entwerfen Sie ein Schema (Reihenfolge) zur Festlegung des Leiterquerschnittes einer Leitung.

Berücksichtigen Sie dabei alle in Auftrag a) aufgestellten Bedingungen sowie die Überprüfung des höchstzulässigen Spannungsfalls.

2 Elektrische Installationen planen und ausführen
2.2.5.2 Spannungsfall

1 Gleichspannungsverteilung

Sie sollen einen Motor (8 kW) an eine Gleichspannungsverteilung (200 V) über eine 10 m lange NYM-Leitung anschließen.

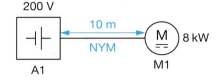

a) Bestimmen Sie den Querschnitt in Abhängigkeit von der Belastung.

b) Berechnen Sie den Spannungsfall in V und in % und bewerten Sie diesen.

2 Operationsleuchte

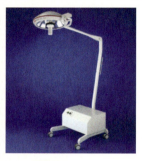

In einem Krankenhaus soll die Operationsleuchte (300 W) bei Netzausfall von dem vorhandenen Akkumulator (42 V) gespeist werden. Die Anschlussleitung ist 22,5 m lang.

Bestimmen Sie den Leiterquerschnitt, wenn die Leuchte nur 3 % Spannungsabfall haben darf.

3 Gleichstrommotor

Ein Gleichstrommotor (12 kW) mit einem Wirkungsgrad von 80 % wird in einer Anlage mit 440 V betrieben. Der Motor soll mit einer NYM-Leitung auf Putz angeschlossen werden. Sie ist 24 m lang.

a) Welchen Leiterquerschnitt müssen Sie mindestens wählen?

b) Ist der gewählte Leiterquerschnitt ausreichend, wenn höchstens 3 % Spannungsfall zulässig ist?
Wenn nein, wählen Sie den richtigen Leiterquerschnitt aus.

c) Welche Leistung geht beim gewählten Leiterquerschnitt „verloren"?

4 Baustelle

An dem Baustromverteiler ist u. a. eine Verlängerungsleitung von 50 m Länge und einem Leiterquerschnitt von 0,75 mm² angeschlossen. In den Steckdosen an der Trommel sind eine Leuchte (300 W) und ein Winkelschleifer (2,2 kW) angeschlossen. Wenn der Winkelschleifer in Betrieb genommen wird, wird die Leuchte dunkler.

Um dies Phänomen zu erklären, berechnen Sie die Spannungsfälle an der Verlängerungsleitung einmal nur mit Leuchte und dann mit Leuchte und Winkelschleifer.

Beurteilen Sie die Funktion der Leuchte und des Handgerätes und schlagen Sie gegebenenfalls Änderungen vor.

5 Campingplatz

Ein englischer Camper hat spätabends den letzten Stellplatz auf dem Campingplatz bekommen. Er muss deshalb eine lange Anschlussschnur für seine Leuchte benutzen, deshalb leuchtet seine Lampe nur schwach.

Sie sollen ihm in englischer Spracher erklären, warum das so ist. Benutzen Sie dabei die Begriffe

- Eingangsspannung,
- Ausgangsspannung,
- Leitungswiderstand und
- Spannungsfall (-verlust).

6 Leistungsverlust

Bei einem Gespräch unter Auszubildenden wird behauptet, dass der prozentuale Leistungsverlust größer ist als der entsprechende Spannungsfall.

Überprüfen Sie diese Behauptung für das Wechselstromnetz 230 V anhand des zulässigen Spannungsfalls vom Zähler bis zu dem Verbraucher mit 1 kW.

Tipp:
Berechnen Sie zuerst die reduzierte Spannung am Verbraucher und damit die „neue" Leistung des Gerätes.

7 Tabelle

Zur Erleichterung der Querschnittsermittlung ist eine Tabelle sehr hilfreich, aus der beim zulässigen Spannungsfall von 3 % hervorgeht, wie lang eine Leitung mit bestimmtem Querschnitt sein darf.

a) Erstellen Sie für die Querschnitte 1,5 … 6 mm² und die Verlegeart C eine Tabelle mit den folgenden Spalten:

- Querschnitt
- Wechselstrom
- Drehstrom

b) Stellen Sie die Abhängigkeiten der Leitungslänge vom Querschnitt in einem Diagramm dar.

c) Entscheiden und begründen Sie, welche Darstellung (Tabelle oder Diagramm) besser zu verwenden ist.

2 Elektrische Installationen planen und ausführen
2.2.6 Schutz gegen elektrischen Schlag

1 Leitungsschutz-Schalter

Beim E-Check einer Kundenanlage (TN-C-S-System, 400 V/ 230 V) haben Sie eine Schleifenimpedanz von 2,2 Ω gemessen. Die einzelnen Stromkreise sind mit LS-Schaltern B 10 A abgesichert.

Überprüfen Sie, ob dieser LS-Schalter den Schutz gegen elektrischen Schlag gewährleistet.

Stellen Sie dazu fest,

- innerhalb welcher Zeitspanne LS-Schalter auslösen müssen,
- welche Stromstärke im Fehlerstromkreis fließt und
- innerhalb welcher Zeit der betreffende LS-Schalter auslöst.

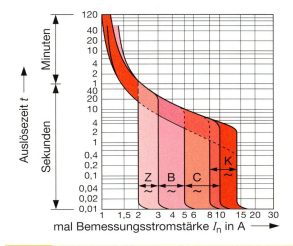

3 RCD

a) Fehlerstromschutzeinrichtungen mit einer Bemessungsfehlerstromstärke von 10 mA können auch den Schutz bei direktem Berühren gewährleisten.

Sie sollen diese Aussage überprüfen. Dazu berechnen Sie den Fehlerstrom, wenn ein Mensch (1,35 kΩ) direkt den Leiter L1 und das Gehäuse (mit Schutzleiter) berührt.

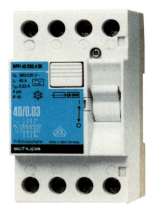

b) Badezimmer und Außensteckdosen müssen durch RCD mit $I_{\Delta n}$ = 30 mA geschützt werden.

Berechnen Sie, wie groß dabei der Widerstand des Fehlerstromkreises sein darf.

c) Ein besonders vorsichtiger Kunde hat für den Schutz gegen elektrischen Schlag seiner Kücheninstallation eine RCD mit $I_{\Delta n}$ = 30 mA installieren lassen.

Jetzt stellt er fest, dass die RCD immer dann anspricht, wenn Wasser in seine Waschmaschine (in der Küche) fließt.

Erklären Sie dem Kunden das Phänomen. Schlagen Sie eine Abhilfe vor.

Hinweis:
In der Küche befindet sich auch ein Elektroherd, der Ableitströme hat.

2 Schmelzsicherung

Sie sollen für Ihren Wochenbericht überprüfen,

a) nach welcher Zeitdauer die 16 A-Schmelzsicherung F1 (siehe vereinfachter Stromlaufplan, Abb. rechts) abschaltet und

b) ob unter Umständen unzulässig hohe Berührungsspannungen entstehen können.

Betrachten Sie dazu folgende Fälle:

- Vollständiger Körperschluss, also direktes Berühren von L1 und Gehäuse.
- Übergangswiderstand zwischen L1 und Gehäuse von 5 Ω.

Gehen Sie von folgenden Widerständen aus:

R_{L1} = 2,5 Ω R_{PE} = 2,5 Ω R_N = 2,5 Ω

R_{Mensch} = 1,35 kΩ

Hinweis:
Skizzieren Sie die entsprechenden Ersatzschaltpläne des Fehlerstromkreises für beide Fälle.

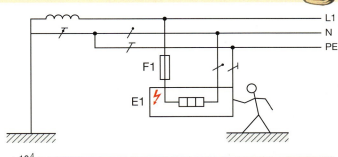

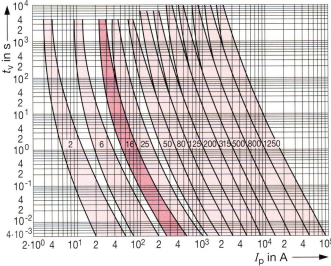

2 Elektrische Installationen planen und ausführen
2.2.6 Schutz gegen elektrischen Schlag

4 Brandgefahr

Elektrizität gehört zu den häufigsten Brandursachen in Privathaushalten. Die Feuerwehr rät daher zu besonderer Vorsicht beim Umgang mit elektrischem Haushaltsstrom.

Worauf sollte ein Kunde beim Kauf und bei der Nutzung elektrischer Geräte hinsichtlich des Brandschutzes besonders achten?

5 Kabelbrand

Kabelbrand verursachte Feuer im Jagdschloss Brandursache geklärt

Ein Kunde berichtet von einem Feuer im Jagdschloss Glienicke. Als Brandursache wurden undichte Stellen im Dach festgestellt, durch die monatelang Feuchtigkeit ins Gebäude gedrungen war und dadurch die elektrische Anlage geschädigt wurde.

Die Feuerwehr brauchte drei Tage, um alle Brandnester zu löschen.

Der Kunde fragt Sie danach, wieso durch Feuchtigkeit ein Feuer entstehen kann.

Stellen Sie Vermutungen über mögliche Wirkungszusammenhänge an und erläutern Sie diese.

6 Stromschlag

In der Internet-Newsgroups: **de.etc.haushalt** gab es folgenden Dialog:

*Hallo Thomas,
ich habe mir einen gebrauchten Geschirrspüler „Siemens Lady" zugelegt und ordnungsgemäß angeschlossen.
Der läuft einwandfrei, allerdings bekomme ich ab und zu von ihm „eine gewischt" – also einen kleinen Stromschlag.*

Antwort:
*Ich vermute es handelt sich um eine statische Entladung, weniger um einen echten Stromschlag.
Du kannst es auf jeden Fall sicher (für's Leben) und ohne Schreck/Schmerz feststellen, indem Du einen Phasenprüfer nimmst und als verlängerten Finger benutzt.
Erlischt die Glimmlampe nach wenigen Sekunden, dann ist es eine statische Ladung, also harmlos.
Leuchtet die Glimmlampe dauerhaft, dann sollte dringend die Elektro-Installation vom Fachmann geprüft/repariert werden!*

Erläutern Sie anhand einer Skizze die fachliche Richtigkeit des gegebenen Ratschlags.

7 Herzströme

Das Bild zeigt als Spannungs-Zeit-Diagramm die Impulssteuerung eines gesunden Herzens.

Elektrokardiogramm (EKG) eines gesunden Herzens mit der verletzbaren (vulnerablen) Phase

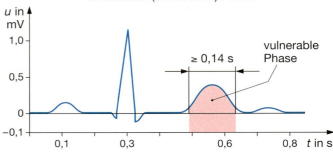

Erklären Sie anhand dieser Darstellung, wieso Wechselspannungen besonders gefährlich sind.

8 Elektrounfall

Für eine Präsentation zum Thema Elektrounfall ist die Mind-Map vorgegeben.

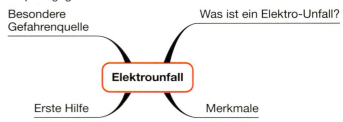

Sie sollen die einzelnen Äste so erweitern, dass die Hauptäste erläutert werden.

9 Gefährlicher Stromkreis

The severity of electric shock depends on the current flowing through the body, which is a function of the electromotive force (E) in volts, and the contact resistance (R) in ohms.

Plug these values into the formula $I = E \div R$ to find out how much current will flow through the body.

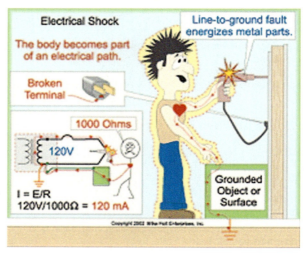

a) Übersetzen Sie den Text in die deutsche Sprache.

b) Skizzieren Sie den Schaltplan so um, dass er den deutschen Verhältnissen entspricht.

2 Elektrische Installationen planen und ausführen
2.2.7 Erstellen des Angebotes

1 Angebot

Das Angebot ist ein Antrag zur Begründung eines Vertragsverhältnisses. Ein Angebot richtet sich an eine genau bestimmte natürliche oder juristische Person. Das Angebot ist bindend, es sei denn, dass die Gebundenheit ausdrücklich ausgeschlossen worden ist. Das Angebot ist an keine Formvorschrift gebunden. Das Angebot ist zu unterscheiden von der bloßen Aufforderung an einen anderen, seinerseits ein Angebot zu unterbreiten.

Klären Sie auf der Grundlage der vorliegenden Definition zum Begriff „Angebot" folgende Fragen:

a) Ist ein Prospekt in einer Zeitung ein Angebot?
b) Ist die folgende Absprache mit einem Kunden ein Angebot? „Die Installation der Sauna übernehmen wir inklusive des benötigten Installationsmaterials für Sie für 400 €".
c) Ein Kunde lässt sich ein Angebot über die Installation einer TK-Anlage machen. Das Angebot wird schriftlich erstellt. Nach vier Monaten erteilt der Kunde den Auftrag. Ist der Betrieb nach dieser Zeit noch an sein Angebot gebunden?
d) In einem schriftlichen Angebot steht der folgende Satz: „Preisänderungen sind vorbehalten". Der Kunde erteilt den Auftrag. Die Abrechnung liegt preislich um 40 % über dem Angebot. Was muss der Kunde bezahlen?
e) Ist ein Betrieb an ein Angebot gebunden, wenn ein Kunde einen Auftrag erteilt, der sich in wesentlichen Punkten vom abgegebenen Angebot unterscheidet?

2 Angebot und Anpreisung

Ergänzen Sie die Abbildung, indem Sie die nachfolgenden Begriffe jeweils den Ziffern 1 bis 13 zuordnen.

(A) Mündlich oder telefonisch, solange das Gespräch dauert
(B) An eine genau bestimmte Person gerichtet
(C) Unverbindlich
(D) Ganz oder teilweise unverbindlich
(E) Grundsätzlich verbindlich
(F) An die Allgemeinheit gerichtet
(G) Bei vom Angebot abweichender Bestellung
(H) Bei Ablehnung des Angebotes
(I) Bindend bis zum Ablauf der Frist
(J) Im Angebotsbrief: ungefähr eine Woche
(K) Bei rechtzeitigem Widerruf des Angebotes
(L) Telegrafische Angebote, Angebote per Fax: 24 Stunden
(M) Bei verspäteter Bestellung

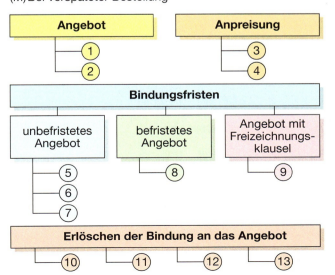

3 Kalkulation

Das Diagramm zeigt die Zusammensetzung der verschiedenen Kosten und kann ganz allgemein als Grundlage für eine Kalkulation angesehen werden.

Angebotspreis	Selbstkosten	Materialkosten	Materialkosten	Kosten aller Materialien (Einkaufspreise)
			Materialgemeinkostenzuschlag	ca. 15 bis 40 %	Lagerhaltung / Materialbeschaffung / Materialverwaltung
		Lohnkosten	Lohnkosten	direkte Lohnkosten
			Lohngemeinkostenzuschlag	ca. 90 % personalabhängige Kosten
				ca. 100 % Betriebskosten
	Gewinnzuschlag (ca. 10 % bis 20 %)			

Berechnen Sie auf der Basis dieses Kalkulationsschemas den Gesamtpreis, der einem Kunden für die Reparatur einer Treppenhausbeleuchtung **mindestens** in Rechnung zu stellen ist.

Materialkosten (Einkaufspreis): 56,89 €
Direkte Lohnkosten: 26 €

4 Fehler im Angebot

Das nachfolgende Angebot für die Installation eines Gartenhauses enthält ganz wesentliche Fehler.

Finden Sie die Fehler heraus und begründen Sie, warum die fehlenden Angaben für ein gültiges Angebot unverzichtbar sind.

```
Lindenstraße
29553 Bienenbüttel
Telefon (0 58 23) 98 17-0

Ehepaar
Kathrin und Peter Carsten
Riesler Str. 1
29553 Bienenbüttel

Angebot
Sehr geehrtes Ehepaar Carsten,
hiermit übersende ich Ihnen das gewünschte Angebot.

Lfd.  Bezeichnung                                                                                   Gesamt-
Nr.                                                                                                 Preis
01    NYM-J 3x1,5 mm² liefern und in Kunststoffrohr verlegen                                        200,72 €
02    NYM-J 5x1,5 mm² liefern und in Kunststoffrohr verlegen                                        137,70 €
03    NYM-O 5x1,5 mm² liefern und in Kunststoffrohr verlegen                                         20,25 €
04    NYY 3x1,5 mm² liefern und in vorhandenen Gräben legen, abdecken mit Andeckhauben             183,27 €
      und Warnband
05    Abzweigkästen, auf Putz liefern und montieren                                                  13,68 €
06    Wechselschalter, auf Putz liefern und montieren                                                11,46 €
07    Kombination: 2 Ausschalter + 1 Wechselschalter, auf Putz liefern und montieren                 43,10 €
08    Kombination: 1 Schukosteckdose + 1 Wechselschalter, auf Putz liefern und montieren             21,01 €
09    Schukosteckdosen, 1fach, auf Putz liefern und montieren                                        68,28 €
10    Bauseitig gestellte Leuchtstoffleuchte montieren                                               14,90 €
11    Bauseitig gestellte Deckenleuchten montieren                                                   21,62 €
12    Herdanschlussdose, auf Putz liefern und montieren                                              12,41 €
13    Verteiler, auf Putz, 12 TE, IP 30 liefern und montieren                                        46,72 €
14    RCD, 4polig, als REG, I_{Δn} = 30 mA, I_n = 16 A                                               47,11 €
15    LS-Schalter, B 10A als REG, 1polig liefern, in Kleinverteiler montieren und anschließen         9,12 €
16    LS-Schalter, C 10A als REG, 1polig liefern, in Kleinverteiler montieren und anschließen        11,23 €
17    LS-Schalter, B 16A als REG, 1polig liefern, in Wohnhausverteiler montieren und anschließen    10,10 €
18    LS-Schalter, C 16A als REG, 1polig liefern, in Wohnhausverteiler montieren und anschließen     7,52 €
19    LS-Schalter, B 10A als REG, 3polig liefern, in Kleinverteiler montieren und anschließen       34,59 €
20    Digitale Zeitschaltuhr als REG liefern, in Kleinverteiler montieren und anschließen           58,31 €
21    NYM-Leitungen absetzen, in Verteiler einführen und anschließen                                 72,54 €
22    Abnahmemessungen und Überprüfung der Schutzmaßnahmen                                          150,00 €
                                                                                Angebotspreis    1.195,64 €

Bei Bezahlung innerhalb von 14 Tagen gewähren wir Ihnen 3 % Skonto.
Dieses Angebot ist auf der Grundlage Ihrer Wünsche und des verabredeten Installationsplanes
erstellt worden. Wenn Sie es wünschen, erläutere ich Ihnen gern noch einzelne Positionen.
Natürlich würde ich mich sehr freuen, wenn Ihnen mein Angebot zusagt und Sie mir den entsprechenden Auftrag erteilen.

Mit freundlichem Gruß
```

2 Elektrische Installationen planen und ausführen
2.3.1 Installationsarten

1 Verlegung unter Putz

In diesem Suchrätsel sind zehn Wörter aus diesem Zusammenhang versteckt.

Z	V	E	R	T	E	I	L	E	R	D	O	S	E	R	A	O
C	C	U	H	B	H	J	H	Y	F	U	N	K	T	I	O	N
Z	K	G	L	Ä	T	T	K	E	L	L	E	H	E	E	Q	K
K	S	I	Q	F	E	P	C	L	X	G	U	J	H	X	Q	Q
S	P	A	N	N	U	N	G	S	F	R	E	I	H	E	I	T
L	C	W	A	S	S	E	R	W	A	A	G	E	O	S	X	V
A	M	E	I	S	S	E	L	O	X	S	T	E	M	M	E	N
S	T	E	G	L	E	I	T	U	N	G	S	N	Ä	G	E	L
D	O	S	E	N	K	L	E	M	M	E	N	L	R	N	N	M
J	K	W	I	N	K	E	L	S	C	H	L	E	I	F	E	R

a) Finden Sie diese Wörter.
b) Erstellen Sie mit Hilfe dieser Wörter eine Anleitung „10 Schritte zum Verlegen von Leitungen unter Putz".

2 Befestigungen auf Putz

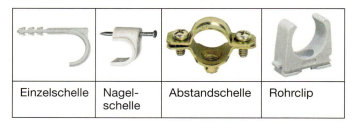

| Einzelschelle | Nagelschelle | Abstandschelle | Rohrclip |

Benennen Sie für die oben gezeigten Befestigungen die üblicherweise zu verwendenden Leitungen.
a) Stellen Sie die verschiedenen Befestigungsmöglichkeiten, deren Verwendung und Verarbeitung in Tabellenform dar.
b) Berücksichtigen Sie dabei auch die Arbeits- und Materialkosten.

3 Kabel einziehen

Im Internet fand sich folgendes Forum:

> **Thema: Kabel nachträglich im Haus verlegen**
>
> hi dies ist mein erster beitrag in diesem forum und ich hoffe ihr könnt mir bei meinem problem helfen.
> es ist wirklich eine absolute grundlage und hoffe, dass ich nicht sogar jemanden damit beleidige oder zumindest langweile.
> ich würde gerne in einem vorhandenem leerrohr, wo zur zeit nur ein tv kabel durch geht, ein kabel ziehen (für netzwerkanschluss innerhalb des hauses).
> es gibt doch so hilfen um das zu machen (kabelzieher)?!?
> also eine art draht, ein x-beliebiger draht den wir zu hause hatten war zu steif ... also nicht flexibel genug und eckte immer wieder an bis ein fortkommen schliesslich unmöglich war.
> wie heisst so ein professionelles tool? wo kann ich es bekommen und was kostet es?
> oder gibt es eine bessere möglichkeit ein kabel nachträglich zu ziehen?!?
> bin für jede antwort dankbar!
> gruss dominik

Formulieren Sie eine fachkompetente Antwort für Dominik, achten Sie dabei auf die Rechtschreibung.

4 Flexible Leitungen

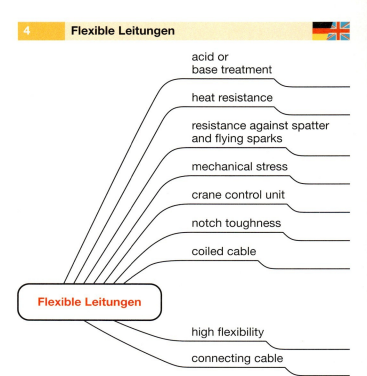

- acid or base treatment
- heat resistance
- resistance against spatter and flying sparks
- mechanical stress
- crane control unit
- notch toughness
- coiled cable

Flexible Leitungen

- high flexibility
- connecting cable

Die Mind-Map gibt mögliche Eigenschaften flexibler Leitungen an. Übertragen Sie die Mind-Map auf ein Blatt Papier und ordnen Sie den Eigenschaften Verwendungen zu und nennen Sie jeweils mindestens einen Produktnamen. (Internet, Katalog, CD-ROM)

5 Hohlwanddose

Informieren Sie sich z. B. im Internet darüber, was Sie bei der Montage von Hohlwanddosen zu beachten haben und schreiben Sie darüber einen Bericht für das Berichtsheft.

6 Erdkabelverlegung

Sie haben den Auftrag, im Außenbereich eines Wohnhauses ein Erdkabel zur Versorgung einer Außenleuchte (230 V/60 W) zu verlegen. Die Entfernung vom Haus beträgt ca. 20 m.
Zur Durchführung erstellen Sie z. B. eine Liste der Arbeitsschritte, des benötigten Materials und der Werkzeuge.
Benutzen Sie zur Informationsbeschaffung auch das Internet.

7 Erdleitungsanschluss

Nebenstehendes Bild zeigt den Erdleitungsanschluss an einer Garage.
Klären Sie, ob der hier gezeigte Anschluss den Vorschriften entspricht. Wenn das nicht der Fall sein sollte, stellen Sie dem Kunden eine möglichst preisgünstige Alternative vor.

2 Elektrische Installationen planen und ausführen
2.3.1 Installationsarten

8 Setzen von Steckdosen

In einem englischen **Handbuch für Elektroinstallation** finden Sie folgende Tipps:

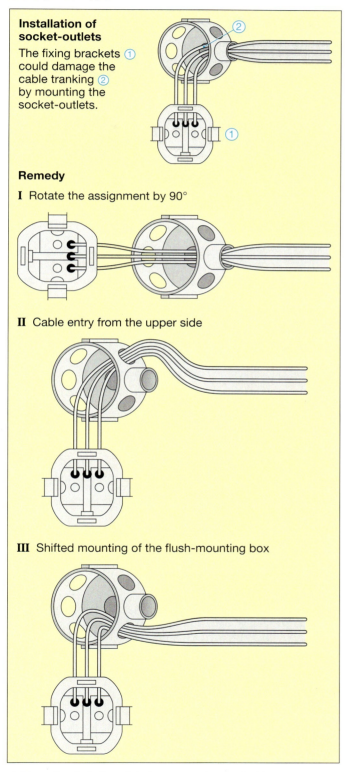

Installation of socket-outlets

The fixing brackets ① could damage the cable tranking ② by mounting the socket-outlets.

Remedy

I Rotate the assignment by 90°

II Cable entry from the upper side

III Shifted mounting of the flush-mounting box

a) Sie sollen bei einer Arbeitsunterweisung die Vorgehensweisen bei der Installation erläutern.
Notieren Sie sich Stichwörter dazu.

b) Entscheiden Sie, unter welchen Bedingungen bzw. Voraussetzungen diese Installationen einsetzbar sind.

9 Stegleitung

Sie sollen in einem Neubau die Leitungsinstallation mit Stegleitung durchführen. Um dies sachgerecht erledigen zu können, informieren Sie sich über die entsprechenden Vorschriften.

Notieren Sie mindestens zehn wichtige Bedingungen mit Begründung.

10 Installationszonen

Sie sollen in einer Küche Schalter und Steckdosen installieren. Sie haben sich daher über die entsprechenden Installationszonen im Internet informiert. Sie fanden dabei die folgende Abbildung.

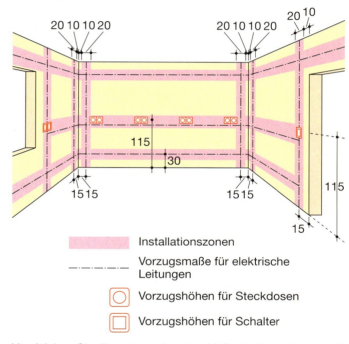

▨ Installationszonen
- - - Vorzugsmaße für elektrische Leitungen
◯ Vorzugshöhen für Steckdosen
▢ Vorzugshöhen für Schalter

Vergleichen Sie die entsprechenden Maße in Wohnräumen mit denen in Küchen. Stellen Sie die Übereinstimmungen und Unterschiede tabellarisch dar.

11 Arbeitsschritte

Sie sollen in einem Einfamilienhaus die Elektroinstallation durchführen. Im Wohnbereich sollen selbstverständlich die Leitungen unter Putz und im Keller auf Putz verlegt werden.

Von Ihrem Ausbilder haben Sie die entsprechenden Installations- und Übersichtsschaltpläne erhalten.

a) Notieren Sie die erforderlichen Arbeitsschritte und geben Sie notwendige Werkzeuge und Hilfsmittel an, und zwar
- für die Unterputz-Installation mit Mantelleitung und
- für die Aufputz-Installation mit Mantelleitung in Isolationsrohr.

b) Machen Sie Vorschläge, wie Sie sich die Arbeit mit einem zweiten Auszubildenden teilen könnten.

2 Elektrische Installationen planen und ausführen
2.3.2.1 Arbeitsplanung

1 Reihenfolge

Sie sind im Kundendienst tätig und finden im Büro folgende Liste:

> *Waschmaschine defekt* (Meier, am Ort)
> *Stromversorgung PC ausgefallen* (Fa. Intertrans, ca. 20 km)
> *Hofbeleuchtung soll erweitert werden* (Fam. Schulz, Verwandtschaft des Chefs)
> *Treppenlift defekt* (Altenheim, am Ort)

Erstellen Sie eine Reihenfolge und begründen Sie Ihre Entscheidungen. Nutzen Sie dazu die Checkliste.

Checkliste zur Erledigung der einzelnen Aufträge:
- Welche Arbeiten müssen erledigt werden?
- Welche Prioritäten haben die Arbeiten?
- Wie viel Zeit benötigen die heute von mir zu erledigenden Arbeiten?
- Inwieweit bin ich heute bereits durch Terminverpflichtungen gebunden?
- Zu welcher Zeit kann ich welche Arbeit am besten erledigen?
- Welche besonderen Werkzeuge, Materialien oder Dokumente sind zur Erledigung der Anträge erforderlich?

2 Arbeitsvorbereitung

Sie haben den Auftrag, die Installation einer Außenleuchte mit einem Bewegungsmelder vorzubereiten.

Ergänzen Sie die Äste der nebenstehenden Mind-Map.

3 Konfliktgespräch

In dem Wortsuchrätsel sind neun Wörter versteckt, die in einem Konfliktgespräch von Bedeutung sind.

M	S	A	C	H	V	E	R	H	A	L	T	H	Q
G	E	S	P	R	Ä	C	H	Q	G	H	V	V	P
Z	X	P	R	O	B	L	E	M	F	S	Z	G	N
C	Z	R	A	O	V	E	R	T	R	A	U	E	N
C	U	H	B	H	J	L	Ö	S	U	N	G	H	Y
Z	K	H	E	E	F	E	H	L	E	R	Q	K	K
E	N	T	S	C	H	U	L	D	I	G	U	N	G
S	I	V	E	R	S	T	Ä	N	D	N	I	S	Q
F	E	P	B	E	S	C	H	W	E	R	D	E	N

a) Finden und markieren Sie diese Wörter.
b) Formulieren Sie mit diesen Wörtern Handlungsanweisungen für ein erfolgreiches Konfliktgespräch.

4 Verhalten beim Kunden

Die „BLÖD-ZEITUNG" hat mal wieder stark übertrieben und schildert folgenden Fall:

Frau K. war empört: Die Handwerker, die eigentlich um 9:00 Uhr morgens kommen sollten, kamen erst um viertel nach 10!

Aber damit nicht genug: ohne ihr Verspäten zu entschuldigen oder sich vorzustellen, schoben sie sich an ihr vorbei und beschmutzten den neugelegten Kaschmirteppich im Flur mit ihren verdreckten Schuhen. Ihre Jacken hängten sie einfach über den frisch polierten Wohnzimmertisch. Die Kippen noch im Mundwinkel und mit miesepetrigen Gesichtern fingen sie auch sofort an, Frau Ks. gutgepflegte Nippessammlung aus dem Regal zu räumen, wahrscheinlich, um an die Steckdose zu kommen, die dahinter lag. Dazu kam allerdings kein Wort der Erklärung. Auf Nachfrage von Frau K., ob das denn wirklich nötig sei, kam nur ein unwilliges Brummen, die würde das doch sowieso nicht verstehen.

Da Frau K. nicht mit ansehen konnte, wie sich ihre wohlgehütete Stube innerhalb weniger Minuten in ein Schlachtfeld aus Verpackungen und Werkzeug verwandelte, ging sie in die Küche, um sich mit einem starken Kaffee zu beruhigen. Als sie kurz darauf die Toilette aufsuchte, war an den Dreckspuren zu erkennen, dass auch einer der Arbeiter schon dort gewesen war.

Schon nach einer dreiviertel Stunde packten die beiden dann ihr Werkzeug wieder in den (auf dem teuren Parkettboden abgestellten) Werkzeugkasten und nach einem kurzen „Wir sind dann mal weg" verließen sie die Wohnung.

Frau K. blieb dann nichts anderes übrig, als die Verpackungen zu entsorgen und zu putzen und den Zigarettenrauch aus der Nichtraucherwohnung zu lüften um dann festzustellen, dass die neue Deckenlampe noch immer nicht funktionierte.

a) Listen Sie auf, welche Verhaltensweisen Frau K. verärgert haben.
b) Beschreiben Sie angemessene Verhaltensweisen beim Kunden.

5 Klassenarbeit

Sie haben sich auf eine Klassenarbeit vorzubereiten.
Planen Sie mit Hilfe des abgebildeten Musters die notwendigen Vorbereitungen.

2 Elektrische Installationen planen und ausführen
2.3.2.2 Arbeitsschutz

1 Arbeitsschuhe

Sie wollen sich ein Paar Arbeitsschuhe kaufen.

a) Damit Sie sich sinnvoll informieren, sollen Sie mit Hilfe des Internets folgende Fragen klären:
- Welche Arbeitsschuhe gibt es und wie unterscheiden sie sich?
- Welche Schutzklassen gibt es und wie sind diese gekennzeichnet?
- Welche Zusatzanforderungen sind für die Schuhe in der Elektrobranche wichtig?

b) Wählen Sie einen Schuh für die normale Installationstätigkeit aus und begründen Sie Ihre Entscheidung.

2 Spannungsprüfer

Bei einer Unterhaltung in Ihrem Betrieb sagt ein älterer Kollege:

„Ich messe die Spannung immer mit einem Spannungsprüfer. Mir ist noch nie etwas passiert."

a) Bewerten Sie diese Aussage.

b) Überlegen Sie sich ein Experiment, mit dem Sie Ihren Kollegen vielleicht zum Messen mit einem zweipoligen Gerät bewegen könnten.

3 Leuchten-Austausch

Ein Auszubildender soll eine Deckenleuchte in einer Küche auswechseln.

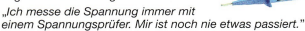

Er geht dabei folgendermaßen vor:

- Er schaltet den betreffenden Schalter aus.
- Er steigt auf eine Holzleiter.
- Er überprüft mit einem (einpoligen) Phasenprüfer die Spannung an den Leitern der Deckendose.
- Er löst die Verbindungen der vorhandenen Leuchte und entfernt die Leuchte.
- Er schließt die neue Leuchte an.
- Er schaltet mit dem Schalter die Leuchte an.

a) Beurteilen Sie das Vorgehen hinsichtlich der Sicherheitsregeln.

b) Geben Sie mögliche Gefahren an.

c) Machen Sie Vorschläge zur Änderung des Fehlverhaltens des Auszubildenden.

4 Schutz

Als Lösungswort ergibt sich ein wichtiger Begriff für das Arbeiten in elektrischen Anlagen.

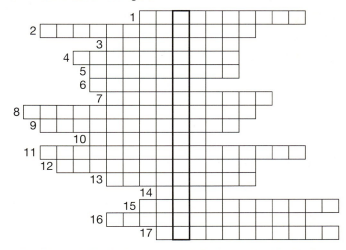

1: Zur Stromstärkebestimmung benutzt man ein …
2: NYM ist eine …
3: Unter Spannung stehende Teile soll man …
4: Ein Helm dient als …
5: Mögliches Hilfsmittel zum Schutz gegen Wiedereinschalten ist ein …
6: Gegen Wiedereinschalten …
7: Spannungsfreiheit durch … mit RCD herstellen
8: Erden und …
9: Ihre Berufsbezeichnung ist …
10: Betriebsmittel heißen heute …
11: Immer zweipolige … benutzen
12: Beim Schleifen sollen Sie eine … tragen
13: Abschalten durch Entfernen der …
14: Abkürzung Ihrer Berufsgenossenschaft ist …
15: Erster Schritt zur Sicherheit ist …
16: Ohrstöpsel dienen dem …
17: UVV gelten auch für …

5 Sicherheitsregeln

These rules are not in the right order. Correct it.
- Earthing and short-circuiting
- Verify the safe isolation from supply
- Immobilize in the open position
- Safety disconnection
- To cover adjacent energized parts

6 Prüfungsvorbereitung

Zur Vorbereitung auf eine Überprüfung Ihrer Kenntnisse über „Sicherheit beim Arbeiten an elektrischen Anlagen" sollen Sie

a) folgenden Lückentext vervollständigen und
b) die betreffende Sicherheitsregel nennen.

Bei vermaschten Netzen oder Ringnetzen kann von … Seiten her Spannung anliegen, deshalb muss unbedingt nach … Seiten … werden.

Bei Beleuchtungsanlagen unterbricht der Schalter nur einen …, deshalb kann z. B. bei bestimmten Wechselschaltungen auch im … Zustand auf beiden Leitern … gegen Erde vorhanden sein. Aus diesem Grund soll nicht der Schalter des betreffenden …, sondern in der Verteilung der … abgeschaltet bzw. die … entfernt werden.

Hat der Elektroniker nicht selbst …, muss die Bestätigung der … durch die ausführende Person unbedingt vom Elektroniker … werden. Sicherheitshalber sollte das … dokumentiert werden. Ein verabredeter Zeitpunkt der … ist allein keine Erfüllung dieser Sicherheitsregel!

2 Elektrische Installationen planen und ausführen
2.3.3.1 Kontrollarbeiten

1 Übergabe

Bei der Übergabe an den Kunden sind Dokumente zu überreichen.

Nennen Sie diese und beschreiben Sie deren Bedeutung für Ihren Betrieb und den Kunden.

2 Übersichtsschaltplan

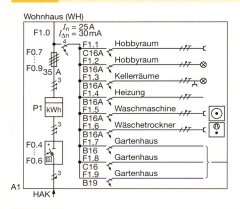

Nennen Sie die Bedeutung des Übersichtsschaltplans bei der Inbetriebnahme und der Übergabe an den Kunden.

3 Prüfungsschritte

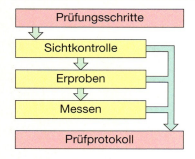

Erläutern Sie die Begriffe
- Sichtkontrolle,
- Erproben und
- Messen.

Geben Sie für jeden Begriff ein Beispiel an, indem Sie beschreiben, was Sie **tun** müssen.

4 Sichtkontrolle

Erstellen Sie sich eine Checkliste zur Durchführung der Sichtkontrolle.

Bauen Sie diese Checkliste in Form einer Tabelle auf, bei der die einzelnen Punkte abzuhaken sind.

5 Erproben und Messen

Die Mind-Map zeigt die für die Funktionsprüfung notwendigen Schritte an.

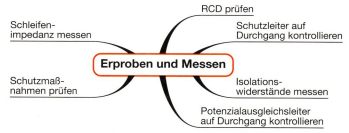

a) Skizzieren Sie die Mind-Map so um, dass die notwendige zeitliche Reihenfolge im Uhrzeigersinn abgebildet wird. Machen Sie den Beginn der Reihenfolge deutlich.

b) Ordnen Sie den einzelnen Zweigen die Orte zu, an denen Sie Prüfungen durchführen.

6 Sicherheit

Lösen Sie das Rätsel.

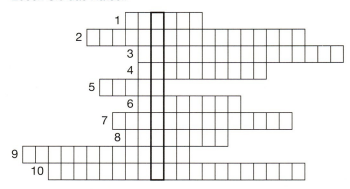

1 Vergleichen mit einer bekannten Größe
2 Feststellen, ob alles geht
3 Sorgen für die Sicherheit vor Schäden durch elektrischen Strom
4 Braucht man, damit nichts vergessen wird
5 Er ist der König
6 Muss getan werden, damit man sicher sein kann, dass alles funktioniert
7 Hierzu muss man gut sehen können
8 Der Kunde bekommt die geleistete Arbeit gezeigt und erklärt
9 Beschreibt das System und die Prüfungen
10 Beschreibt das gesamte System durch eine Zeichnung

7 Metzgerei

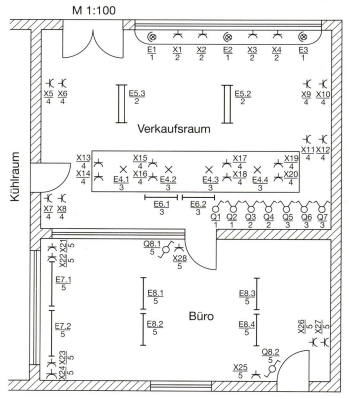

Planen Sie das Kundengespräch zur Übergabe der Installation.

Erstellen Sie dazu eine Checkliste, in der Sie die besprochenen Punkte abhaken und Anmerkungen notieren können.

2 Elektrische Installationen planen und ausführen
2.3.3.1 Kontrollarbeiten

8 Sichtprüfung 1

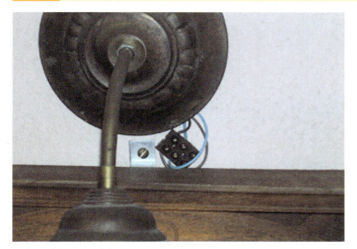

1: Leuchtenanschluss

2: Kellerinstallation

3: Hausanschlusskasten

4: Hausanschlusskasten, innen

5: Hausverteilung

6: Hausverteilung

Für eine betriebsinterne Fortbildung zum Thema E-Check sind Bilder mangelhafter Elektroinstallationen gesammelt worden.

Die Abbildungen 1 bis 6 zeigen Beispiele aus dem Bereich der Hausinstallation.

Fassen Sie die Antworten der folgenden Fragen in einer Tabelle zusammen.

a) Benennen Sie die in den Bildern dokumentierten Mängel.
b) Nennen Sie die erforderlichen Maßnahmen zur Beseitigung der Mängel.
c) Bereiten Sie sich auf die anstehenden Kundengespräche schriftlich vor, indem Sie die notwendigen Maßnahmen für den Kunden verständlich begründen.

2 Elektrische Installationen planen und ausführen

2.3.3.1 Kontrollarbeiten

9 Sichtprüfung 2

1: Werkstatt

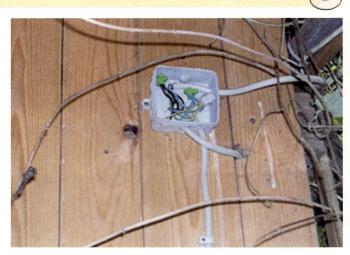
2: Unterstand

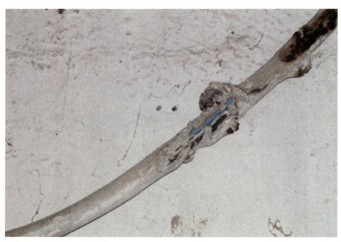
3: Beschädigte Leitung

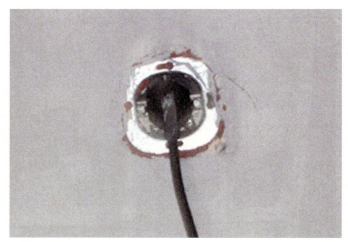
4: Steckdose

5: Flexible Leitung

6: Keller

Für eine betriebsinterne Fortbildung zum Thema E-Check sind Bilder mangelhafter Elektroinstallationen gesammelt worden.

Die Abbildungen 1 bis 6 zeigen Beispiele aus dem Bereich der Hausinstallation.

Fassen Sie die Antworten der folgenden Fragen in einer Tabelle zusammen.

a) Benennen Sie die in den Bildern dokumentierten Mängel.

b) Nennen Sie die erforderlichen Maßnahmen zur Beseitigung der Mängel.

c) Bereiten Sie sich auf die anstehenden Kundengespräche schriftlich vor, indem Sie die notwendigen Maßnahmen für den Kunden verständlich begründen.

2 Elektrische Installationen planen und ausführen
2.3.3.2 Messungen

1 Checkliste

Erstellen Sie für die Installation einer Metzgerei (siehe Auftrag 2.3.3.1-7) eine Checkliste zur Durchführung der Sichtkontrolle.

\multicolumn{4}{c}{Sichtkontrolle}
Pos.	Ort	Benennung	i.O.
1	StrV A1	Liegen Schaltpläne vor?	✔
2	"	Beschriftung des Stromkreises	✔
3	"	Kennzeichnung der Abgänge	✔
4	"	LS-Schalter (Charakteristik, Bemessungsstromstärke, Schaltvermögen)	✔
5	"	Anschluss der Leitungen	✔

2 Durchgängigkeitsmessung

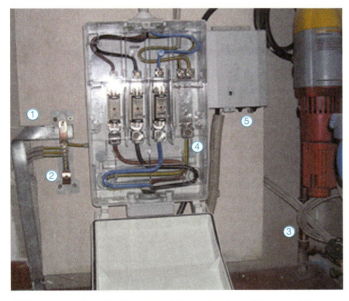

a) Benennen Sie die Messpunkte und geben Sie an, zwischen welchen Punkten eine Durchgängigkeitsmessung durchgeführt werden muss.

b) Erstellen Sie zur Durchführung der Messergebnisse hinsichtlich ihrer Zuverlässigkeit eine Tabelle und geben Sie die einzuhaltenden Grenzwerte an.

3 Bewertung einer Durchgängigkeitsmessung

Informieren Sie sich über die Grenzwerte für den Mindestwiderstand bei der Durchgängigkeitsmessung und beurteilen Sie die einzelnen Messergebnisse.

Position	Länge	Querschnitt	$R_{gemessen}$
1	13 m	1,5 mm^2	82 mΩ
2	29 m	16 mm^2	50 mΩ
3	110 m	6 mm^2	210 mΩ
4	7 m	4 mm^2	33 mΩ
5	1,3 m	10 mm^2	6,5 mΩ

4 Überprüfung des Isolationswiderstandes

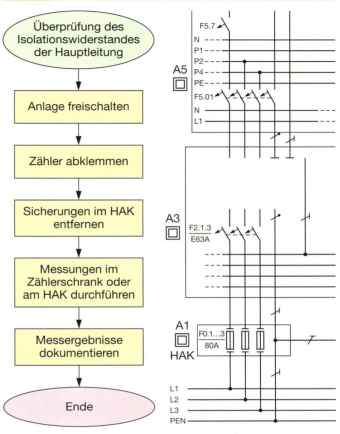

a) Der Übersichtsplan zeigt die Installation eines Mehrfamilienhauses. Für die Überprüfung des Isolationswiderstandes der Hauptleitung ist der Ablaufalgorithmus vorgegeben. Bestimmen Sie Ort und Funktion der Objekte A1, A3 und A5.

b) Beschreiben Sie die Durchführung der Messung des Isolationswiderstandes der Hauptleitung und der Wohnung. Geben Sie dabei
- die vorbereitenden Arbeiten,
- den Messort,
- die Messpunkte und
- die zu erwartenden Messergebnisse an.

c) Erstellen Sie einen Ablaufalgorithmus zur Durchführung der Isolationsmessung der Wohnung.

5 Isolationsfehler

Bei der Messung des Isolationswiderstandes einer Erdleitung stellen Sie fest, dass R_{ISO} zwischen L1 und N 330 MΩ beträgt.

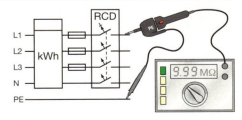

a) Beurteilen Sie das Messergebnis.

b) Nennen Sie mögliche Ursachen und geben Sie Ihre Vermutungen über die Ursache des zu kleinen Isolationswiderstandes an.

c) Beschreiben Sie, wie Sie Ihre Vermutungen überprüfen können.

d) Ihre Vermutungen wurden bestätigt. Planen Sie die weitere Vorgehensweise.

2 Elektrische Installationen planen und ausführen
2.3.3.2 Messungen

6 Isolationsmessung

Sie haben eine Wiederholungsprüfung nach DIN VDE 0150, Teil 100 durchzuführen. In den Unterlagen finden Sie folgende Grenzwerte:

Grenzwerte für Isolationsmessung ortsfester Verbraucher nach DIN VDE 0150, Teil 100	
Mit angeschlossenen und eingeschalteten Verbrauchern mindestens:	> 300 Ω/V
Ohne angeschlossenen Verbraucher:	> 1000 Ω/V
Im Freien oder in Feuchträumen:	jeweils 50 % der obigen Werte

Diese Darstellung soll erläutert werden. Beantworten Sie folgende Fragen:

a) Wie groß müssen bei angeschlossenen Verbrauchern die Isolationswiderstände bei 230 V bzw. 400 V mindestens sein?
b) Berechnen Sie die jeweiligen Ableitstromstärken.
c) Stellen Sie die Ergebnisse in einer Tabelle dar.
d) Begründen Sie, warum die Werte im Freien oder in Feuchträumen um 50 % niedriger als in geschlossenen Räumen liegen dürfen.

7 Schleifenimpedanz in Wohnhäusern

Sie sollen Schleifenimpedanzmessungen in Wohnhäusern durchführen. In Ihren Unterlagen finden Sie folgende Tabelle:

$U_0 =$ AC 230 V, 50 Hz	Niederspannungssicherung nach Normen der Reihe DIN VDE 0636 mit Charakteristik gL			
I_n A	I_a (5 s) A	Z_s (5 s) Ω	I_a (0,2 s) A	Z_s (0,2 s) Ω
2	9,21	24,972	20	11,5
4	19,2	11,979	40	5,75
6	28	8,21	60	3,833
10	47	4,893	100	2,3
16	72	3,194	148	1,554
20	88	2,613	191	1,204
25	120	1,916	270	0,851
32	156	1,474	332	0,692
35	173	1,329	367	0,692
40	200	1,15	410	0,560
50	260	0,884	578	0,397
63	351	0,655	750	0,306
80	452	0,508	–	–
100	573	0,401	–	–
125	751	0,306	–	–
160	995	0,231	–	–

a) Erläutern Sie mit Hilfe einer Berechnung an drei Beispielen den Zusammenhang zwischen I_a und Z_s.
b) Da Ihnen diese Tabelle zu unhandlich ist, erstellen Sie eine Tabelle, die für die Schleifenimpedanzmessung in Wohnhäusern zugeschnitten ist.

8 Messung der Schleifenimpedanz

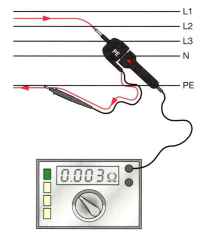

Bei der Durchführung der Messung der Schleifenimpedanz passiert Ihnen Folgendes:

Sie schließen das Messgerät nach nebenstehender Abbildung an. Bei der Durchführung der Messung löst die RCD aus. Da Sie diese Messung schon häufiger durchgeführt haben, ohne dass die RCD ausgelöst hat, beschließen Sie, der Sache auf den Grund zu gehen. Dazu nehmen Sie sich den Schaltplan und die Betriebsanleitung des Messgerätes, um so das Verhalten zu klären.

a) Beschreiben Sie stichpunktartig Ihre Vorgehensweise.
b) Erläutern Sie das Ergebnis Ihrer Überlegungen.

9 Schleifenimpedanz und Abschaltstrom

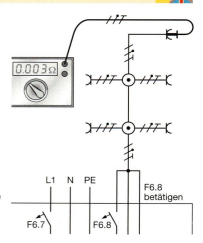

In einem englischsprachigen Manual finden Sie folgenden Text:

You have to investigate the loop impedance between phase and PE-conductor by measure. The measuring has to be one time in current circuit on the at the most unfavourable point the current circuit.

Begründen Sie die vorgeschlagene Vorgehensweise auf Deutsch.

10 Funktionsprüfungen

Erstellen Sie für die Installation einer Metzgerei (siehe Auftrag 2.3.3.1 - 7) eine Checkliste zur Durchführung der Funktionsprüfung. Orientieren Sie sich dabei an der unten stehenden Tabelle.

Funktionsprüfung			
Pos.	Ort	Benennung	i.O.
1	StrVA3 (GH)	Isolationsmessungen RCD, Prüftaste betätigen RCD, U_b, R_S bzw. R_E messen.	✔
2	GH	Herdanschluss, Schutzmaßnahme prüfen	✔
3	GH	Schukosteckdosen, Schutzmaßnahme prüfen	✔
4	GH	Beleuchtung, Schutzmaßnahme prüfen	✔
5	GH	Zeitschaltuhr, Funktion prüfen	✔

2 Elektrische Installationen planen und ausführen
2.3.3.2 Messungen

11 RCD-Prüftaste

Der Schaltplan zeigt den inneren Aufbau einer RCD.

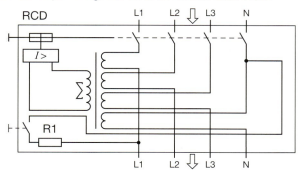

a) Beschreiben Sie den Stromweg bei der Betätigung der Prüftaste.
b) Geben Sie an, wodurch die RCD auslöst.
c) Berechnen Sie, welchen Wert der Widerstand R1 haben muss, damit bei einem Strom von 30 mA sicher ausgelöst wird.

12 RCD testen

Testing your RCDs

It's a good idea to test switchboard RCDs every six months by checking that it trips when the "test" button is pushed. However, be aware that tripping circuits will turn off the power to any appliances on that circuit. So appliances with electronic clocks will have to be reset. For this reason, it's a good idea to test your switchboard RCDs when changing to and from daylight saving – when clocks have to reset anyway and it will be about six months since the RCDs were last tested.

Geben Sie in Stichworten an, was bei der Prüfung der RCD durch den Benutzer zu beachten ist.

13 Leitungsschutzschalter als Personenschutz

In einem TN-C-Netz muss der Leitungsschutzschalter den Personenschutz übernehmen.

a) Innerhalb welcher Zeit müssen Schutzkontaktsteckdosen vom Netz getrennt werden?
b) An welchen Objekten müssen die Messungen durchgeführt werden?
c) Welche Größen müssen ermittelt werden?

14 E-Check

Nach einem Schadensfall wünscht sich ein Kunde eine Beratung über einen E-Check.

Um diese Frage grundsätzlich zu klären, gibt Ihr Chef Ihnen den Auftrag, sich ausführlich mit diesem Thema zu beschäftigen.

Entwickeln Sie drei Folien, die sich zur Kundenberatung eignen. Beachten Sie die Gestaltungselemente.

15 Prüfungen

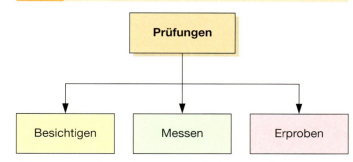

a) Nennen Sie je drei Beispiele für Besichtigen, Messen und Erproben.
b) Geben Sie an, welche einzelnen Tätigkeiten in den drei Bereichen jeweils ausgeführt werden müssen.

16 Prüffristen

Im § 5 der BGV heißt es:

1. *Der Unternehmer hat dafür zu sorgen, dass elektrische Anlagen und Betriebsmittel auf ihren ordnungsgemäßen Zustand geprüft werden.*
   - *Vor der ersten Inbetriebnahme und nach Änderung oder Instandsetzung durch eine Elektrofachkraft oder unter Leitung und Aufsicht einer Elektrofachkraft.*
   - *In bestimmten Zeitabständen. (...)*

Erstellen Sie eine Übersicht in Tabellenform für folgende Objekte:

- Elektrische Anlagen und ortsfeste Betriebsmittel,
- Elektrische Anlagen und ortsfeste Betriebsmittel in „Räumen und Anlagen besonderer Art" und
- Schutzmaßnahmen mit Fehlerstrom-Schutzeinrichtungen in nichtstationären Anlagen.

Die Tabelle soll dabei Prüffrist, Art der Prüfung und Qualifikation des Prüfers enthalten.

17 Richtwerte

Erstellen Sie eine Tabelle mit den Grenz- bzw. Richtwerten für folgende Messungen:

Durchgängigkeit
- des Schutzleiters
- des Potenzialausgleichsleiters

Mindestisolationswerte
- bei SELV/PELV (Türsprechanlagen)
- bis 500 V
- 500 V bis 1000 V

Schleifenimpedanz und Abschaltstromstärke (0,2 s)
- I_N = 16 A
- I_N = 20 A

Grenzwerte der Berührungsspannung
- Menschen
- Tiere

Erdungswiderstand bei TN-Systemen
- Überstrom
- RCD

2 Elektrische Installationen planen und ausführen
2.4 Erstellen der Rechnung

1 Fehlerhafte Rechnung

Die hier abgebildete Rechnung ist unvollständig und entspricht nicht den Vorschriften.

a) Welche wesentlichen Informationen fehlen?
b) Geben Sie an, an **welcher** Stelle, **was** angegeben sein könnte.
c) Erstellen Sie eine normgerechte Rechnung.

2 Rechnung schreiben

Folgende Anfrage stammt aus einem Internetforum.

Thema: Rechnung schreiben als Auszubildender, geht das?	
Gast: Oliver	**Rechnung schreiben als Auszubildender, geht das?** Geschrieben: 14. 08. 2004 22:44 Hallo! Ich bin Elektroelektroniker im vierten Ausbildungsjahr und habe ab und zu ein paar private Jobs zu machen. Kann bzw. darf ich eine Rechnung schreiben? Wenn ja, was muss ich beachten? Muss ich MWSt berechnen? Muss meine private Steuer-Nr. drauf? Vielen Dank für eure Tipps!

Informieren Sie sich über die Rechtslage und antworten Sie auf die Anfrage.

3 Mahnung

Obwohl die auf der Rechnung angegebene Zahlungsfrist von 14 Tagen schon seit einer Woche verstrichen ist, ist noch kein Zahlungseingang zu verbuchen.

a) Erstellen Sie ein erstes Mahnschreiben.
b) Stellen Sie das weitere Vorgehen Ihres Betriebes in Form eines Ablaufalgorithmus dar.

4 Briefkopf

Ihr Chef hat mitbekommen, dass Sie kreativ und fachkompetent mit Textverarbeitungsprogrammen umgehen können.

Daher hat er Ihnen den Auftrag gegeben, anhand der nebenstehenden Skizze einen Firmenbriefkopf zu erstellen.

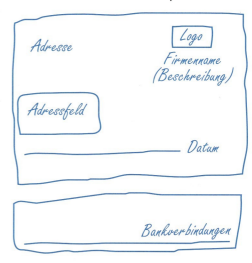

a) Skizzieren Sie mit Bleistift einen Entwurf für einen **vollständigen** Firmenbriefkopf.
b) Besprechen Sie Ihren Entwurf mit Ihren Mitschülern.
c) Realisieren Sie diesen Entwurf mit Hilfe des PC.

5 Kundendienst

Lösen Sie das Rätsel.

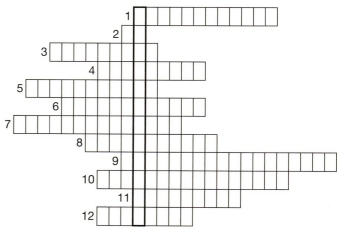

1: Beträge kleiner als 100 €
2: Wirtschaftlicher und politischer Großraum
3: Wenn die Rechnung geschrieben ist, wartet der Betrieb darauf
4: Jeder Kunde hat eine … Nummer
5: Danach soll man sich richten
6: Vergibt das Finanzamt
7: Braucht der Kunde, um überweisen zu können
8: Kennzeichnet die einzelnen Objekte genau
9: Anderes Wort für Kunde
10: Die meisten Handwerksbetriebe bieten diese Art von Leistungen an
11: Gegenstände die einen Wert haben
12: Jeder Auftrag hat eine … Nummer

3 Steuerungen analysieren und anpassen
3.1 Steuerungsanalyse

1 Lampenschaltung

Die Abbildung zeigt eine einfache Schaltung für die Steuerung einer Leuchte. Mit Hilfe von Fachbegriffen soll die Funktion in folgender Reihenfolge beschrieben werden.

a) Welche Objekte kommen vor und welche Funktion haben sie?
b) Zur Fachsprache der Steuerungstechnik gehören die Begriffe Stellglied, Steuereinrichtung, Steuergerät und Steuerstrecke. Stellen Sie fest, welche Objekte diesen Begriffen zugeordnet werden können.
c) Beschreiben Sie die Funktion der Schaltung im Zusammenhang.

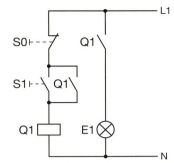

2 Prinzip einer Lichtsteuerung

Mit den drei Blöcken soll das Prinzip einer Lichtsteuerung veranschaulicht werden. Vervollständigen Sie die Blöcke und Pfeile mit folgenden Fachbegriffen:
Führungsgröße, Stellglied, Steuerstrecke, Stellgröße.

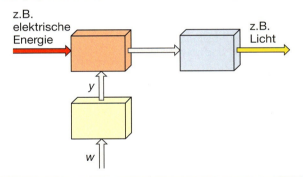

3 Haltegliedsteuerung

Beschreiben Sie die Haltegliedsteuerung mit Hilfe des englischen Textes in deutscher Sprache.

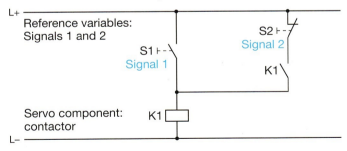

In a locking control system, the controlling variable is maintained in the same state even after the reference variable has ceased to exist. Only when a new reference variable appears does the controlling variable revert to its original state.

An example is the self-locking contactor. The contactor K is actuated by pressing push-button 1 (signal 1 corresponds to reference variable 1) and is self-locked by its own contact K. Contactor K is the servo component used to control many different types of controlled system (e.g. lamps, motors). Once actuated the contactor will revert to its original state only if push-button 2 is depressed (signal 2 represents reference variable 2).

4 Steuern und Regeln 1

Beschreiben Sie den Unterschied zwischen Steuern und Regeln mit Hilfe des englischen Textes.

We can use the simplified diagram to explain the meanings of these two terms. In any heating system we try to keep the temperature inside the building as constant as possible. The temperature ϑ_1 is the **controlled variable x**. The temperature is changed by means of heated water, which in our example is kept at a constant temperature in a boiler K, and transported to radiators by a pump P, via a valve V. The valve has a special function.

Hot and cold water can be mixed (proportioning valve) to influence the temperature of the water in the radiators and thus the room temperature.

We could set a particular mixture manually at the proportioning valve and obtain the corresponding temperature in the room. As a room is not a perfectly insulated space, however, and changing weather conditions also have an influence, these **disturbances** result in different amounts of heat being emitted.

These fluctuations can be compensated if the setting of the proportioning valve is continuously adapted to conditions in the room. If the room temperature falls, the proportioning valve must be set to feed more hot water to the radiators until the real room temperature (**actual value**) coincides with the set point (**desired value**). There must be a continuous comparison of the actual and desired values, a closed-loop control.

The set point is adjusted via the set-point adjuster S. The actual room temperature is measured via the temperature sensor F_i. The two values are compared by differentiation in the controller R. The result is the **error signal x_w**. If the error signal is not zero, a **correcting command y** is transmitted to the proportioning valve. The correcting command continues to be transmitted until the error signal has become zero (set point = actual value), i.e. the desired and the actual temperature coincide.

In this example, the system is an automatic closed-loop control system. It is characterized by continuous comparison of the desired with the actual value of the controlled variable. Control takes place within a closed loop.

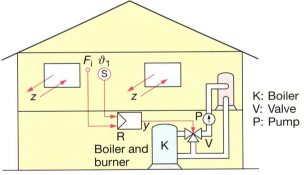

ϑ_1: Controlled variable x (from temperature)
z: Disturbance
S: Set-point adjuster
F_i: Temperature sensor

K: Boiler
V: Valve
P: Pump
R: Controller
y: Manipulated variable

5 Steuern und Regeln 2

Übersetzen Sie die folgenden Merksätze ins Englische:

- Beim Steuern werden Ausgangsgrößen durch Eingangsgrößen in Form eines offenen Wirkungsablaufs beeinflusst.
- Bei der Regelung wird auf einem geschlossenen Wirkungsweg ein Sollwert-Istwert-Vergleich durchgeführt und bei Regelabweichung die Regelgröße beeinflusst.

3 Steuerungen analysieren und anpassen
3.1 Steuerungsanalyse

6 Presse

Funktionsbeschreibung einer Presse:
In einer Presse werden Bleche von Hand eingelegt. Werden S1 und S2 (Sicherheitstaster) gleichzeitig betätigt, beginnt der Pressvorgang.

- Zylinder 1 fährt ein Schutzgitter herunter.
- Zylinder 3 und Zylinder 4 spannen das Blech, wenn das Schutzgitter geschlossen ist (B0).
- Zylinder 2 presst das Blech.

Nachdem der Presszylinder zurückgefahren ist, wird das Blech entspannt und das Gitter geöffnet.

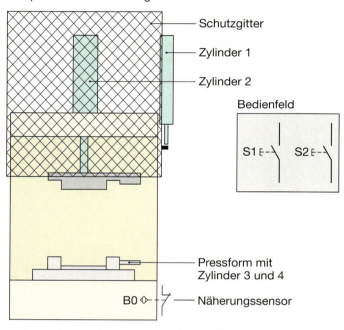

a) Stellen Sie die Systemdarstellungen (EVA) des Informationsflusses dar (Endlagentaster können vernachlässigt werden).
b) Benennen Sie die Führungsgrößen *w*.
c) Welche Stellglieder sind in der Darstellung zu erkennen?
d) Formulieren Sie die Funktionsbeschreibung mit Objektkennzeichen.
e) Erstellen Sie eine Bedienungsanleitung für die Presse.

7 Handhabungen

In der Automatisierungstechnik wird zur Beschreibung des Materialflusses meist eine symbolische Darstellung der Handhabungsfunktionen verwendet. Dabei wird beschrieben, wie z. B. ein Werkstück durch einen Prozess gelangt.

Beispiele:

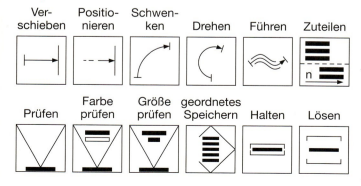

8 Post-Sortieranlage

Mit Hilfe der dargestellten Anlage werden Transportboxen mit Briefen zur Weiterverarbeitung unterschiedlichen Arbeitsplätzen zugeordnet. Dies geschieht mit einem Förderbandsystem, das hier vereinfacht dargestellt ist.

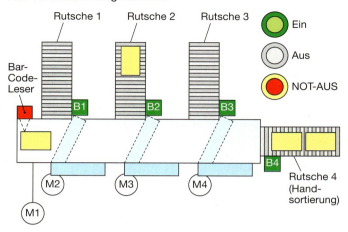

Funktion:
- Das Band wird von dem Motor M1 angetrieben.
- Wenn einer der Schwenkarme 1 bis 3 (M2 … M4) in das Band eingedreht wird, werden die Boxen auf eine der Pufferrutschen umgeleitet.
- Boxen, die nicht zugeordnet werden können, kommen auf die Rutsche 4 und werden von Hand weiterverarbeitet.
- Die Boxen besitzen Barcode-Etiketten, die von einem Lesegerät erfasst werden. Die Zuordnung einer Box zu einer bestimmten Rutsche erfolgt durch eine Steuerung automatisch.
- Die Anlage kann über je einen Taster ein- und ausgeschaltet werden. Darüber hinaus verfügt die Anlage über einen NOT-AUS-Taster.
- An allen Rutschen befinden sich Taster (B1 … B4), die betätigt werden, wenn die Rutsche voll ist.

a) Analysieren Sie die Anlage entsprechend des EVA-Prinzips.
b) Beschreiben Sie den Informations- und Materialfluss.
c) Erstellen Sie eine Funktionsbeschreibung mit Kennzeichen für elektrotechnische Objekte.

Wird ein Werkstück z. B. erst aus einem Magazin vereinzelt, anschließend auf eine andere Position verschoben und dort die Farbe geprüft, wird dies wie folgt dargestellt:

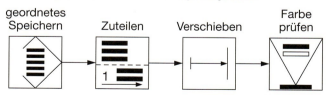

Stellen Sie mit Hilfe der gegebenen Symbole folgenden Materialfluss vereinfacht dar:

- Aus einem Magazin werden je zwei Werkstücke zugeteilt.
- Am Endpunkt werden diese durch Vakuum von einem Umsetzer festgehalten und einer neuen Position zugeführt.
- Anschließend werden die Werkstücke wieder gelöst und die Farbe geprüft.

3 Steuerungen analysieren und anpassen
3.2.1 Signale

1 Analoges Ausgangssignal 0 bis 10 V

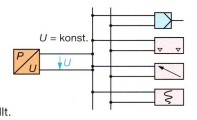

In dem Schaltungsauszug befindet sich ein Wandler, der eine konstante Spannung von 0 bis 10 V in Abhängigkeit von einer physikalischen Eingangsgröße abgeben kann. Am Ausgang sind vier Empfänger des Analogsignals dargestellt.

a) Stellen Sie fest, welche physikalische Größe in welche elektrische Größe umgewandelt wird.
b) Ermitteln Sie anhand der Schaltzeichen, welche Geräte zur Anzeige bzw. Verarbeitung des elektrischen Signals verwendet werden.
c) Die Eingangswiderstände der Anzeige- bzw. Verarbeitungsgeräte beträgt jeweils 100 kΩ. Der Wandler darf insgesamt mit 2 kΩ belastet werden. Ermitteln Sie, wie viele Geräte an diesen Wandler mit jeweils 100 kΩ angeschlossen werden könnten und wie groß die Stromstärken sind (Berechnung durchführen).

2 Analoges Ausgangssignal 0 bis 20 mA

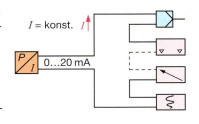

Der Wandler liefert am Ausgang eine konstante Stromstärke, die je nach physikalischem Signal zwischen 0 und 20 mA liegen kann.

a) Erklären Sie den Unterschied zwischen dieser Schaltung und der Schaltung im Auftrag 1.
b) Der Wandler darf am Ausgang mit Widerständen von 0 bis 750 Ω belastet werden. Er ist also kurzschlussfest. Wie viele Geräte dürfen angeschlossen werden, wenn jedes Gerät einen Innenwiderstand von 50 Ω besitzt?
c) Berechnen Sie die Eingangsspannungen an den abgebildeten Geräten, wenn die Stromstärke 20 mA durch den Wandler beträgt und jedes Gerät einen Innenwiderstand von 50 Ω besitzt.
d) Wie groß kann die Spannung am Ausgang des Wandlers maximal werden?

3 Signalarten

In den Liniendiagrammen sind verschiedene Signalarten dargestellt. Formulieren Sie für jedes Signal Aussagen über die Spannung in Abhängigkeit von der Zeit.

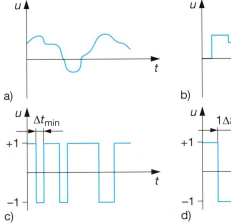
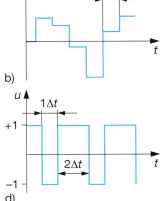

4 Digitalisierung analoger Signale

In der Steuerungstechnik kommen analoge und digitale Signale vor. Mit Hilfe der folgenden Abbildungen sollen Sie die einzelnen Schritte bei der Umwandlung eines analogen in ein digitales Signal erklären.

Ausgegangen wird von dem allgemeinen Schaltzeichen, das in einzelne Stufen aufgelöst wurde.

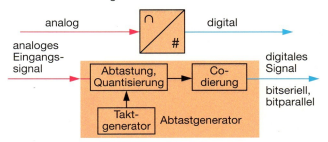

a) Das analoge Eingangssignal (blaue Kurve) wird abgetastet und quantisiert. Erklären Sie diese Vorgehensweise mit den beiden Signalverläufen.

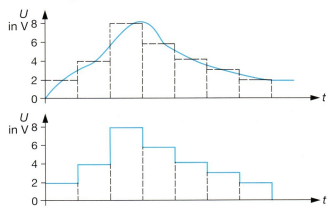

b) Aus den diskreten Signalen entsteht entsprechend einem Code der folgende abgebildete serielle Datenstrom (bitseriell). Erklären Sie, worin sich die neuen Signale im Vergleich zu a) unterscheiden.

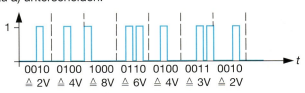

c) Die seriellen Daten können aber auch parallel (in diesem Fall vier Ausgänge) ausgegeben werden. Erklären Sie den Unterschied zwischen dem unter b) dargestellten bitseriellen und dem unter c) abgebildeten bitparallelen Datenstrom.

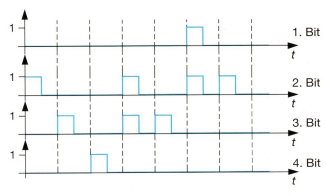

3 Steuerungen analysieren und anpassen
3.2.2 Bedienelemente

1 Schalter

Beschreiben Sie die Funktion der abgebildeten Schalter mit Hilfe des englischen Textes.

Detented switches are frequently used to switch electrical plant and equipment. They are actuated manually and retain their switching state. They are switched off via a second button which needs considerable less force to actuate it.

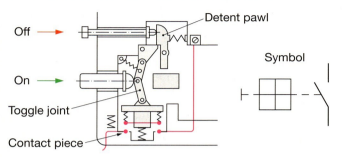

Push-button switches remain in a switch state only so long as they continue to be depressed (e.g. bell-pushes). When the button is released, spring action returns the contacts to their original position.

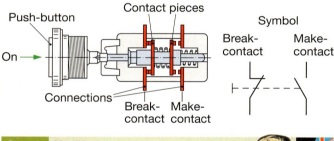

2 Not-Aus

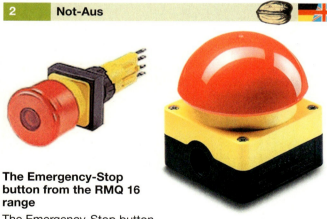

The Emergency-Stop button from the RMQ 16 range

The Emergency-Stop button in the RMQ 16 range offers a number of significant features - tamper-proof, degree of protection IP 65, and the availability of an illuminated version. An integral multiple LED is either permanently lit or lights up when actuated according to the circuit design.

**FAK Foot and Palm Switches
Big and rugged**

FAK foot and palm switches with their large operating surfaces are tamper-proof to ISO 13 850/EN 418. They can be actuated with the flat of the hand, the closed fist, wearing gloves and with the elbow or foot, thus allowing the operator to react quickly. The high degree of shock resistance and protection to IP 69 K make the FAK the ideal device for rugged applications.

Ermitteln Sie Anforderungen und die Bedeutung des NOT-AUS-Tasters.

3 Arten der Betätigung

Die folgende Übersicht zeigt Steller, die mit verschiedenen Arten von äußeren Kräften betätigt werden. Ordnen Sie den Schaltzeichen die richtige Beschreibung zu.

a) Manual actuator, general symbol
b) Manual actuator protected against unintentional operation

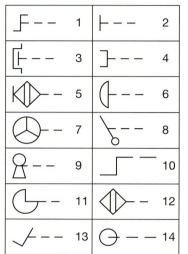

c) Operated by pulling
d) Operated by turning
e) Operated by proximity effect
f) Operated by touching
g) Energy actuator, type "muschroom-head"
h) Operated by handwheel
i) Operated by pedal
j) Operated by lever
k) Operated by removable handle
l) Operated by key
m) Operated by crank
n) Operated by roller
o) Operated by cam

4 Touch-Panel

Die Firmenunterlagen verdeutlichen zwei Verfahren zur visuellen Bedienung über einen Bildschirm. Informieren Sie sich über die Verfahren und beschreiben Sie die dabei verwendeten technischen Verfahren.

Informationsquelle z. B.: http://www.touchscreen-online.de

IntelliTouch

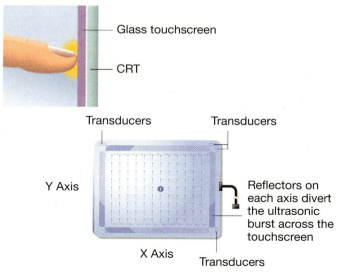

AccuTouch

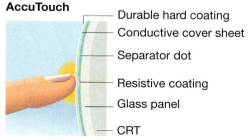

3 Steuerungen analysieren und anpassen

3.2.3 Sensoren der Windenergieanlage

1 Sensorbegriff

a) Geben Sie eine allgemeine Definition für den Begriff „Sensor".
b) Beschreiben Sie die Bedeutung des Symbols.

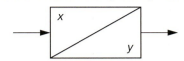

2 Wandler-Symbole

Beschreiben Sie, welche physikalischen Größen in welche anderen Größen umgewandelt werden.

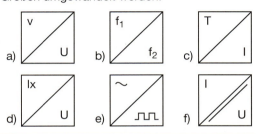

3 Windsensor

a) Beschreiben Sie die Funktion der Sensoren.
b) Die Windgeschwindigkeit soll mit einem PC digital über die Schnittstelle RS232 erfasst werden. Mit welchem der folgenden Sensoren ist dies möglich?

Ultrasonic Wind Sensor WS425
- No moving parts, no maintenance needed
- Measurement based on ultrasound
- Triangular shape prevents wind interference between transducer heads
- Digital outputs: RS232, four different message formats

Windsensor EMS 1905
- Windgeschwindigkeitserfassung über einen Rotor
- Drehgeschwindigkeit wird in ein lineares Ausgangssignal DC 0 V … 10 V umgewandelt
- Eingebaute Heizung für störungsfreien Winterbetrieb

Windsensor Model 260
- Light and compact construction
- Frequency output: pulses from 0 V to 3,3 V
- 100 km/h = 315 Hz
- Power supply: 3,3 V to 10 V DC, power consumption: 0,5 mA

4 Grenztaster

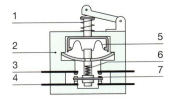

Benennen Sie die Teile des Grenztasters und beschreiben Sie die Funktion.

3.2.4 Näherungssensoren

1 Merkmale von Näherungssensoren

Informieren Sie sich über Näherungssensoren und beantworten Sie folgende Fragen:

a) Wie werden Näherungssensoren in Schaltplänen dargestellt? Zeichnen Sie das Schaltzeichen.
b) Mit welchem Buchstaben werden Näherungssensoren gekennzeichnet? Begründen Sie Ihre Antwort.
c) Warum werden in der Praxis eher Näherungssensoren eingesetzt als Endlagentaster?
d) Welche Signalformen können am Ausgang eines Näherungssensors anliegen?
e) Beschreiben Sie, was der Begriff „Schaltabstand" bei Näherungsschaltern bedeutet.
f) Stellen Sie die Funktionen eines induktiven, kapazitiven und magnetischen Näherungssensors gegenüber.

2 Materialerkennung

Übernehmen Sie die Tabelle und geben Sie an, wie „gut" welcher Werkstoff mit welchem Sensor erfasst werden kann:
Hinweis: Nutzen Sie das Internet.
(Abstufungen: nein, schlecht, gut, sehr gut)

	Metall	Kunststoff	Wasser	Glas
Kapazitiver Näherungssensor				
Induktiver Näherungssensor				
Reed-Kontakt				

3 Drehzahlmessung

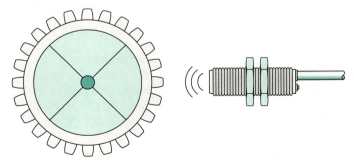

In dem Technologieschema ist die Funktionsweise der Drehzahlmessung mittels eines Näherungssensors dargestellt.

a) Beschreiben Sie die Funktion.
b) Welcher Näherungsschalter kann verwendet werden? Begründen Sie Ihre Wahl.
c) Zeigen Sie Alternativen zur Drehzahlmessung bei hohen Drehzahlen auf.

4 Füllstandsmessung

In einem Wasserkessel einer Bäckerei soll mit zwei Näherungssensoren der Füllstand (Minimal/Maximal) ermittelt werden.
Entwickeln Sie ein Technologieschema mit der Beschreibung, wie der Füllstand ermittelt werden kann.

3 Steuerungen analysieren und anpassen
3.2.4 Näherungssensoren

5 Schaltabstand

In der Dokumentation eines induktiven Sensors sind folgende Angaben zu finden:

Bemessungsschaltabstand S_n [mm] 1,5
Gesicherter Schaltabstand S_a [mm] 1,21
Reproduzierbarkeit des Schaltwertes [mm] ±0,075
Hysterese [mm] 0,01 … 0,33

a) Erklären Sie die Begrifflichkeiten.
b) Welchen Einfluss haben die Angaben auf das Verhalten im Betrieb?

6 Reduktionsfaktor

Die Tabelle ist Bestandteil eines Sensor-Datenblattes.

Reduktionsfaktoren des Bemessungschaltabstandes S_n (bezogen auf Messplatte)	
Werkstoff	SIEN-4 B- …
Stahl St 37	$1,0 \times S_n$
Edelstahl St 18/8	$0,7 \times S_n$
Messing	$0,4 \times S_n$
Aluminium	$0,4 \times S_n$
Kupfer	$0,3 \times S_n$

Informieren Sie sich über den Begriff Reduktionsfaktor.
a) Um welchen Sensortyp handelt es sich?
b) Berechnen Sie die Schaltabstände für die Werkstoffe, wenn der Bemessungsschaltabstand 1,7 mm beträgt.
c) Was bedeuten die Angaben für den praktischen Einsatz des Sensors?

7 Zylinderschalter

Zur Erfassung der Position eines Zylinders stehen die folgenden Näherungssensoren zur Auswahl.

Sensor A: SMTO-8E-NS-M12-LED-24
Bauform: für T-Nut

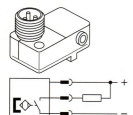

Kurzschlussfestigkeit: ja
Messprinzip: magnetoresistiv
Schaltelementfunktion: Schließer
Betriebsspannung DC: 10 V – 30 V
Max. Ausgangsstrom: 100 mA

Sensor B: SMEO-8E-M12-LED-24
Bauform: für T-Nut

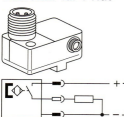

Kurzschlussfestigkeit: nein
Messprinzip: magnetisch Reed
Schaltelementfunktion: Schließer
Betriebsspannung DC: 12 V – 30 V
Max. Ausgangsstrom: 500 mA

a) Beschreiben Sie die Unterschiede.
b) Was geschieht, wenn bei beiden Sensoren die Betriebsspannung verpolt wird?

8 Sensorinstallation

Embeddable Proximity Switches

Embeddable inductive and capacitive proximity switches can be installed without leaving a space (A = 0). The advantage is that they are better mechanically protected and less prone to errors from not embedded types. The necessary reduction of the lateral radiation of the field is obtained by special internal shielding. This entails a loss of range. These proximity switches only archieve about 60 % of the sensing range of not embeddable models.

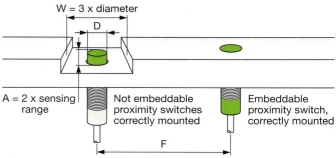

The switching characteristics of magnetic field sensors are practically unaffected by the mounting conditions, as long as the surrounding material is non-magnetizable.

Mutual Interference

The minimum distances F listed in the table on the following page must be maintained in order to prevent mutual interference. Proximity switches with altered frequencies are also available on request in case these distances cause application-related problems. They can be mounted directly adjacent to each other. – In case of doubt, please contact us.

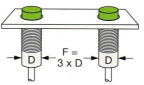
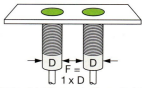

Not embeddable proximity switch F must be 3 times the housing diameter

Embeddable proximity switch F must be equal to the housing diameter

Beschreiben Sie, welche Hinweise die Firma Pepperl & Fuchs zum Einbau von induktiven und kapazitiven Näherungssensoren gibt.

9 Datenblatt

Übersetzen Sie die folgenden Angaben aus dem Datenblatt eines kapazitiven Sensors, um diesen einsetzen zu können.

Rated operating distance s_n	15 mm
Installation	embeddable
Assured operating distance s_s	0 – 12,15 mm
Reduction factor r_{Al}	0,3
Reduction factor r_{Cu}	0,3
Reduction factor r_{V2A}	0,75
Operating voltage U_B	10 … 30 V
Switching frequency f	0 … 200 Hz
Reverse polarity protection	Protected against reverse polarity
Short circuit protection	pulsing
Voltage drop U_d	≤ 3 V
Operating current I_L	0 … 200 mA

3 Steuerungen analysieren und anpassen
3.2.5 Temperatursensoren (NTC)

1 NTC

Beschreiben Sie das grundsätzliche Verhalten des NTC.
NTC resistors have a negative temperature coefficient, i.e. their resistance decreases as the temperature rises. This behaviour is clearly seen in the current-voltage curve. The explanation lies in the dissolution of electron pair bonding in the semi-conductor material, resulting in increased intrinsic conductivity.

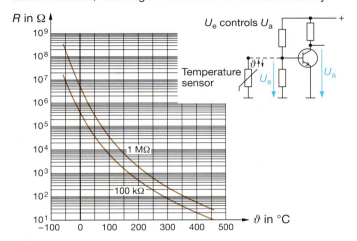

NTC resistors are suitable for temperature measurement and thus for temperature monitoring applications. The changes in the resistance of the NTC resistor determine the base-emitter voltage (U_e) and thus the collector current. The output signal (U_a) is now dependent on the temperature and can be used for control tasks.

2 Widerstandskennlinie

Für einen Miniatur-Heißleiter mit 30 kΩ Nennwert wurden folgende Zusammenhänge zwischen Widerstand und Temperatur ermittelt:

ϑ in °C	−40	−30	−20	−10	0	+10	+20	+30
R in kΩ	890	480	270	160	95	58	37	24

ϑ in °C	+40	+50	+60	+70	+80	+90	+100
R in kΩ	16	11	8,0	5,3	3,8	2,8	2,1

Zeichnen Sie die Kennlinie und verwenden Sie für die Widerstandsachse einen logarithmischen Maßstab mit der Zeicheneinheit von 6,2 cm pro Dekade (1 … 10 … 100 … 1000 kΩ). Für die Temperaturachse soll ein Maßstab von 10 °C ≙ 1 cm gewählt werden.

Widerstandswert: 30 kΩ
Anwendung: Miniatur-Heißleiter für genaue Temperaturmessung im Bereich von −40 °C bis +120 °C
Ausführung: Heißleiter mit Epoxidharz beschichtet
Anschlüsse: Anschlussdrähte Ø 0,25 mm, Nickeldraht mit Teflonumhüllung
Qualitätsmerkmale: Hohe Stabilität durch spezielle Alterung, Spannungsfestigkeit: 200 V Gleichspannung

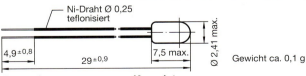

Anwendungsklasse: G K C
Untere Grenztemperatur: G −40 °C
Obere Grenztemperatur: K +125 °C

Kenndaten
Belastbarkeit bei 25 °C: P_{25} 140 mW
Nenntemperatur: ϑ_N 25 °C
Nennwiderstand: R_N 30 kΩ
Toleranz: ΔR_N ±5 %
Wärmeleitwert in Luft: G_{thu} 1,4 mW/K
Thermische Zeitkonstante: τ_{th} < 20 s

3 Brückenschaltung

Brückenschaltungen werden für die Temperaturerfassung eingesetzt. Die abgebildete Schaltung ist für die Temperatur von +25 °C abgeglichen worden. Der Heißleiter befindet sich am Ort der Temperaturmessung. Die Kennlinie befindet sich im Auftrag 1.
Wie verändert sich die Spannung U_{AB}, wenn sich die Temperatur von −25 °C bis +100 °C verändert?

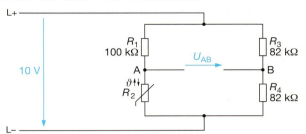

4 Einschaltverzögerung

Die abgebildete Schaltung wird zur Einschaltverzögerung für Relais verwendet.
Analysieren Sie die Schaltung und beschreiben Sie die Arbeitsweise.

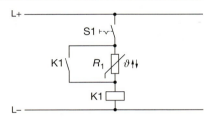

5 Einschaltstrombegrenzung

Heißleiter können zur Einschaltstrombegrenzung (z.B. bei Glühlampen) verwendet werden. In der Abbildung sind Abmessungen und Kenndaten eines derartigen Heißleiters aufgeführt.
Begründen Sie, weshalb mit Heißleitern diese Funktion erzielt werden kann.

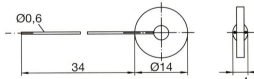

Nennwiderstand R_N in Ω	Toleranz ΔR_N in %	Belastbarkeit P_{25} in mW (T_u = 25 °C)	Nenntemperatur T_N in °C	Temperaturbereich nach DIN 40 040 in °C	Thermische Abkühlzeitkonstante τ_{th} in s
33	±20	2000	25	−55 bis +200	90

6 Heißleiter mit Vorwiderstand

a) Der abgebildete Spannungsteiler liegt an einer Konstantspannungsquelle.
Wie verändern sich die Größen R_{NTC}, R_{ges}, I, U_1 und U_2, wenn sich die Temperatur vergrößert?

b) Durch den Spannungsteiler fließt ein Strom konstanter Stärke aus einer Konstantstromquelle.
Wie verhalten sich bei einer Temperaturvergrößerung R_{NTC}, R_{ges}, U_1, U_2 und U?

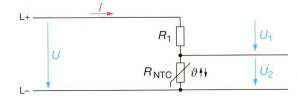

3 Steuerungen analysieren und anpassen
3.2.5 Temperatursensoren (PTC)

7 PTC

Beschreiben Sie das grundsätzliche Verhalten des PTCs mit Hilfe des englischen Textes.

PTC resistors have a positive temperature coefficient. Their resistance increases with the temperature. The diagram shows the current in a semi-conductor PTC resistor as a function of the voltage. In the self-heating section of the curve (heating due to the passage of current), the current varies inversely with the voltage and the resistance consequently increases. There is a considerable change in resistance within a narrow temperature range. Within this range the resistor can be used for control tasks. Due to the wide range of variation, a logarithmic scale is frequently used, making the ranges considerably easier to interpret.

8 Widerstands-Temperatur-Kennlinie

a) Ermitteln Sie für den P 390-C13 R_{min} und R_N ($R_N = 2 \cdot R_{min}$)

b) Wie groß ist die Widerstandsänderung des P 390-C13 zwischen 130°C und 150°C?

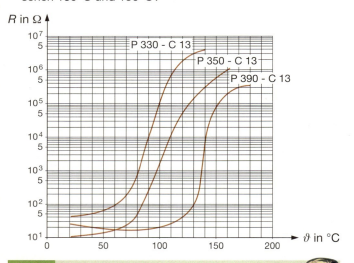

9 Füllstandsanzeige

Kaltleiter lassen sich direkt zur Regelung oder als Schalter einsetzen. Die Abbildung zeigt die Strom-Spannungs-Kennlinie eines Kaltleiters, der sich zur Füllstandsmessung in einem Öltank befindet. Der Kaltleiter wird mit 20 V betrieben, er ist also auf eine bestimmte Temperatur aufgeheizt.

a) Erklären Sie die Wirkungsweise.

b) Zeichnen Sie einen Stromlaufplan mit einer einfachen Signalanzeige, wenn der Öltank gefüllt ist (Kaltleiter, Spannungsquelle, Relais, Signallampe).

c) Um wie viel mA ändert sich die Stromstärke im Relais von Teil b) dieses Auftrags ($R_{Rel} \ll R_{PTC}$)?

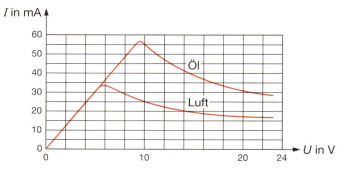

10 Überlastschutz

In der Abbildung ist die Strom-Spannungs-Kennline eines Kaltleiters zu sehen.

a) Ermitteln Sie den Widerstand bei 25 V.

b) In der Abbildung befinden sich vier Kennlinien für vier verschiedene Umgebungstemperaturen. Welche Temperatur ist die größte?

c) Der Kaltleiter wird als Überlastschutz bei ϑ_1 eingesetzt. Die Betriebsspannung beträgt 300 V. Im Normalbetrieb besitzt das zu schützende Gerät einen Widerstand von 12 kΩ. Im Störfall kann sich der Widerstand auf 170 Ω verringern. Wie groß sind dann die Stromstärke und die Spannungsaufteilung?

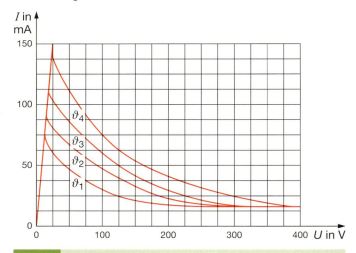

11 Heizungsregler

Kaltleiter eignen sich als Heizung für KFZ-Außenspiegel. Es befinden sich keine zusätzlichen Regelungselemente im Stromkreis.

Erklären Sie die grundsätzliche Wirkungsweise mit Hilfe einer Widerstands-Temperatur-Kennlinie.

12 Maschinenschutz

Erklären Sie mit Hilfe des englischen Katalogtextes den Maschinenschutz mit Hilfe eines PTCs.

An important application for the PTC resistor is the protection of electrical machinery against overheating. A circuit of this type is depicted in the Fig. The PTC resistor acts as a temperature sensor, mounted in close proximity to the heat source. Since the signal would not in this case be sufficient to actuate a relay, it is amplified by a transistor, which then controls the relay and thus the controlled system. The diode (recovery diode) connected in parallel with the relay prevents high induced voltages being created as a result of the changes in current level in the coil.

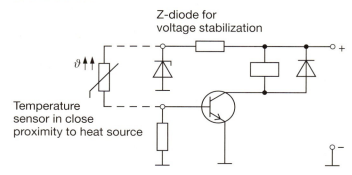

3 Steuerungen analysieren und anpassen
3.2.5 Temperatursensoren

13 Temperaturüberwachung

In einer neu installierten chemischen Anlage soll eine Prozesstemperatur überwacht werden.

Folgende Bedingungen sind für die elektrische Installation zu beachten bzw. einzuhalten.

- Die Entfernung zwischen der Messstelle und der Verarbeitung beträgt 25 m.
- Die Messung erfolgt im Temperaturbereich von 300 °C bis 350 °C.
- Es soll ein PT 100 eingesetzt werden.
- Für die Signalverarbeitung soll ein genormtes Stromsignal von 4 … 20 mA zur Verfügung stehen.

a) Überprüfen Sie mit den zur Verfügung gestellten Informationsmaterialien des Herstellers (Auszüge), ob mit dem Temperaturmessumformer die Bedingungen erfüllt werden können.

b) Beschreiben Sie die Arbeitsweise des Messumformers mit Hilfe des Stromlaufplanes (Quelle: www.phoenixcontact.com).

c) Entscheiden und begründen Sie, ob zwischen dem Sensor und dem Messumformer ein 2-Leiter-, 3-Leiter- oder 4-Leiter-Anschluss zu verwenden ist.

d) Wählen Sie eine entsprechende Leitung und überprüfen Sie durch Berechnung, ob der Leitungswiderstand eingehalten wird (Herstellervorgabe).

Temperature Measuring Transducer for PT100 MCR-SL-PT100-I-DC-24

1. Description

MCR-SL-PT100 temperature measuring transducers convert the measured values of the PT100 sensor (IEC rigid 751/EN 60751) into electrically standardized analog signals.

The sensor is supplied from the module with a low current. The resultant voltage drop is amplified in the module and converted into a signal, which is proportional to the temperature. The resistance characteristic is linearized by a microcontroller (µC).

To increase the process safety, the modules are equipped with 3-way isolation. 2-, 3-, and 4-wire PT100 sensors can be connected at the input. The temperature range, open-circuit response, and lower and upper measuring range limits can be configured using an order key.

Output signals:

- 0 … 20 mA or 4 … 20 mA for devices with current output
- 0 … 5 V or 0 … 10 V for devices with voltage output

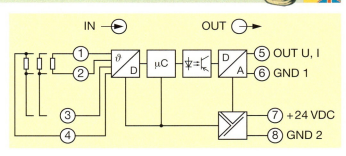

2-Wire Connection

- For short distances
- The cable resistors R_{L1} und R_{L2} directly affect the measuring result and falsify it (example for PT 100: 0,385 Ω ≙ 1 K).

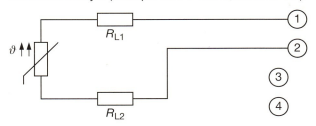

3-Wire Connection

- For longer distances between PT 100 sensor and MCR module with equal cable resistance ($R_{L1} = R_{L2} = R_{L3}$).
- The cable resistance per wire should not exceed 50 Ω.

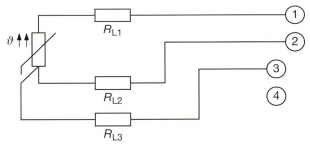

4-Wire Connection

- For longer distances between PT 100 sensor and MCR module with different cable resistance ($R_{L1} \neq R_{L2} \neq R_{L3} \neq R_{L4}$).
- The cable resistance per wire should not exceed 50 Ω.

Observe the cable lengths so that in the event of later adjustments to the device the housing can be opened during operation at the installation location.

In the event of later modifications to the connection method, please observe the configuration settings (DIP switches).

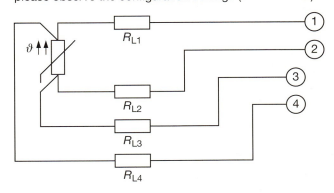

3 Steuerungen analysieren und anpassen
3.2.5 Temperatursensoren

14 Temperaturwächter

Die Anwendungsbeispiele verdeutlichen zwei Möglichkeiten für die Verwendung von Temperaturwächtern.

a) Erklären Sie die Funktion der einzelnen Stufen im Blockschaltbild des Temperaturwächters.
b) Beschreiben Sie die Arbeitsweise der Steuerungen A und B.
c) Ermitteln Sie Einstellmöglichkeiten mit Hilfe der technischen Daten aus dem Internet (www.phoenixcontact.com).

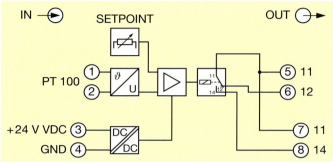

Steuerung A

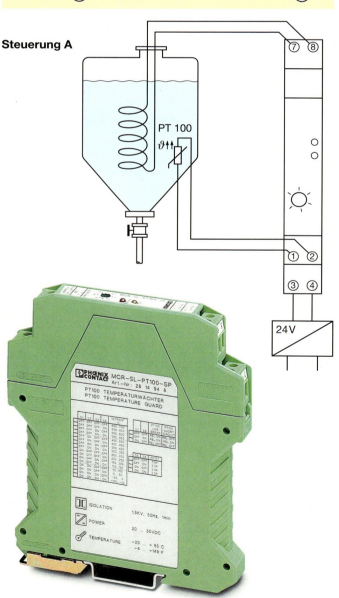

Steuerung B

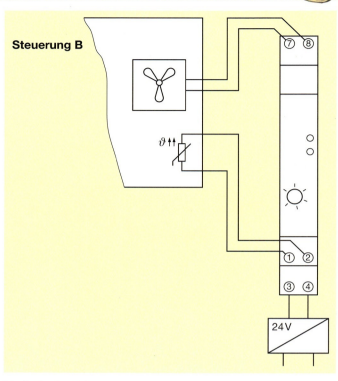

Technische Daten

Verwendbare Sensortypen (RTD)	PT 100 (IEC 751/EN 60751)
Temperaturmessbereich	−100 °C … 700 °C
Transmitterspeisestrom	ca. 1 mA
Anschlusstechnik	2-Leiter
Benennung Ausgang	Relaisausgang
Kontaktausführung	1 Wechsler
Kontaktmaterial	AgSnO, hartvergoldet
Schaltspannung maximal	30 V AC
Schaltspannung maximal	36 V DC
Schaltspannung maximal	250 V AC (bei zerstörter Goldschicht)
Grenzdauerstrom	50 mA
Grenzdauerstrom	2 A (bei zerstörter Goldschicht)
Anzugsverzögerungszeit	ca. 6 ms
Abfallverzögerungszeit	ca. 200 ms
Statusanzeige	LED rot (Kurzschluss/Drahtbruch)
Statusanzeige	LED gelb (Relais aktiv)
Versorgungsspannungsbereich	20 V DC … 30 V DC
Stromaufnahme maximal	< 30 mA
Leiterquerschnitt starr min.	0,2 mm²
Leiterquerschnitt starr max.	2,5 mm²
Leiterquerschnitt flexibel min.	0,2 mm²
Leiterquerschnitt flexibel max.	2,5 mm²

3 Steuerungen analysieren und anpassen
3.2.5 Temperatursensoren

15 Haushaltselektronik

Die Abbildung verdeutlicht die prinzipielle Arbeitsweise einer elektronisch kontrollierten Waschmaschine/Wäschetrockner.
Ermitteln Sie, wo Temperatursensoren eingesetzt werden und welche Steuerungs- bzw. Regelungsaufgabe sie übernehmen.
ECU: Elektronische Kontrolleinheit

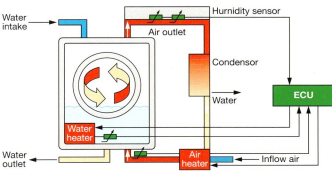
Electronically controlled washing machine/tumble dryer

16 Automobilelektronik

Die Abbildung verdeutlicht die prinzipielle Arbeitsweise einer Fahrzeugklimatisierung.
Ermitteln Sie, wo Temperatursensoren eingesetzt werden und welche Steuerungs- bzw. Regelungsaufgabe sie übernehmen.
ECU: Elektronische Kontrolleinheit

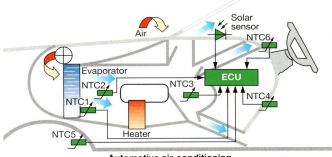
Automotive air-conditioning

NTC 1: Evaporator sensor
NTC 2: Evaporator air sensor
NTC 3: Air mix sensor
NTC 4: Interior temperature sensor
NTC 5: External temperature sensor
NTC 6: Air outlet temperature sensor

17 Heizungselektronik

Die Abbildung verdeutlicht die prinzipielle Arbeitsweise einer Heizungsanlage.
Ermitteln Sie, wo Temperatursensoren eingesetzt werden und welche Steuerungs- bzw. Regelungsaufgabe sie übernehmen.
ECU: Elektronische Kontrolleinheit

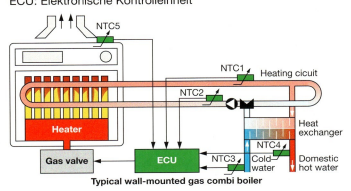
Typical wall-mounted gas combi boiler

18 Kennlinienvergleich

In den Diagrammen sind Kennlinien unterschiedlicher Temperatursensoren dargestellt.
Stellen Sie fest, um welche Sensoren es sich dabei handelt und kennzeichnen Sie Aufgabenbereiche.

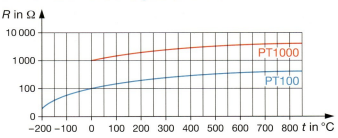
Kennline 1

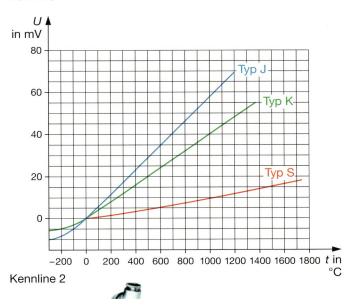
Kennline 2

Typ J: Fe/CuNi
Typ K: NiCr/NiAl
Typ S: Pt/RhPt

19 Vierleiter-Anschlusstechnik

Temperatursensoren können mit zwei Leitern oder wie abgebildet mit vier Leitern angeschlossen werden. Die Vierleiter-Anschlusstechnik besitzt gegenüber der Zweileiter-Anschlusstechnik Vorteile.
Informieren Sie sich darüber und stellen Sie Ihre Ergebnisse kurz dar.

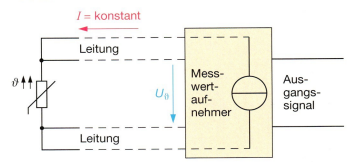

3 Steuerungen analysieren und anpassen
3.3 Ausschusserkennung

1 Wegsensor

An die Linearität von Potenziometern werden besondere Anforderungen gestellt.

Begründen Sie, warum lineare Potenziometer häufiger eingesetzt werden.

2 Schwellwertschalter

a) Beschreiben Sie die Funktion eines Schwellwertschalters.

b) Beschreiben Sie, wofür Schwellwertschalter im Allgemeinen verwendet werden.

3 Materialhöhe

Zur Ermittlung von Ausschussteilen in einer Fertigung werden von der Entwicklungsabteilung zwei unterschiedliche Verfahren zur Höhenmessung vorgeschlagen:

1. Mit Hilfe eines Weg-Sensors soll ein Analogwert erzeugt werden, der mit einem Schmitt-Trigger digitalisiert wird.
2. Drei Näherungssensoren werden in unterschiedlicher Nähe montiert. So können mit den drei digitalen Signalen direkt Rückschlüsse auf die Werkstückhöhe geschlossen werden.

a) Entwickeln Sie jeweils ein Technologieschema für die Erkennung.

b) Beschreiben Sie die Messverfahren und zeigen Sie Vor- und Nachteile auf, die sich durch die Messverfahren ergeben.

4 Bohrtisch

Ein Bohrautomat für die automatisierte Fertigung von Platinen in der Serienfertigung verfügt über einen beweglichen Tisch, auf dem die Platine fixiert ist. Der Tisch wird von zwei Motoren so bewegt, dass die jeweilige Bohrposition erreicht wird. Zur Bestimmung des zurückgelegten Wegs werden Durchlichtmaßstäbe verwendet. Das Messprinzip ist in der folgenden Abbildung dargestellt.

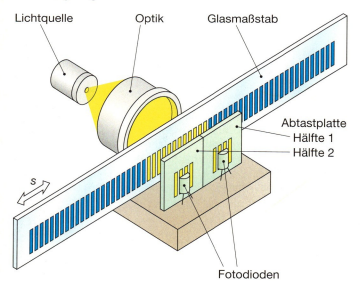

a) Beschreiben Sie, wie die Position des Tisches mit zwei Durchlichtmaßstäben erfasst werden kann.

b) Welche Vor- und Nachteile ergeben sich durch das Messverfahren gegenüber der Positionsermittlung mit Potenziometern?

5 Sortieranlage

In einer Metallsortier-Anlage sind Metallabfälle soweit mechanisch vorsortiert worden, dass fast nur noch metallische Werkstoffe auf einem Band hintereinander liegen. Stellenweise befinden sich jedoch noch Isolationsmaterialien aus Kunststoff (PVC) auf dem Band, die mechanisch entfernt werden sollen.

Wählen Sie geeignete Sensoren, mit denen zwischen metallischem und nichtmetallischem Abfall unterschieden werden kann.

Hinweis: Ein einzelner Sensor reicht nicht aus.

6 Endkontrolle

In der Endkontrolle eines Leuchtmittelherstellers soll geprüft werden, ob die geschlossenen Karton-Verpackungen einwandfrei mit Leuchten bestückt wurden.

Begründen Sie, warum hier ein kapazitiver Sensor eingesetzt wird.

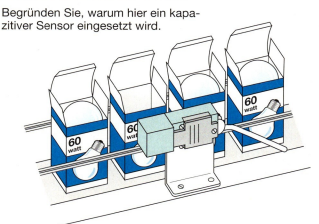

7 Umwelteinfluss

Mit Hilfe eines induktiven und eines kapazitiven Näherungssensors werden im Außenbereich einer Firma unterschiedliche Materialien identifiziert. Bei Wetterlagen mit hoher Luftfeuchtigkeit (Regen, Nebel) arbeitet diese Materialerkennung fehlerhaft.

Begründen Sie, warum der Fehler auftritt.

8 Werkstückabstand

Mit Hilfe eines induktiven Sensors sollen Messing-Werkstücke erfasst werden. Der Abstand zwischen Werkstück und Sensor beträgt 100 mm. Der Bemessungsschaltabstand des Sensors ist im Datenblatt mit 200 mm angegeben. Dennoch erfasst der Sensor die Werkstücke nicht korrekt.

a) Begründen Sie rechnerisch, warum der Sensor die Werkstücke nicht erfasst.

b) Zeigen Sie mögliche Lösungen auf (induktive Näherungssensoren werden mit Nennschaltabständen bis ca. 250 mm hergestellt).

9 Materialerkennung

In einem Lebensmittel verarbeitenden Betrieb wird Spinat verarbeitet. Dieser wird im Prozess vollständig zubereitet, in Portionseinheiten verpackt und abschließend schockgefroren.

Um zu prüfen, ob der Spinat in den Kartons vollständig durchgefroren ist, werden diese an einem kapazitiven Näherungssensor vorbeitransportiert.

Beschreiben Sie, wie mit einem kapazitiven Näherungssensor der Aggregatzustand des Spinats erfasst werden kann.

3 Steuerungen analysieren und anpassen
3.3.3 Optische Sensoren

1 LDR-Widerstandskennlinie

In einer Helligkeitssteuerung befindet sich als lichtempfindlicher Sensor ein LDR. Der Widerstand in Abhängigkeit von der Beleuchtungsstärke E in Lux (lx) ist in dem Diagramm dargestellt. Für die Steuerung werden sich die Beleuchtungsstärken von 10 lx bis 10^3 ändern. Welche Widerstandsänderung wird dadurch beim LDR hervorgerufen?

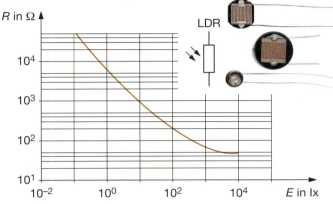

2 LDR-Strom-Spannungs-Kennlinie

In einer Laborschaltung wird das Strom-Spannungsverhalten eines LDR bei verschiedenen Beleuchtungsstärken gemessen.

Die ermittelten Kennlinien sollen wie folgt ausgewertet werden:
a) Wie groß sind für alle Kennlinien die Widerstände bei 10 V?
b) Wie verhält sich der Widerstand des LDR im Vergleich zu einem linearen Widerstand?
c) Die Verlustleistung des LDR beträgt 100 mW. Bis zu welcher Spannung darf der Widerstand für die verschiedenen Beleuchtungsstärken betrieben werden?

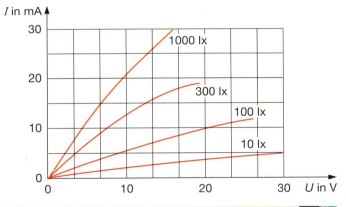

3 Tageslichtsteuerung

Beschreiben Sie die abgebildete Steuerung und verwenden Sie dabei die Begriffe Führungsgröße, Steuergerät, Stellglied und Steuerstrecke.

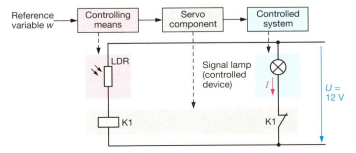

4 LDR im Spannungsteiler

Ein Spannungsteiler enthält einen Wirkwiderstand und einen lichtabhängigen Widerstand. Die Betriebsspannung ist konstant. Wie verändern sich R_{LDR}, I, die Einzelspannungen U_{LDR} und U_R, wenn die Beleuchtungsstärke steigt?

5 Überwachung der Beleuchtungsstärke

Mit dem LDR wird die Helligkeit der Signallampe P1 überwacht. Sie soll dann aufleuchten, wenn eine bestimmte Beleuchtungsstärke überschritten wird.

a) Bei welcher Beleuchtungsstärke ist das der Fall, wenn der Widerstand des Relais 140 Ω beträgt und die Anzugsstromstärke 0,1 A groß ist?
b) Bei welcher Beleuchtungsstärke erlischt P1 wieder, wenn K1 eine Haltestromstärke von 50 mA benötigt?

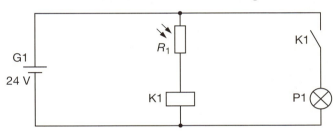

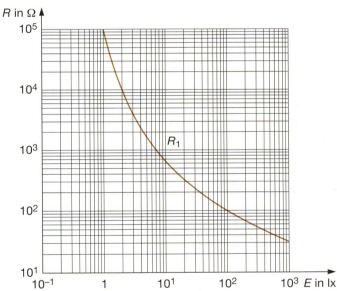

6 Rufanlage mit Signalspeicherung

In der Abbildung ist eine einfache Rufanlage mit Rufspeicherung zu sehen. Die Signallampe ist so angeordnet, dass sie den LDR beleuchten kann.

Erklären Sie die Funktion der Schaltung.

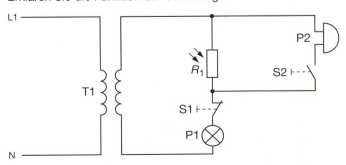

3 Steuerungen analysieren und anpassen
3.3.3 Optische Sensoren

7 Prinzip Einweglichtschranke

In dem Bild ist die grundsätzliche Arbeitsweise einer Einweglichtschranke dargestellt.
Informieren Sie sich über die Funktion (z. B. www.balluff.de) und formulieren Sie einen kurzen Text zur Arbeitsweise.

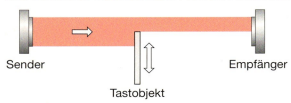

8 Erfassungsbereich einer Einweglichtschranke

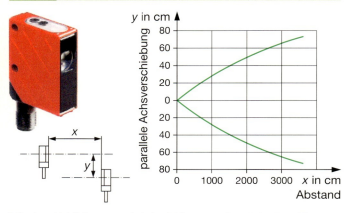

Mit den Abbildungen wird der Erfassungsbereich einer Einweglichtschranke dargestellt (Katalogauszug eines Herstellers). Erklären Sie mit Hilfe dieser Unterlagen den Einsatzbereich der Lichtschranke.

9 Reflexionslichtschranke

In der Abbildung ist die grundsätzliche Arbeitsweise einer Reflexionslichtschranke dargestellt.
Informieren Sie sich über die Funktion (z. B. www.balluff.de) und formulieren Sie einen kurzen Text zur Arbeitsweise.

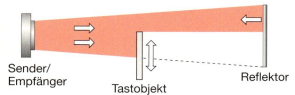

10 Reflexionslichttaster

In dem Bild ist die grundsätzliche Arbeitsweise eines Reflexionslichttasters dargestellt.
Informieren Sie sich über die Funktion (z. B. www.balluff.de) und formulieren Sie einen kurzen Text zur Arbeitsweise.

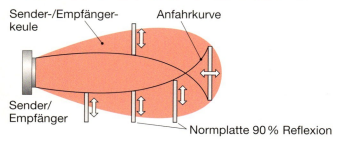

11 Erfassungsbereich eines Reflexionslichttasters

Mit den Abbildungen wird der Erfassungsbereich eines Reflexionslichttasters dargestellt (Katalogauszug eines Herstellers). Erklären Sie mit Hilfe dieser Unterlagen Eigenschaften und mögliche Einsatzbereiche des Tasters.

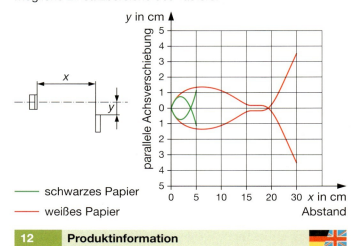

12 Produktinformation

Informieren Sie sich über den Inhalt der dargestellten Produktinformation und erstellen Sie einen sinngemäßen deutschen Text.

Diffuse sensors

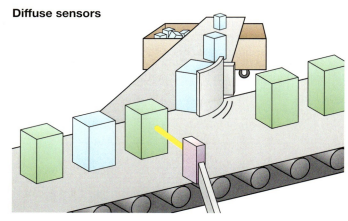

The emitter and receiver are in the same housing. The emitter sends out a beam of pulsed red or infrared light which is reflected directly by the target. When the beam of light hits the target (at any angle), it is diffused in all directions and some light is reflected back. The receiver sees only a small portion of the original light, switching the sensor when a target is detected within the effective scan range.

- **Features**:
  The sensing range depends largely on the reflective properties of the target's surface.
- Suitable for distinguishing between black and white targets.
- Relatively large active range.
- Positioning and monitoring with only one sensor.

Typical applications:
- Distinguishing and sorting of objects according to their volume or degree of reflection.
- Counting of objects.
- Presence detection of boxes.

3 Steuerungen analysieren und anpassen
3.3.3 Optische Sensoren

13 Anwendungen von Lichtsensoren

In den Abbildungen sind Anwendungsbeispiele für Lichtsensoren dargestellt. Welche der Gruppen A) bis C) können mit Reflexionslichtschranken bzw. Einweglichtschranken realisiert werden?

In jedem Beispiel wird ein bestimmtes Mess- bzw. Steuerungsverfahren angewendet. Finden Sie für jedes Beispiel a) bis i) einen Begriff bzw. eine Umschreibung.

Beispiele:
Höhenüberwachung, Objekterkennung, Materialflusskontrolle, Montagekontrolle, Anwesenheitskontrolle, Erkennen von transparenten Objekten, Kantenerkennung, Zahnflankenerkennung, Erkennen kleinster Teile.

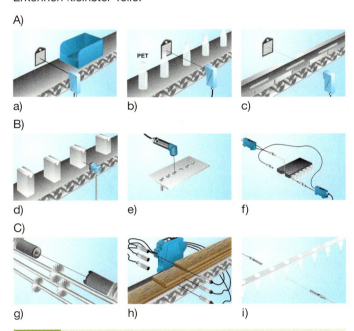

14 Teilesortierung

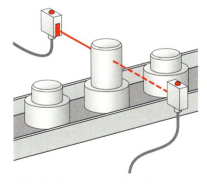

Die Abbildung zeigt das Prinzip einer Teilesortierung mit Hilfe von Lichtsensoren.

Beschreiben Sie das Verfahren und geben Sie die verwendbaren optischen Sensoren an.

15 Zählen

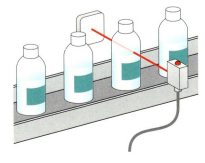

Die Abbildung zeigt das Prinzip eines Zählverfahrens mit Hilfe von Lichtsensoren.

Beschreiben Sie das Verfahren und geben Sie die verwendbaren optischen Sensoren an.

16 Auswahl von Lichtschranken

In den abgebildeten Prinzipzeichnungen werden Lichtschranken zur Steuerung eingesetzt. Ermitteln und begründen Sie, welche Lichtschranktypen eingesetzt werden.

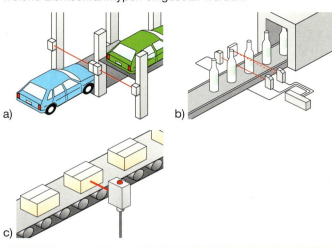

17 Gabellichtschranke

Informieren Sie sich über die Arbeitsweise und Anwendungsmöglichkeiten von Gabellichtschranken und stellen Sie dieses schriftlich dar.

18 Polarisation

Informieren Sie sich über die Arbeitsweise des Sensors und beschreiben Sie die Funktion.

Darüber hinaus informieren Sie sich mit Hilfe von Büchern, Internet usw. über die Funktionsweise von Polarisationsfiltern und erklären Sie die Arbeitsweise.

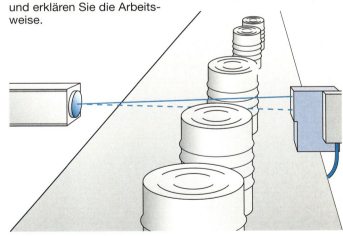

Retro-reflective sensors with polarization filters correctly recognize highly reflective objects. The polarizing filter prevents false switching with shiny objects. Only the stray and unpolarized light from the reflector actuates the sensor.

Features:
Similar to retro-reflective sensors, but with the added advantage of being able to accurately distinguish shiny objects.

Typical applications:
Monitoring shiny cans on a conveyor belt.

3 Steuerungen analysieren und anpassen
3.3.4 Elektropneumatische Objekte

1 Bezeichnung elektropneumat. Objekte

Übernehmen Sie die Tabelle und geben Sie für die folgenden Objekte die Bezeichnung in Deutsch und Englisch an.

Symbol	Bezeichnung (Deutsch)	Bezeichnung (Englisch)
⊟⫯⩘		
⊟⫯		
3/2-Wegeventil		
5/2-Wegeventil		
Q1 A1/A2		
Drossel		

2 Ventilfunktion

a) Benennen Sie die Ventile.
b) Beschreiben Sie die Funktionen.
c) Geben Sie je ein Verwendungsbeispiel an.
d) Benennen Sie die Ziffern ①…⑥.

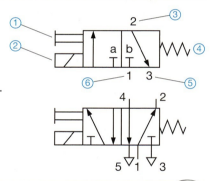

3 Pneumatik

Ermitteln Sie das senkrechte Lösungswort.

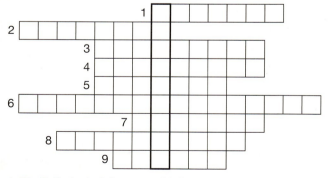

1: Ein Zylinder bei dem sowohl der Vor- als auch der Rückhub mit Druckluft ausgeführt wird, wirkt …
2: Aktor, der lineare Bewegungen ausführt
3: engl. Druckluft
4: Hier werden an Ventilen die Leitungen „montiert"
5: Werden Ventile „elektrisch" betätigt, spricht man von einer …-pneumatischen Steuerung
6: Reduziert die Abluft: Drossel…
7: Ist auf dem 3/2-Wege-Ventil mit 3 gekennzeichnet (früher A)
8: Ist auf dem 5/2-Wege-Ventil mit 3 oder 5 gekennzeichnet
9: engl. einfachwirkender Zylinder, 2. Wort

4 Prägemaschine

Da für eine Prägemaschine keine Dokumentation mehr vorliegt, hat ein älterer Kollege folgenden Plan skizziert.

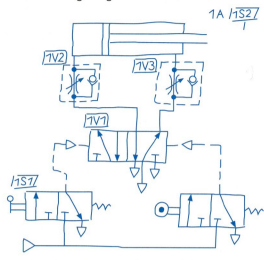

Ihre Aufgabe ist es, eine neue Dokumentation zu erstellen.

Die folgenden Fragen werden Ihnen dabei helfen:
a) Um welche Art von Ventilen (1S1, 1S2 und 1V1, 1V2 und 1V3) und Zylinder handelt es sich? Begründen Sie Ihre Antwort.
b) Erklären Sie am Beispiel 1V3 die Bestandteile der Objektkennzeichnung. Lässt sich aus der Kennzeichnung der Ventiltyp ableiten?
c) Wodurch werden die Ventile betätigt?
d) Wozu dienen die Ventile 1V2 und 1V3?
e) In dem Plan ist die Objektkennzeichnung 1S2 mit einem „Strich" neben dem Zylinder 1A eingetragen. Welche Bedeutung hat dieser Eintrag?
f) Beschreiben Sie die Funktion der Schaltung.
g) Zeichnen Sie den Plan mit korrekter Beschriftung.

Hinweis: Ähnlich der Betätigungssymbole für elektrische Bedienelemente werden auch pneumatische Ventile entsprechend gekennzeichnet. Dabei wird auf der linken Seite die Form der Betätigung, auf der rechten Seite die der Rückstellung dargestellt.

Beispiel: Das Ventil wird mechanisch durch ein Pedal betätigt und durch Federkraft rückgestellt.

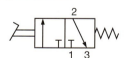

Ventile können mechanisch, durch Muskelkraft oder durch Druck betätigt werden:

Wird ein Ventil durch Druck (z. B. Druckluft) betätigt, wird dies durch einen Pfeil gekennzeichnet.

Mechanische Komponenten	
Betätigung durch Muskelkraft	Mechanische Betätigung
allgemein	Taster, Stößel
Druckknopf, Taster	Rolle
Hebel	Rolle, nur in einer Richtung arbeitend
Pedal	Feder

3 Steuerungen analysieren und anpassen
3.4.1 Schütze und Relais

1 Kennzeichnung von Schützen

Aus den Kennzeichnungen in den Abbildungen des Hauptschützes (Lastschutz) und Hilfsschützes sollen Einsatzmöglichkeiten herausgefunden werden. Folgende Fragen tauchen dabei auf und sollen beantwortet werden:
a) Welche Bedeutung haben die Bezeichnungen A1 und A2 sowie die Ziffern an den Schaltgliedern?
b) Was bedeuten NO und NC auf dem Schütz?
c) Was sind Haupt- und Hilfsschaltglieder?
d) Worin unterscheidet sich ein Hauptschütz von einem Hilfsschütz?

Hauptschütz

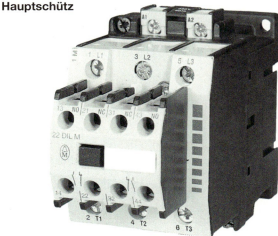

Kennzahl 22 (2 Schließer + 2 Öffner)

Hilfsschütz

obere Schaltglied-Etage

untere Schaltglied-Etage

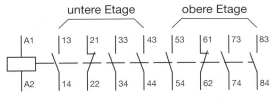

Kennzahl 62 (6 Schließer + 2 Öffner)

2 Schaltfolgediagramm

Die Schaltwege, die einzelne Schaltglieder in einem Schütz zurücklegen, können unterschiedlich sein. Zur Kennzeichnung der einzelnen Schaltwege verwendet man Schaltfolgediagramme.

Interpretieren Sie das abgebildete Schaltfolgediagramm in Verbindung mit dem abgebildeten Schütz.

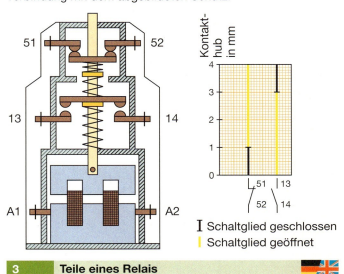

| Schaltglied geschlossen
| Schaltglied geöffnet

3 Teile eines Relais

Ermitteln Sie die deutschen Bezeichnungen für die Teile des Relais.

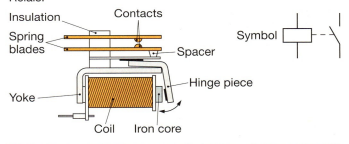

4 Relaisbeschaltungen

Bei dem Einsatz von Relais muss die Art der Ansteuerspannung beachtet werden. Dementsprechend gibt es verschiedene Eingangsschaltungen, die häufig integriert sind.

Aus den technischen Unterlagen eines Herstellers sind die folgenden Schaltungen A, B und C entnommen.

Beschreiben Sie die Funktion der zusätzlichen Bauelemente.

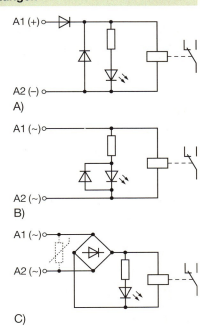

3 Steuerungen analysieren und anpassen
3.4.1 Schütze und Relais

5 Schützbezeichnung

Übernehmen Sie die folgende Tabelle und ergänzen Sie diese.

Symbol	Bezeichnung
	Hauptschütz mit 3 Kontakten
	Hilfsschütz mit 3 Schließer-Kontakten
	Hauptschütz mit 3 Hauptkontakten und 4 Hilfskontakten (3 Schließer; 1 Öffner)

6 Schützkennzeichnung

Die folgenden Schaltzeichen sind unvollständig und/oder fehlerhaft gekennzeichnet.

a) Nennen Sie die Fehler bzw. unvollständigen Symbole.
b) Zeichnen Sie die Schütze mit korrekter Kennzeichnung neu.

7 Kennzahlen

Damit Schütze im Fehlerfall möglichst schnell ersetzt werden können, werden sie mit Kennzahlen versehen, die die Kontakte nach folgendem Schema angeben:

z.B. 3 2 0 1

Anzahl der Schließer (1. Kennziffer)
Anzahl der Öffner (2. Kennziffer)
Anzahl der Wechsler (3. Kennziffer)
Anzahl der Spezialschaltglieder (4. Kennziffer)

(3. und 4. Kennziffer können entfallen, wenn keine entsprechenden Kontakte vorhanden sind)

Geben Sie für folgende Schütze die Kennziffer bzw. die Kontakte an:

a) Hilfsrelais mit zwei Wechslerkontakten
b) Hilfsschütz mit 3 Schließer- und 1 Öffnerkontakt
c) 22
d) 4100

8 Kurzreferat

Sie sollen in Ihrer Klasse ein Kurzreferat über die Unterschiede zwischen Schützen und Relais vorbereiten. Skizzieren Sie den schematischen Aufbau und erstellen Sie ein Redeskript. Informieren Sie sich gegebenenfalls im Internet.

9 Zeitrelaiseinstellungen

Auf dem „Beipackzettel" eines Zeitrelais ist nur die folgende Grafik abgedruckt. Übersetzen Sie die Beschriftung.

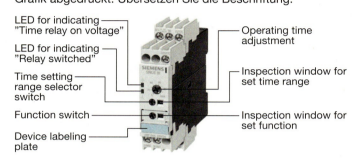

10 Verzögerungsrelais

Mit Hilfe eines Schreibers sind die beiden Schaltfolgediagramme I und II aufgenommen worden.

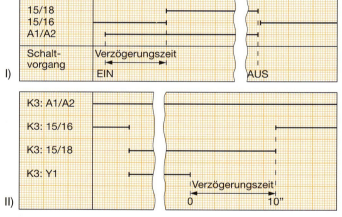

a) Beschreiben Sie die Unterschiede zwischen den Funktionen die in den Diagrammen dargestellt sind.
b) Ordnen Sie die Diagramme je einem Verzögerungsrelais zu und begründen Sie Ihre Entscheidungen.
c) Skizzieren Sie die zugehörigen Schaltzeichen.

11 Schaltungsanalyse

In dem Schaltplan sind einige Schütze und Relais dargestellt.

a) Beschreiben Sie die Funktionen der Schütze und Relais.
b) Zeichnen Sie die Schaltzeichen der Schütze und Relais.

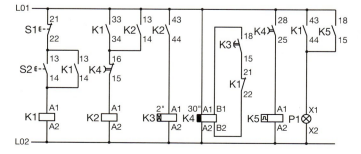

3 Steuerungen analysieren und anpassen
3.4.2 Verknüpfungen mit Schützen

1 Lichtüberwachung

Nur wenn eine der zwei Türen offen sind (B1 oder B2 geschlossen) und das Licht an ist (Q1 geschlossen) und die Zündung ausgeschaltet ist (Q2 geöffnet) soll P1 Signal geben.

Skizzieren Sie eine Schützschaltung in aufgelöster Darstellung.

2 Materialerkennung

Die Eigenschaften verschiedener Materialien sollen erkannt und ausgewertet werden. Die Sensoren B1 und B2 erkennen unterschiedliche Merkmale (schließen den Kontakt):

B1 … Metall
B2 … Große Teile

Skizzieren Sie für a) bis c) die Stromlaufpläne.

a) P1 soll bei kleinen Nichtmetallen leuchten.
b) P1 soll bei kleinen Metallen oder großen Nichtmetallen leuchten.
c) P1 soll bei kleinen Nichtmetallen oder bei großen Metallen leuchten.

3 Sicherheitsschaltung

Eine Tür zu einem Kernkraftwerk ist durch einen Sicherheitscode geschützt. Nur wenn die acht Kippschalter in der Kombination geschaltet sind, lässt sich über S0 die Tür öffnen.

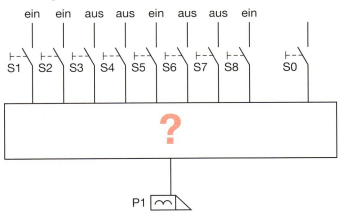

a) Skizzieren Sie eine Schützschaltung in aufgelöster Darstellung.
b) Für das Einstellen einer Kombination und das Betätigen von S0 benötigt man zehn Sekunden. Wie lange würde es dauern, bis alle Möglichkeiten durchgetestet wären?
c) Die Anzahl der Kippschalter wird auf 10 erhöht, wie lange dauert jetzt der Testvorgang?

4 Höhenkontrolle

Ein Tunnel soll vor der Einfahrt zu hoher Fahrzeuge geschützt werden.

Mit S1 soll die Überwachung in Betrieb genommen werden, die Ampel zeigt „GRÜN".

S2 schaltet die Überwachung aus, die Ampel zeigt „ROT".

Wird die Höhenkontrolle ausgelöst, so soll die Ampel von GRÜN auf ROT wechseln – in der Warte leuchtet P1.

Dieser Zustand soll so lange gehalten bleiben, bis mit S1 die Anlage wieder freigegeben wird.

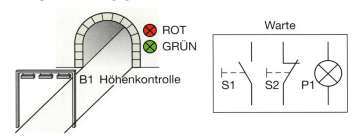

a) Skizzieren Sie einen Stromlaufplan in aufgelöster Darstellung.
b) Skizzieren Sie einen Stromlaufplan in zusammenhängender Darstellung, um die Anzahl der Adern zwischen den einzelnen Objekten festzulegen.

5 Motorüberwachung

Die grundlegenden Funktionen eines Motors sollen überwacht werden.

Ein Alarm soll erfolgen, wenn
- der Öldruck zu gering,
- die Kühlwassertemperatur zu hoch oder
- die Drehzahl nicht normal ist.

P1 signalisiert den Alarm optisch, P2 akustisch.

P1 soll mit S1 und P2 mit S2 abgeschaltet werden können.

Die im Technologieschema angegebene Kontaktstellung der Sensoren entspricht dem Normalbetrieb.

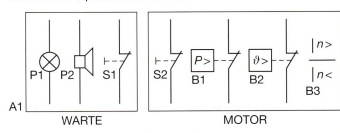

a) Begründen Sie, warum S2 räumlich dem Motor zugeordnet ist.
b) Begründen Sie die Verwendung von Sensoren mit Öffnerkontakten.
c) Skizzieren Sie einen Stromlaufplan in aufgelöster Darstellung.
d) Skizzieren Sie einen Stromlaufplan in zusammenhängender Darstellung, um die Anzahl der Adern zwischen den einzelnen Objekten festzulegen.

3 Steuerungen analysieren und anpassen
3.4.4 Logische Verknüpfungen

1 Wertetabelle

In einer Schaltung befinden sich die abgebildeten vier Logikbausteine. Um die Funktion innerhalb der Schaltung verstehen zu können, soll für jeden Baustein die Wertetabelle aufgestellt werden.

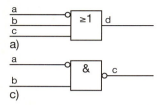
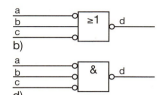

2 Ausstiegstür

Die Ausstiegstür eines Busses (Normalfall) darf nur dann automatisch aufgehen ($\triangleq 1$), wenn
- der Wagen hält ($\triangleq 0$),
- der Ausstiegsknopf betätigt wurde ($\triangleq 1$) und
- das pneumatische Drucksystem funktioniert ($\triangleq 1$).

a) Erstellen Sie die Wertetabelle.
b) Zeichnen Sie für diese logische Verknüpfung das Schaltzeichen des Bausteins.

3 Waschmaschine

Der Waschvorgang einer Waschmaschine wird unterbrochen ($\triangleq 0$), wenn
- die Tür geöffnet wird (Schalter geöffnet, $\triangleq 0$),
- der Wasserdruck aussetzt ($\triangleq 0$) oder
- der Motor überlastet wird ($\triangleq 0$).

a) Stellen Sie die Wertetabelle auf.
b) Zeichnen Sie das Schaltzeichen für den erforderlichen Baustein.

4 Stellwerkssteuerung

Die Signalanlage eines Stellwerks soll nur dann für einen Zug auf „Freie Fahrt" geschaltet werden können ($\triangleq 1$), wenn
- die Strecke des Zuges frei ist ($\triangleq 1$),
- sich kein Zug auf dieser Kurvenstrecke auf dem Nebengleis befindet ($\triangleq 1$) und
- das Signal für den Halt noch nicht freigegeben ist ($\triangleq 0$).

a) Stellen Sie die Wertetabelle auf.
b) Zeichnen Sie die logische Verknüpfungsschaltung für die drei Signale.

5 Kesselheizung

Die Heizung eines Kessels darf nur dann schaltbar sein ($\triangleq 1$), wenn
- ausreichend Wasser im Kessel ist ($\triangleq 1$),
- die Heizung eingeschaltet ist ($\triangleq 1$),
- die Temperatur noch nicht ihren Höchstwert erreicht hat ($\triangleq 1$) und
- die Ölzufuhr gewährleistet ist ($\triangleq 1$).

a) Erstellen Sie die Wertetabelle.
b) Zeichnen Sie für diese logische Verknüpfung das Schaltzeichen für den Baustein.

6 Schaltungsentwurf (zwei Eingänge)

Zeichnen Sie gemäß der Wertetabelle die Verknüpfungsschaltung mit folgenden Bausteinen:
- zwei NICHT-Glieder,
- zwei UND-Glieder,
- ein ODER-Glied.

a, b: Eingangsvariablen
c: Ausgangsvariable

a	b	c
1	1	0
1	0	1
0	1	1
0	0	0

7 Signal-Zeit-Verläufe bei zwei Eingängen

Bei verschiedenen Logikbausteinen mit zwei Eingängen und einem Ausgang werden die Signalverläufe a) bis f) auf einem Speicheroszilloskop abgebildet.

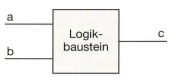

Eingangsspannungen: U_a, U_b Ausgangsspannung: U_c

Stellen Sie für die abgebildeten Liniendiagramme die dazugehörigen Wertetabellen auf und zeichnen Sie das jeweilige Schaltzeichen.

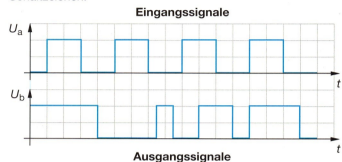

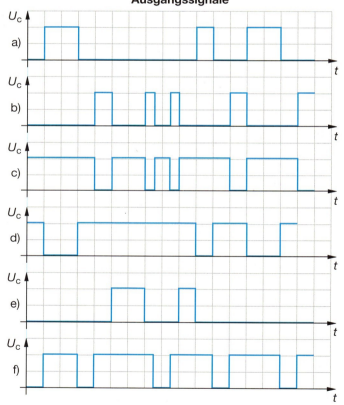

8 Schaltungsentwurf (vier Eingänge)

Eine Steuerung soll das Logikverhalten der abgebildeten Wertetabelle besitzen. Zeichnen Sie die Schaltung
a) nur mit drei UND-Gliedern und
b) nur mit drei NAND-Gliedern.

a, b, c, d: Eingangsvariablen   e: Ausgangsvariable

a	1	1	1	1	1	1	1	1	0	0	0	0	0	0	0	0
b	1	1	1	1	0	0	0	0	1	1	1	1	0	0	0	0
c	1	1	0	0	1	1	0	0	1	1	0	0	1	1	0	0
d	1	0	1	0	1	0	1	0	1	0	1	0	1	0	1	0
e	1	0	0	0	0	0	0	0	0	0	0	0	0	0	0	0

3 Steuerungen analysieren und anpassen
3.4.4 Logische Verknüpfungen

9 Sprechanlage

In einer Sprechanlage sind die folgenden logischen Verknüpfungen realisiert:
- Ein Anruf aus dem Verkauf soll vorrangig in das Sekretariat (Ausgang) gelangen (Signal b).
- Die Werkstatt kann sich nur dann mit dem Sekretariat in Verbindung setzen, wenn vom Verkauf kein Gespräch geführt wird (Signal c).
- Das Lager kann nur dann Verbindung mit dem Sekretariat aufnehmen, wenn Werkstatt oder Verkauf nicht sprechen (Signal a).

Übernehmen Sie den Plan und ergänzen Sie die fehlenden Symbole der Verknüpfungsschaltung.

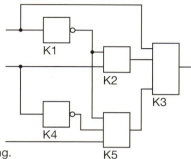

10 Signal-Zeit-Verläufe bei drei Eingängen

Für verschiedene Logikbausteine mit drei Eingängen und einem Ausgang wurden die abgebildeten Signalverläufe ermittelt.

Eingangsspannungen: U_a, U_b, U_c Ausgangsspannung: U_d

Stellen Sie die Wertetabellen auf und zeichnen Sie das dazugehörige Schaltzeichen.

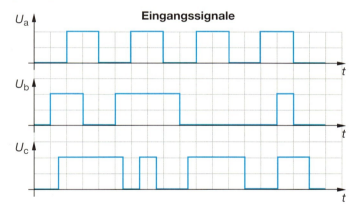

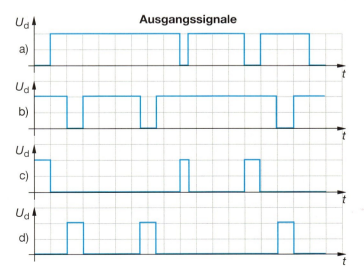

11 Kanalumschaltung

Die Abbildung zeigt, wie ein Kanalumschalter mit logischen Bausteinen aufgebaut sein kann.
Zeichnen Sie für die folgenden Fälle die Wertetabellen:
a) An den Eingängen c und d liegt das Signal 1.
b) An den Eingängen c und d liegt das Signal 1 und Schalter S1 wird umgeschaltet.

Wertetabelle:

a	b	c	d	e	f	g
		1	1			

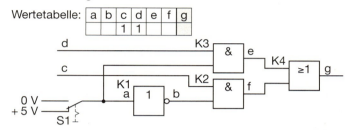

12 Unterscheidung

Die Schaltung dient z. B. dazu, bei einem Drucker Groß- und Kleinschreibung, Sonderzeichen usw. zu unterscheiden. In der Schaltung können bei entsprechenden Signalen an den Eingängen a und b und an den Ausgängen c bis f 1-Signale entstehen.
Erklären Sie die Arbeitsweise mit Hilfe einer Wertetabelle.

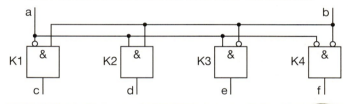

13 Temperaturüberwachung

Ein chemischer Prozess wird durch die Temperatursensoren B1, B2 und B3 in überwacht. An den Ausgängen der Sensoren liegen bei Überschreiten einer kritischen Temperatur jeweils 1-Signale (binäres Verhalten der Sensoren). Diese drei Eingangssignale an a, b und c sind durch Logikbausteine (UND- bzw. ODER-Glieder mit zwei Eingängen) verknüpft. Es ergeben sich zwei Ausgangssignale an x und y, die in Anzeige- und Signaleinrichtungen weiterverarbeitet werden (P1 und P2).

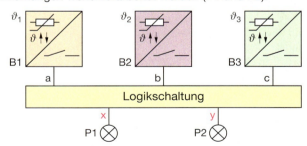

Die Logikschaltung soll folgendes in einer Wertetabelle dargestellte Verhalten zeigen:

a) Formulieren Sie in Worten das Ausgangsverhalten der Logikschaltung (z. B.: Ausgang x befindet sich im 1-Zustand, wenn …) und geben Sie eine mögliche Bedeutung des Signals für das Überwachungspersonal an.

Eingangsvariable			Ausgangsvariable					
a	b	c	d	x	e	f	g	h	y
0	0	0	0	0	0	0	0	0	0
0	0	1	1	1	0	0	0	0	0
0	1	0	1	1	0	0	0	0	0
0	1	1	1	1	0	0	0	0	1
1	0	0	1	1	0	0	0	0	0
1	0	1	1	1	0	0	1	1	1
1	1	0	1	1	0	1	0	1	1
1	1	1	1	1	1	1	1	1	1

b) Zeichnen Sie eine entsprechende Logikschaltung.

3 Steuerungen analysieren und anpassen
3.4.4 Logische Verknüpfungen

14 Schaltungsanalyse

a) Stellen Sie für die Schaltungen die Wertetabellen auf.
b) Zeichnen Sie die Signal-Zeit-Verläufe.
c) Stellen Sie die Funktionsgleichungen auf.
d) Beschreiben Sie die Besonderheiten der Schaltungen und nennen Sie mögliche Anwendungsfälle.

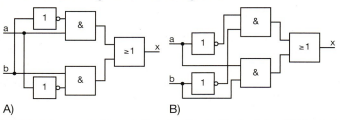

15 Vereinfachungen

Vereinfachen Sie die Verknüpfungsschaltungen.
Hinweise:
- Wertetabelle erstellen.
- Funktionsgleichungen aufstellen.
- Aus der Funktionsgleichung heraus die vereinfachte Schaltung zeichnen.

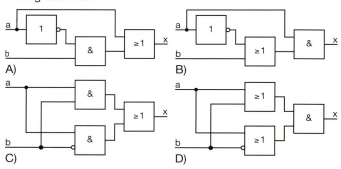

16 De Morgansches Gesetz

Von den acht Schaltungen besitzen jeweils zwei das gleiche logische Verhalten.
a) Weisen Sie das logische Verhalten durch Wertetabellen nach.
b) Benennen Sie die Schaltungen mit gleichem Verhalten.
c) Stellen Sie für jede Schaltung die mathematische Funktion auf und verknüpfen Sie die gleichen Teile durch ein Gleichheitszeichen.

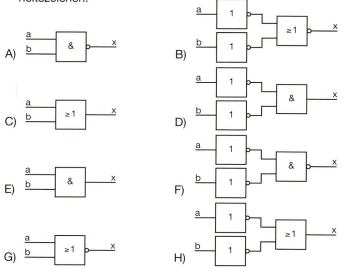

17 Negierte Eingangssignale

a) Stellen Sie die Wertetabellen für die Ausgänge x und y auf.
b) Stellen Sie die Funktionsgleichung für x und y auf.
c) Interpretieren Sie die Ergebnisse in Richtung möglicher Anwendungen.

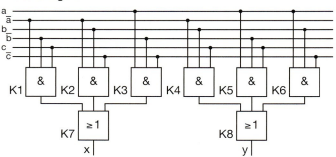

18 Steuerung einer Signallampe

a) Stellen Sie für die abgebildete Schaltung eine Wertetabelle für die Schalter und die Lampe auf.
b) Stellen Sie fest, bei welchen Schalterstellungen die Lampe leuchtet.

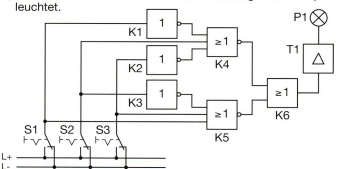

19 Informationsweiche

In der Abbildung ist eine Informationsweiche dargestellt. Die Eingänge a und b sind die Dateneingänge. Der Eingang c dient der Umschaltung für den Datenfluss.
Erklären Sie die Funktion der Schaltung mit Hilfe einer Wertetabelle.

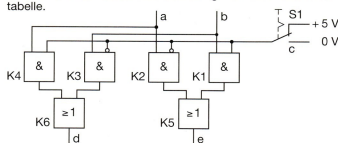

20 Halbaddierer

Die abgebildete Schaltung ist in der Lage, Dualzahlen zu addieren. An die Eingänge a und b werden die zu addierenden Zeichen (0 oder 1) gelegt. Am Ausgang S wird die Summe und an Ü der Übertrag abgenommen.
Stellen Sie die Wertetabelle auf und beweisen Sie dieses damit.

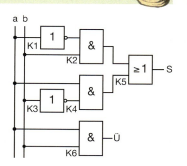

3 Steuerungen analysieren und anpassen

3.4.4 Logische Verknüpfungen

21 Volladdierer

Die abgebildete integrierte Schaltung besteht aus zwei 1 Bit-Volladdierern. Die Anschlüsse haben folgende Bedeutung:

1A: Erste Dualzahl
1B: Zweite Dualzahl
$1C_n$: Übertrag aus vorangegangener Rechnung
$1C_{n+1}$: Neuer Übertrag
1Σ: Summe

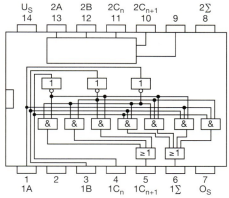

a) Stellen Sie die Wertetabelle auf.
b) Erklären Sie den Addiervorgang.

22 NOR durch NAND

Ein NOR-Glied soll durch NAND-Glieder mit zwei Eingängen ersetzt werden.
a) Stellen Sie die dazu erforderlichen Gleichungen auf.
b) Zeichnen Sie den Stromlaufplan.

23 EXKLUSIV-ODER durch NAND

Eine EXKLUSIV-ODER-Schaltung soll mit NAND-Gliedern aufgebaut werden.
a) Stellen Sie die dazu erforderlichen Gleichungen auf.
b) Zeichnen Sie den Stromlaufplan.

24 EXKLUSIV-ODER durch NOR

Eine EXKLUSIV-ODER-Schaltung soll nur mit NOR-Gliedern aufgebaut werden.
a) Stellen Sie die dazu erforderlichen Gleichungen auf.
b) Zeichnen Sie den Stromlaufplan.

25 ÄQUIVALENZ-Glied durch NAND

Die Abbildung zeigt ein ÄQUIVALENZ-Glied, das nur aus NAND-Gliedern aufgebaut ist.
a) Stellen Sie die Wertetabelle auf.
b) Stellen Sie die Funktionsgleichung auf.
c) Wandeln Sie die Schaltung so um, dass sie aus NICHT-, UND- und ODER-Gliedern besteht.

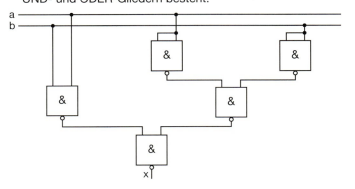

26 NAND durch NOR

In einer Steuerungsschaltung soll ein NAND-Glied durch NOR-Glieder mit zwei Eingängen ersetzt werden.
a) Stellen Sie die dazu erforderlichen Gleichungen auf.
b) Zeichnen Sie den Stromlaufplan.

27 ÄQUIVALENZ-Glied durch NOR

Die Abbildung zeigt ein ÄQUIVALENZ-Glied nur mit NOR-Bausteinen.
a) Stellen Sie die Wertetabelle auf.
b) Wandeln Sie die Schaltung so um, dass sie nur aus NICHT-, UND- und ODER-Gliedern besteht.

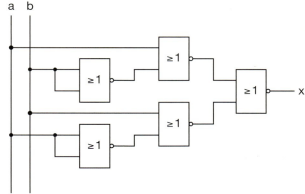

28 Signal-Zeitverläufe unbekannter Bausteine

Die Signal-Zeit-Verläufe A) und B) geben das Verhalten von zwei unbekannten Logikschaltungen wieder.
a) Zeichnen Sie den Stromlaufplan für A) nur mit NAND-Gliedern.
b) Zeichnen Sie den Stromlaufplan für B) nur mit NOR-Gliedern.

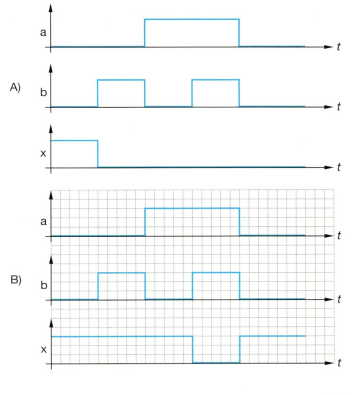

3 Steuerungen analysieren und anpassen
3.4.5 Arbeiten mit Steuerrelais

1 Stempelvorrichtung

Mit Hilfe eines einfachwirkenden Zylinders werden Werkstücke mit dem Firmen-Logo gestempelt.

Funktionsbeschreibung:
Das Werkstück wird von Hand in eine Vorrichtung eingebracht. Durch die zeitgleiche Betätigung von zwei Start-Tastern (S1 und S2) wird der Zylinder über ein Ventil angesteuert und fährt aus. Wird mindestens ein Taster nicht mehr betätigt, fährt der Stempel in die Grundstellung zurück.

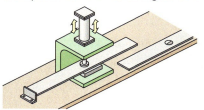

Bedienfeld

Erstellen Sie einen Anschlussplan, eine Zuordnungstabelle und ein Programm für ein Steuerrelais.

Hinweis: Drahtbruchsicherheit und andere Sicherheitsvorschriften sollen vernachlässigt werden.

2 Kühlraum

Das Aggregat eines Kühlraumes wird im Normalbetrieb nur dann geschaltet, wenn der Temperatursensor (B1) 1-Signal besitzt und die Anlage eingeschaltet ist (S0).

Zu Wartungszwecken kann das Aggregat jedoch mit dem Taster S1 (Betätigung mit einem Schlüssel) für 20 s geschaltet werden. Das Aggregat wird über das Schütz Q1 geschaltet.

a) Erstellen Sie ein geeignetes Programm mit einem Anschlussplan und eine Zuordnungstabelle für ein Steuerrelais.
b) Wie kann verhindert werden, dass der Kunde die Wartungszeit verändert?
c) Beschreiben Sie, wie das Programm grundsätzlich vor Veränderung durch den Kunden geschützt werden kann.

3 Tiefgaragenbelüftung

In einer Tiefgarage ist ein Abluftsystem installiert, das mit drei Ventilatoren ausgestattet ist. Je nach Kohlendioxid-Anteil in der Luft werden unterschiedlich viele Ventilatoren geschaltet. Um diese zu ermitteln sind drei CO_2-Sensoren in der Tiefgarage installiert.
Meldet ein Sensor einen erhöhten Gasanteil, schaltet Ventilator 1.
Melden zwei Sensoren, schalten Ventilator 2 und 3.
Melden alle drei Sensoren eine erhöhte Gaskonzentration, schalten alle drei Ventilatoren. Das Abschalten erfolgt entsprechend.
Erstellen Sie einen Anschlussplan, eine Zuordnungstabelle und ein Programm für ein Steuerrelais.

4 Anwaltskanzlei

In einer Anwaltskanzlei soll die Beleuchtung der sechs Räume und des Flures einzeln über die zugeordneten Taster geschaltet werden. Damit der Kunde abends nicht durch alle Räume laufen muss, um das Licht einzeln abzuschalten, kann das Licht in allen Räumen zugleich abgeschaltet werden, indem der Taster im Flur für mindestens vier Sekunden betätigt wird.
Sollte ein Stromausfall eintreten, ist nach dem Wiedererlangen der Energie der alte Beleuchtungszustand wieder herzustellen.

a) Erstellen Sie eine Zuordnungstabelle, einen Anschlussplan und ein Programm für ein Steuerrelais.
b) Ermitteln Sie die notwendigen Steuerungselemente.

5 Zeitbausteine

a) Beschreiben Sie den Funktionsunterschied zwischen einer Ausschaltverzögerung, einem Wischrelais und einem Treppenlichtschalter.
b) Worin liegt der Unterschied zwischen einem Treppenlichtschalter und einem Komfortschalter?

6 Raumbelüftung

Ein Sitzungsraum soll mit Hilfe von zwei Ventilatoren be- und entlüftet werden. Dafür sind zwei unterschiedliche Betriebsweisen vorzusehen.

Manueller Betrieb:
Steht der Drehschalter S1 auf Manuell (0), kann über den Start-Taster S2 die Be- und Entlüftung eingeschaltet werden. Mit dem Taster S3 wird die Lüftung abgeschaltet.

Automatik-Betrieb:
Steht der Drehschalter S1 auf Auto-Betrieb (1), wird die Belüftung taktweise betrieben. Jeweils 10 Minuten Lüftungsbetrieb folgen 20 Minuten Pause.

Damit in dem Sitzungsraum kein Überdruck entsteht, wird immer zunächst der Entlüftungsventilator eingeschaltet und 2 s später der Belüftungsventilator. Bei der Abschaltung muss der Entlüftungsventilator 1 s länger laufen als der Belüftungsventilator.

Zur Bearbeitung des Auftrages ist folgende Skizze entstanden.

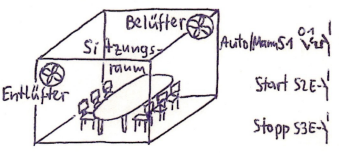

Erstellen Sie einen Anschlussplan, eine Zuordnungstabelle und ein Programm für ein Steuerrelais.

Hinweis: Bearbeiten Sie zuerst den manuellen Betrieb und anschließend den Automatik-Betrieb.

7 Weihnachtsbeleuchtung

Ein Kunde möchte gern, dass die am Haus bereits fest installierte Weihnachtsbeleuchtung (3 Lichterketten) jeweils vom 01. Dezember bis zum 26. Dezember in der Zeit von 5:30 Uhr bis 8:00 Uhr und von 16:00 Uhr bis 22:30 Uhr automatisch in Betrieb ist. Bislang hat er die Beleuchtung von Hand geschaltet. Mit Hilfe des Wahlschalters S1 soll nun zwischen Hand- und Auto-Betrieb gewechselt werden können (Auto: S1 = 1). Im Handbetrieb wird durch Betätigung des Tasters S2 die Weihnachtsbeleuchtung ein- und durch S3 ausgeschaltet. Durch Betätigung des Tasters S4 können die Lichterketten für eine Stunde geschaltet werden.
Die Bemessungsstromstärke je Lichterkette ist kleiner 3 A.

a) Entwickeln Sie ein geeignetes Programm für ein Steuerrelais.
b) Erstellen Sie eine Dokumentationsmappe mit Anschlussplan, Zuordnungstabelle, Programmbeschreibung, Programmausdruck und Materialliste.
c) Erstellen Sie für den Kunden eine Bedienungsanleitung (Veränderung der Zeiteinstellungen am Steuerrelais).
d) Beschreiben Sie dem Kunden schriftlich wie das System um eine helligkeitsabhängige Einschaltung erweitert werden kann.

3 Steuerungen analysieren und anpassen
3.4.5 Arbeiten mit Steuerrelais

8 Alarmschaltung

In einer Werkstatt ist die folgende Schaltung zur Raumsicherung installiert. Mit den Schaltern B1 und B2 wird das Öffnen der Tür und des Fensters überprüft.

Analysieren Sie die bestehende Schaltung. Erstellen Sie dann einen Anschlussplan und eine Zuordnungstabelle. Danach entwickeln Sie ein geeignetes Programm für ein Steuerrelais.

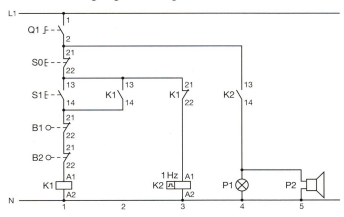

9 Montageband

Ein Montageband wird von einem Drehstrommotor mit Drehrichtungsumkehr angetrieben. Die unten dargestellte Schützschaltung soll im Zuge einer Modernisierung durch ein Steuerrelais ersetzt werden.

a) Erstellen Sie einen Anschlussplan für die modernisierte Schaltung und entwickeln Sie ein geeignetes Programm.

b) Ergänzen Sie das Programm so, dass bei einer Drehrichtungsumkehr zwischen dem Umschalten eine Unterbrechung von 1 s sichergestellt ist.

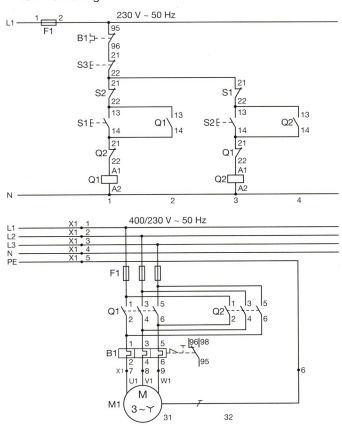

10 Beleuchtungsanlage

Die Beleuchtung einer Fabrikhalle wird mit einem Drucktaster ein- und ausgeschaltet. Das Schütz K2 ist defekt. Sie erhalten von Ihrem Chef den Auftrag die Steuerung durch ein Steuerrelais zu ersetzen.

Analysieren Sie die Funktion der Schaltung und entwickeln Sie ein geeignetes Programm für ein Steuerrelais.

Hinweis: Die Lichtbänder werden über das Hauptschütz Q1 geschaltet.

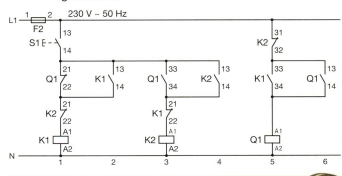

11 Treppenlicht deluxe

Eine Kundin beschreibt folgendes Problem:

„Wenn ich abends im Dunkeln in den Keller laufen muss, ist das Treppenlicht genau richtig – von der Dauer her. Aber wenn meine Kinder von der 2. Etage aus etwas aus dem Keller holen müssen, stehen die immer auf dem Rückweg auf halber Treppe im Dunkeln. Da müsste es die Möglichkeit geben, dass sie zwei Mal auf den Taster tippen und dann das Licht länger brennt. Und irgendwie müsste es auch gehen, dass ich das Licht dauerhaft mit dem Lichttaster an- und wieder ausmachen kann, wenn ich an meinen Blumen im Treppenhaus rumpuzzeln will".

Eine Analyse der Schaltung ergab, dass die Ein-Taster auf allen Etagen parallel geschaltet sind.

Entwickeln Sie ein geeignetes Programm für ein Steuerrelais, das die Kundin zufrieden stellt.

12 Markisensteuerung

Mit dem Öffnen-Taster S1 (Schließer) soll die Beschattungsmarkise ausgefahren, mit dem Schließen-Taster S2 (Schließer) eingefahren werden. Nach einer Taster-Betätigung soll die Markise automatisch bis in die entsprechende Endlage fahren. In jeder Position kann die Markise mit dem Stopp-Taster S3 (Öffner) gestoppt werden. Die jeweilge Endlage wird mit den Endlagensensoren B2 und B3 (Öffner) ermittelt. Bei starkem Wind wird die Markise automatisch gesichert (eingefahrene Endlage). Der analoge Windsensor (B1) ist für den Messbereich 0 … 30 m/s geeignet und liefert am Ausgang 0 … 10 V linear steigend mit der Windgeschwindigkeit.

Bei direktem Umschalten zwischen den Motordrehrichtungen (Q1 und Q2) ist ein Pause von 1 s vorzusehen.

Erstellen Sie folgende Unterlagen:
- Anschlussplan,
- Zuordnungstabelle,
- ein Programm für ein Steuerrelais.

3 Steuerungen analysieren und anpassen
3.4.5 Arbeiten mit Steuerrelais

13 Transportband

Funktionsbeschreibung:

In einer Zuckerfabrik werden die von den Landwirten angelieferten Rüben zunächst auf einer Haldenfläche zwischengelagert. Weil die Umarbeitung sehr zeitintensiv ist, werden die Rüben erst zu einem späteren Zeitpunkt zu Rohzucker verarbeitet.

Die Rüben werden über drei hintereinander liegende Förderbänder von der Halde zur Fabrik transportiert. Aufgrund der unterschiedlichen Länge der Bänder müssen die Bänder zur Inbetriebnahme in der umgekehrten Reihenfolge (Band 3, Band 2, Band 1) im Abstand von 3 s eingeschaltet werden, so dass von dem kurzen Band 1 keine Rüben auf Band 2 fallen bevor dieses angelaufen ist.

Beim Abschalten ist darauf zu achten, dass sich auf Band 1 keine Rüben mehr befinden (Lichtschranke B1 führt 10 s lang 1-Signal). Anschließend wird Band 2 nach einer Verzögerungszeit von 4 s automatisch abgeschaltet. Nach weiteren 6 s schaltet auch Band 3 automatisch ab.

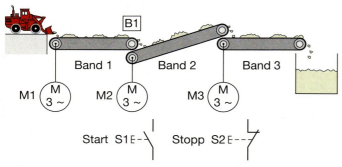

a) Erstellen Sie eine Anschlusstabelle und ermitteln Sie die benötigte Hardware.
b) Zeichnen Sie den Anschlussplan.
c) Entwickeln Sie ein Programm für ein Steuerrelais.

14 Parkhauseinfahrt

Um die Einfahrt in ein Parkhaus nur einem beschränkten Personenkreis zu ermöglichen, soll eine Schranke die Zufahrt regeln.

Zu diesem Zweck sind eine Schranke mit einem Motor mit Drehrichtungsumkehr (Q1 öffnen, Q2 schließen), eine Säule mit einem Schlüsselschalter und folgende Sensoren installiert:

- B1: Induktionsschleife vor der Schranke
- B2: Reflexionslichtschranke zur Erkennung von Gegenständen „unter" der Schranke
- B3: Induktionsschleife hinter der Schranke

Die Schranke ist mit Endlagensensoren (Öffner) zur Erkennung der oberen (B4) und unteren Endlage (B5) ausgestattet.

Funktionsbeschreibung:

Nähert sich ein Fahrzeug, soll die Schranke nur dann geöffnet werden können, wenn der Schlüsselschalter betätigt wurde und die Induktionsschleife B1 durch ein Fahrzeug aktiviert ist (1-Zustand). Die Schranke öffnet sich bis zur oberen Endlage und kann nicht geschlossen werden, solange die Lichtreflexschranke B2 einen Gegenstand erkennt (1-Zustand). Die Schranke schließt durch Aktivierung der Induktionsschranke B3 bis zur unteren Endlage.

a) Entwickeln Sie ein geeignetes Programm für ein Steuerrelais und erstellen Sie eine Dokumentationsmappe mit folgenden Bestandteilen: Anschlussplan, Begründung für die Wahl des Steuerrelais-Typs, Zuordnungstabelle.

15 Ampel

Auf dem Werksgelände einer Firma ist eine Ampel installiert, die von einem Steuerrelais vom Typ Siemens LOGO! 230RC 0BA0 gesteuert wird. Aus dem Speicher des Steuerrelais haben Sie das folgende Programm ausgelesen:

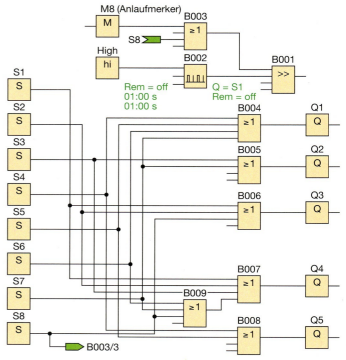

a) Beschreiben Sie die Funktion folgender Blöcke: M8; B001; S1 bis S8.
b) Warum startet die Ampel bei Inbetriebnahme selbstständig?
c) Erstellen Sie ein Signal-Zeit-Diagramm für jeden Ausgang.

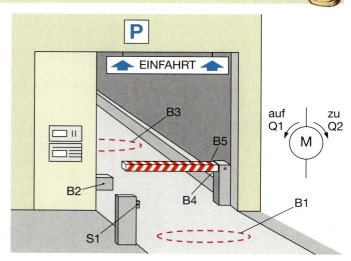

b) Ergänzen Sie die Steuerung um eine zweite Schranke für die Ausfahrt. Diese öffnet automatisch, wenn die Induktionsschleife vor der Schranke betätigt wird (kein Schlüsselschalter).

Da das Parkhaus über 12 Plätze verfügt, soll an der Einfahrt eine Ampel (rot/grün) installiert werden. Rotlicht signalisiert, dass alle Plätze belegt sind. Die Einfahrt ist dann blockiert. Überarbeiten Sie die Dokumentation entsprechend.

3 Steuerungen analysieren und anpassen
3.4.5 Arbeiten mit Steuerrelais

16 Windenergieanlage

Herr Völkening hat eine Windenergieanlage (WEA). Die zugehörige Steuerung befindet sich in einem Nebengebäude. Dieses Gebäude ist abgebrannt. Durch Löschwasser ist die Steuerung mit der zugehörigen Dokumentation zerstört. Kurz nach dem Brand wurde zur Sicherung der WEA bei Sturm eine provisorische Steuerung mit Siemens LOGO! installiert. Dies ist unten dargestellt.

Herr Völkening beauftragt Sie in die vorhandene Steuerung weitere Funktionen einzuarbeiten. Diese Funktionen hat er auf dem nebenstehenden Zettel notiert.

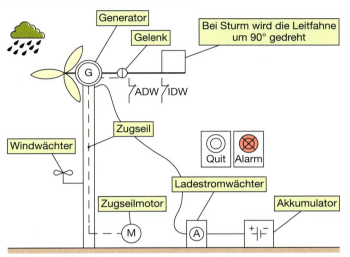

Es soll zwischen einem Automatik- und einem Hand-Betrieb unterschieden werden können (Leuchtmelder: Auto/Hand).

Automatik-Betrieb:
Mit einem Dieselgenerator sollen die Akkus nachgeladen werden. Dabei wird der Dieselgenerator über einen Starter (Schließer-Kontakt, 10 s Betätigung) gestartet. Am Generator ist ein Kontakt der schließt, wenn der Generator sicher läuft. Damit soll sichergestellt werden, dass der Dieselgenerator nicht noch einmal gestartet werden kann. Nach fünf Minuten (Warmlaufzeit) soll das Ladegerät für die Akkumulatoren zugeschaltet werden. Wenn die Akkus voll geladen sind, soll das Ladegerät und der Dieselgenerator abgeschaltet werden (Öffnerkontakt für das Dieselventil, 30 s Öffnungszeit). Eine unzerstörte Schaltung gibt den Ladestand der Akkus als 0…10 V-Signal an. Akkus voll: 9,8 V; Akkus laden bei weniger als 8,5 V. Wenn die Akkus nur durch die WEA voll geladen wurden, muss die WEA aus dem Wind gedreht werden und wenn die Ladestandsschaltung weniger als 9,1 V ausgibt, erneut in den Wind drehen.

Hand-Betrieb:
Der Dieselgenerator soll von Hand gestartet und gestoppt werden können, um z. B. ein Schweißgerät betreiben zu können.
Die WEA soll von Hand in und aus dem Wind gedreht werden können – bis Endlage (Sturmschutz hat immer Vorrang!).
Das Laden (Generator starten und Ladegerät zuschalten wie oben) muss von Hand ein- und abgeschaltet werden können. Wenn der Dieselgenerator schon läuft, soll das Ladegerät gleich zugeschaltet werden.

Hinweis:
Um die Kapazität der Akkus zu erhalten, muss immer während der Ladung durch den Generator das Elektrolyt mit einer Pumpe alle 2 Stunden für 5 Minuten umgewälzt werden.

Funktionsbeschreibung:

- Der Rotor der WEA wird mit Hilfe einer Windleitfahne im Wind gehalten. Mit einem Zugseilmotor kann mit einem Zugseil die Stellung der Windleitfahne so verändert werden, dass diese im rechten Winkel zum Rotor steht. Dadurch steht der Rotor parallel zum Wind und ist so bei Sturm gesichert („aus dem Wind gedreht" (ADW)).
- Der Zugseilmotor (12 V DC) verfügt über eine Drehrichtungsumkehr und wird über die gegeneinander verriegelten Ausgänge Q2 (ADW) und Q3 (in den Wind (IDW)) angesteuert.
- Die Windleitfahne ist mit den Endlagensensoren (Öffner) B3 (ADW) und B4 (IDW) ausgestattet.

Sturmfall:

- Sturm wird durch zwei getrennte Einrichtungen erkannt: Der analoge Windwächter B1 (0…10 V) oder der Ladestromwächter B2. Der Ladestromwächter gibt 0-Signal, wenn der Ladestrom für die Akkumukatoren den SOLL-Wert übersteigt.
- Wird Sturm erkannt, soll die WEA automatisch bis zur Endlage aus dem Wind gefahren werden. Nach 1:30 Stunden wird sie automatisch wieder bis zur Endlage in den Wind gedreht.
- Durch den Quittiertaster S3 wird die Anlage auch vor Ablauf der Sturmschutz-Zeit wieder in den Wind gedreht.
- Während der Schutzzeit meldet der Leuchtmelder P1, dass der Sturmschutz aktiv ist.

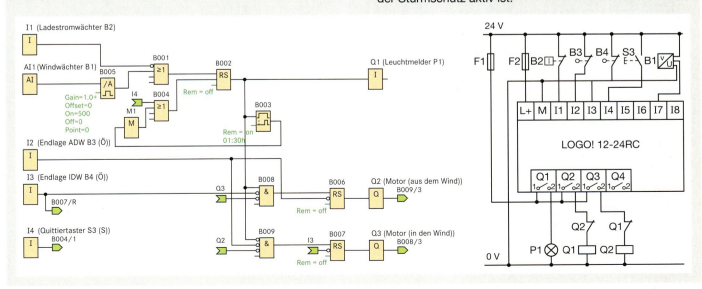

101

3 Steuerungen analysieren und anpassen
3.5 Schaltungen mit Schützen

1 Meldeschaltung

Ein Kunde hat den folgenden Stromlaufplan der Meldeschaltung. Er möchte von Ihnen die Funktion erläutert haben.

Erklären Sie daher folgende Betriebzustände:
a) S1 wird geschlossen.
b) Danach wird S2 kurzzeitig geöffnet und wieder geschlossen.
c) Dann wird S1 geöffnet.

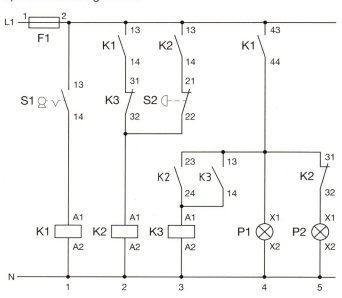

2 Blinkrelais

In einer Anlage mit Blinkrelais scheint eine Störung vorzuliegen. Damit Sie diese an Ort und Stelle beheben können, müssen Sie sich zuerst mit der Funktion der Anlage vertraut machen.

Untersuchen Sie dazu die Betriebszustände in der folgenden Reihenfolge.
a) B11 wird geschlossen.
b) S12 wird kurzzeitig geöffnet und wieder geschlossen.
c) B11 wird wieder geöffnet.
d) B11 wird kurzzeitig geschlossen und wieder geöffnet.
e) S12 wird kurzzeitig geöffnet und wieder geschlossen.

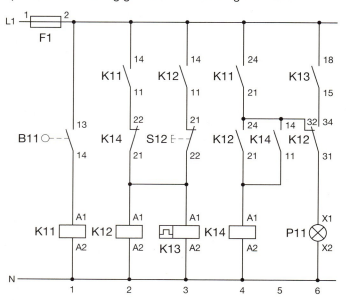

3 Heizungsanlage

Sie sollen einem Kunden die Arbeitsweise seiner Heizungsanlage erläutern. Es ist dazu notwendig, dass Sie sich über die Funktion im Klaren sind. Da nur ein Stromlaufplan in zusammenhängender Darstellung vorliegt, ist es zweckmäßig diesen in aufgelöster Darstellung zu skizzieren.

a) Stellen Sie eine solche Skizze her.
b) Erläutern Sie mit Hilfe des Stromlaufplanes die Arbeitsweise der Anlage.

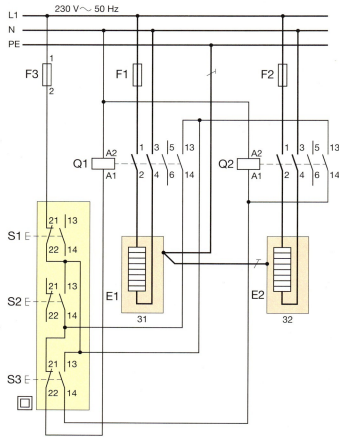

4 Förderanlage

In einer kleinen Zementfabrik befinden sich folgende drei Förderbänder.

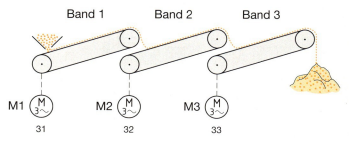

a) Legen Sie eine sinnvolle Reihenfolge für das Einschalten und Ausschalten der Motoren fest.
b) Entwerfen Sie eine Schaltung für eine Bedienung von Hand. Achten Sie dabei auf die Sicherheitsbedingungen und den Motorschutz.

Skizzieren Sie Ihre Schaltung als Stromlaufplan in aufgelöster Darstellung.

3 Steuerungen analysieren und anpassen
3.5 Schaltungen mit Schützen

5 Förderbänder

In der Zementfabrik aus Auftrag 3.5 – 4 soll die Anlage jetzt etwas automatisiert werden, und zwar folgendermaßen:

- Beim Einschalten (EIN-Taster) sollen die drei Motoren im Abstand von 20 Sekunden anlaufen, und zwar in der Reihenfolge M3, M2, M1.

- Beim Ausschalten (AUS-Taster) sollen die Motoren in der umgekehrten Reihenfolge im Abstand von 30 Sekunden abgeschaltet werden.

Damit der Auftraggeber weiß, welche neuen Bauteile notwendig werden, verändern Sie den Stromlaufplan entsprechend und erstellen Sie eine Liste der erforderlichen Objekte (Zeitrelais für Kurzzeitbetrieb).

7 Hoftor

An einer Fabrik wurde ein rollendes Hoftor eingebaut, das durch einen Motor geschlossen bzw. geöffnet werden soll. Wenn sich das Tor jeweils in der Endposition befindet, soll eine automatische Abschaltung erfolgen. Der Fabrikant möchte von Ihnen eine entsprechende Anlage installiert haben.

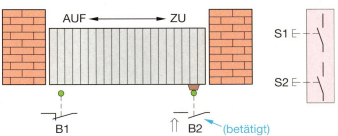

Zeichen Sie deshalb

a) für die Steuerung einen Stromlaufplan in aufgelöster Darstellung und

b) einen Übersichtsschaltplan des Antriebes.

6 Kompressoranlage

Ein Kunde hat einen Betrieb mit einer Kompressoranlage übernommen. Es existiert dazu aber nur der Verdrahtungsplan.

Dem Kunden soll erläutert werden, wie die Anlage arbeitet. Erstellen Sie deshalb

a) den Übersichtsschaltplan und

b) den Stromlaufplan in aufgelöster Darstellung.

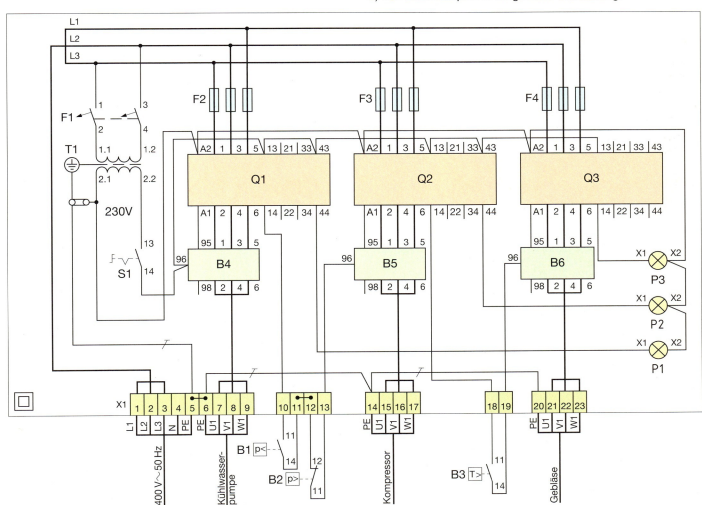

3 Steuerungen analysieren und anpassen
3.5 Schaltungen mit Schützen

8 Läufer-Anlasser

Die Maschine mit Läufer-Anlasser wurde beim Firmenkauf mit übernommen. Leider fehlt eine Bedienungsanleitung.

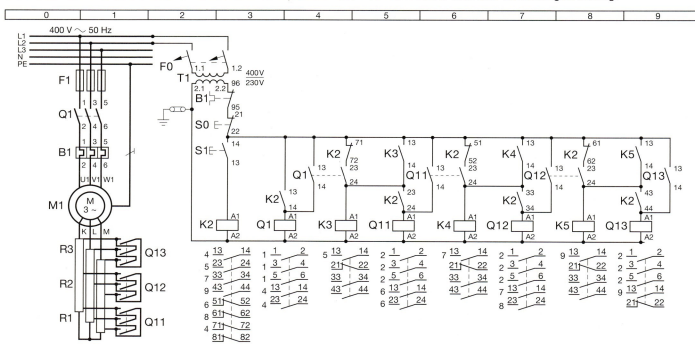

a) Analysieren Sie deshalb die Schaltung, indem Sie untersuchen, welche Wirkungen das wiederholte Betätigen und Wiederloslassen der Taster S0 und S1 haben.
b) Erstellen Sie daraus eine kurze Bedienungsanleitung.

9 Motorschutzrelais

Der Kunde aus Auftrag 8 möchte von Ihnen wissen,
- wie der Motor M1 gegen Überlastung geschützt ist und
- was er tun muss, um nach einem Auslösen des entsprechenden Schutzorgans den Motor wieder in Betrieb zu setzen.

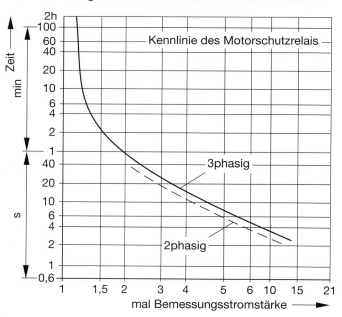

Notieren Sie stichwortartig eine entsprechende Erläuterung mit Hilfe des obigen Diagramms und einer Abbildung eines Motorschutzrelais.

10 Thermistor

Bei Ihrer Suche nach anderen Schutzverfahren für Motoren haben Sie die untenstehende Schaltung gefunden.

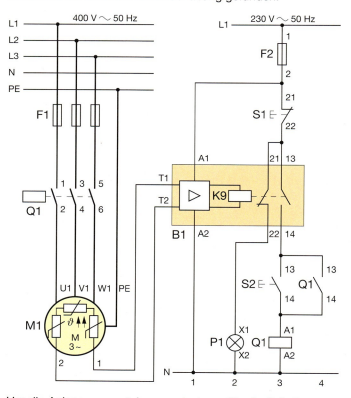

Um die Anlage zu verstehen, analysieren Sie die Schaltung. Gehen Sie dabei besonders auf die Fühler im Motor und die Bestandteile im Steuergerät ein.

Notieren Sie die Schutzfunktion in kurzen Sätzen.

3 Steuerungen analysieren und anpassen
3.5 Schaltungen mit Schützen

11 Wurzelwaschmaschine

Die Wurzelwaschmaschine wird durch ein Förderband mit Wurzeln (Möhren, …) befüllt. Die Wurzeln werden mit einem selbstständig arbeitenden Verpackungs- und Wiegeautomaten weiter verarbeitet.

Das Bedienungspersonal steuert über das Ein- und Ausschalten des Förderbandes die Befüllung der Waschmaschine. Dabei kommt es häufig zu Fehlfunktionen, da das Förderband nicht rechtzeitig aus- bzw. wieder eingeschaltet wird.

Der Kunde wünscht daher, dass das Förderband je nach der Füllmenge der Waschmaschine automatisch ein- bzw. ausgeschaltet wird.

Aus der Analyse des bestehenden Systems ergeben sich das Technologieschema und der Schaltplan in aufgelöster Darstellung.

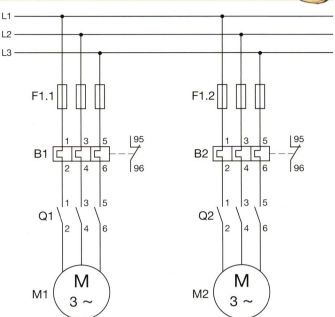

Zur Lösung der Aufgabe muss erkannt werden, ob die Waschmaschine voll ist oder nachgefüllt werden muss. Das kann über den Stromfluss im Waschmaschinenmotor (M1) mit Hilfe eines Stromwächterrelais durchgeführt werden.

Die untenstehenden Abbildungen zeigen das Funktions-Zeit-diagramm und das Anschlussschema eines solchen Relais.

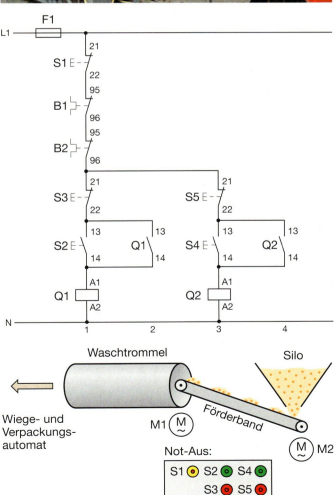

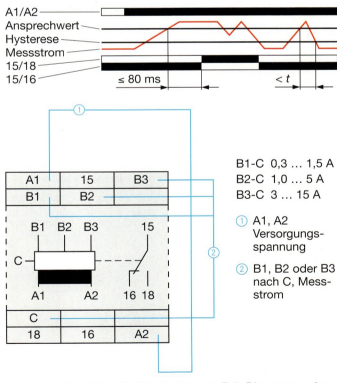

a) Beschreiben Sie mit Hilfe des Impuls-Zeit-Diagramms das Verhalten des Stromwächterrelais.

b) Planen Sie die Durchführung der Aufgabe, indem Sie Arbeitsschritte festlegen.

Dokumentieren Sie Ihre Planung und skizzieren Sie einen geänderten Stromlaufplan in aufgelöster Darstellung.

3 Steuerungen analysieren und anpassen
3.6 Sicherheitsaspekte

1 Sicherheit

Ermitteln Sie das senkrechte Lösungswort.

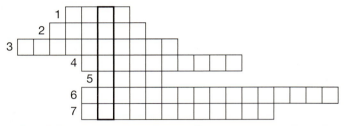

1: Das Stillsetzen von Anlagen und Prozessen unterteilt in die Kategorien null bis …
2: Ausschaltbefehle werden immer mit …-Kontakten signalisiert.
3: Zum Starten von Anlagen und Prozessen werden …-Kontakte verwendet.
4: Unterbrechung eines Leiters
5: NOT-AUS-Taster sind mit dieser Farbe hinterlegt.
6: Mehrere in Reihe geschaltete Sicherheitseinrichtungen werden so bezeichnet.
7: Wenn von zwei Ausgängen nur einer geschaltet werden darf, spricht man von einer …

Lösungswort: Beim Stillsetzen entsprechend der Kategorie 0 wird sie vollständig abgeschaltet.

2 Bauschuttmühle

In einer Bauschuttmühle werden große Steineinheiten zerkleinert. Bei der Inbetriebnahme funktionierte die Anlage einwandfrei. Als nun erstmals besonders grober Bauschutt in die Anlage eingebracht wurde, war nach einiger Zeit der Mühlenmotor defekt.
Der Kunde vermutet, dass die Steuerung fehlerhaft ist.

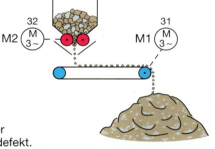

a) Untersuchen Sie, ob die Schaltung einen Fehler aufweist und benennen Sie diesen gegebenenfalls.
b) Die Schaltung soll sicherheitstechnisch erweitert werden. Skizzieren Sie eine erweiterte und fehlerfreie Schaltung.

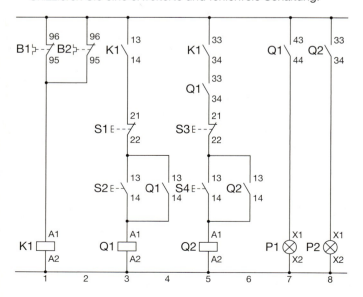

3 Mischbehälter

Für einen Kübelaufzug zur Beschickung eines Mischbehälters ist ein Steuerprogramm zu entwickeln.
Nach Betätigung des Start-Tasters wird der Kübel durch zeitgleiches Öffnen des Schiebers 1 für 5 s und des Schiebers 2 für 2 s mit Sand und Zement beladen. Beide Schieber werden elektrisch einfach betätigt (bei Nichtbetätigung schließt dieser automatisch). Anschließend wird das Schüttgut nach oben transportiert, wo es automatisch in den Mischbehälter geschüttet wird. Der Schüttvorgang dauert 5 s, danach kehrt der Kübel wieder in die Belade-Position zurück. Nach Erreichen der unteren Endlage kann der Prozess neu gestartet werden. Während des Betriebs blinkt ein Leuchtmelder (2 Hz). Bei NOT-AUS-Betätigung soll die Anlage entsprechend der Stopp-Kategorie 0 stillgesetzt werden.

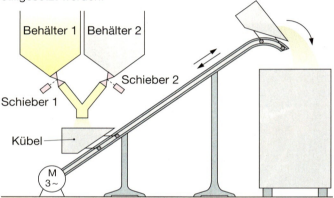

Für Wartungszwecke ist eine Handbedienung vorzusehen.
Der Motor verfügt über eine Drehrichtungsumkehr und wird über je ein Schütz je Drehrichtung angesteuert. Der Motor ist mit einem Motorschutzrelais zu versehen.

a) Wählen Sie die benötigten Sensoren aus und begründen Sie kurz Ihre Entscheidung. Ergänzen Sie das Technologieschema entsprechend Ihrer Wahl.
b) Skizzieren Sie einen Anschlussplan.
c) Entwickeln Sie ein Programm für ein Steuerrelais zur Steuerung des Kübelaufzugs.

4 Sicherheitsschleuse

Um in das Reichstagsgebäude zu gelangen müssen Besucher eine Sicherheitsschleuse aus zwei Schiebetüren passieren. Die Türen werden einzeln vom Wachpersonal bedient. Dabei wird zunächst Tür 1 geöffnet, um die Besucher in die Schleuse einzulassen. Die Tür 1 wird durch Betätigung eines Tasters geschlossen, wenn eine Lichtschranke den Türbereich frei gibt. Wenn die Tür 1 geschlossen ist, kann das Personal die Tür 2 öffnen und die Besucher in das Gebäude einlassen. Es kann immer nur eine Tür geöffnet sein. Leuchtmelder zeigen den Zustand der Türen (offen/geschlossen) an.
Die Türen werden mit Motoren mit Drehrichtungsumkehr geöffnet und geschlossen. Die Motoren verfügen über Motorschutzrelais. Mit einem Hauptschalter können die Türen abgeschaltet werden. NOT-AUS stoppt die Anlage entsprechend Kategorie 0.

a) Entwickeln Sie ein Technologieschema.
b) Positionieren Sie geeignete Sensoren, um die Türen steuern zu können.
c) Skizzieren Sie einen Anschlussplan.
d) Erstellen Sie eine Zuordnungstabelle und entwickeln Sie ein geeignetes Programm für ein Steuerrelais.

Hinweis: Diese Funktion ist nicht ausreichend, um alle Sicherheitsvorschriften für automatische Türen zu erfüllen!

4 Informationstechnische Systeme bereitstellen
4.1 Kundenauftrag

1 Anfrage

Zu den grundlegenden Aktivitäten eines Unternehmens gehören Angebotserstellung und Auftragsabwicklung. Der Auftragerteilung geht in der Regel eine Anfrage des Kunden voraus.

a) Nennen Sie mindestens fünf verschiedene Gründe, warum sich ein Kunde mit einer Anfrage an einen Betrieb wendet.

Der Betrieb prüft die Anfrage und reagiert mit einer Angebotserstellung. Der Kunde prüft das Angebot und erteilt dann den eigentlichen Kundenauftrag

b) Nennen Sie fünf unterschiedliche Möglichkeiten, wodurch Ihr Betrieb zu einem Kundenauftrag kommen kann.

2 Zustandekommen eines Vertrages

Ergänzen Sie den folgenden Text, indem Sie die Ziffern durch die korrekten Begrifflichkeiten ersetzen.

Bei der ① erkundigt sich ein Kunde nach dem Preis, der Beschaffenheit und Güte der Ware.

Diese ist zunächst rechtlich ② für das Zustandekommen eines Vertrages.

Der Betrieb reagiert mit einem ③. Dies ist als Willenserklärung an eine genau bestimmte Person gebunden.

Die Abgabe ist an ④ bestimmte Formvorschrift gebunden.

Für den Betrieb ist das Angebot erst einmal ⑤, allerdings muss der Kunde dieses Angebot ⑥, d. h. ohne schuldhafte Verzögerung annehmen, sonst kommt es nicht zu einem Kundenauftrag und damit zu einem Vertrag.

Lehnt der Kunde das ⑦ ab, so ist der Betrieb unmittelbar danach nicht mehr an sein ⑧ gebunden.

3 Kundenanfrage über das Internet

Der unten aufgeführte Text ist Teil einer Erläuterung für eine Kundenanfrage nach einem PC-System via Internet (amerikanischer Anbieter).

Erläutern Sie, worum es bei diesen Hinweisen geht.

ASK US, WE WILL HELP ON YOUR NEXT UPGRADE

This form is open to those who need a quote on a customized computer system or barebone system. Its available to request any ideals on an upgrade or down-grade on any computer system or barebone available on our website. You may also use this form to request a price on an individual computer component you did not find on our website or the internet.

The data submitted in this form is confidential.

For extensive quotes (ex. fully customized systems, component search, etc.) please allow 24-48 hours for a response. Items marked with a * are required fields ...

If you have any concerns, please contact us at 123456789 or via email.

4 Struktur des Kundenauftrages

Die unten stehende Abbildung zeigt die Struktur eines Kundenauftrages als unvollständiges Diagramm.

Ergänzen Sie das Diagramm, indem Sie den Ziffern die fehlenden Begrifflichkeiten zuordnen.

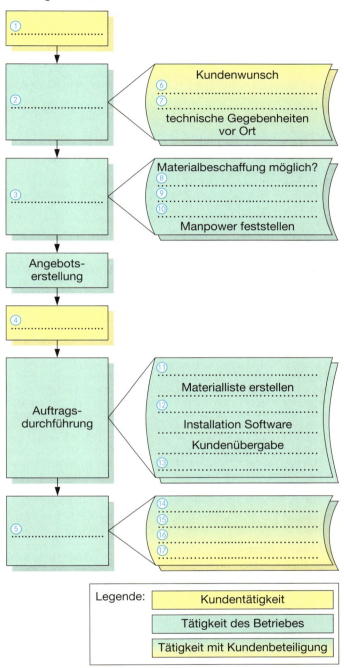

Lösungshilfe:

Auftragsanalyse - Auftragserteilung - Kundenanfrage - Auftragsplanung - Auftragsauswertung

Ziel des Kunden - Tatsächliche Kosten? - Rechnungserstellung - Zeichnung notwendig? - Wartungs- und Serviceangebot - Funktionsprüfung - Zeitbedarf ermitteln - Preisvorstellung des Kunden - Installation Hardware - Kalkulation erstellen - Kundenzufriedenheit? - Zeitplan aufstellen - Aufgetretene Schwierigkeiten? - Material bestellen - Tatsächlicher Zeitbedarf?

4 Informationstechnische Systeme bereitstellen
4.2 Auftragsprüfung und Auftragsanalyse

1 Lastenheft erstellen

Sie erhalten von einem Kunden einen Anruf. Der Kunde ist selbstständiger Handwerker und erkundigt sich nach der Möglichkeit, seinen Büro-PC „internetfähig" zu machen, wie er es nennt.

Erstellen Sie auf der Grundlage des Telefongespräches und des Fragenkataloges das Lastenheft für den sich entwickelnden Kundenauftrag von Herrn Holzmann.

Das Gespräch hat folgenden Verlauf:

Kunze: *Firma Münzer, Elektro- und PC-Systeme. Sie sprechen mit Herrn Kunze. Was kann ich für Sie tun?*

Holzmann: *Hallo Herr Kunze, hier ist Holzmann. Ich habe neulich mit dem Chef, Herrn Münzer, schon mal direkt gesprochen. Ich möchte einen Rechner im Büro endlich auch internetfähig machen. Was muss ich tun?*

Kunze: *Guten Tag Herr Holzmann. Sagen Sie mir vielleicht doch erst einmal, wie alt schätzungsweise ihr PC ist.*

Holzmann: *Ach, der ist gar nicht alt, den hat mir Ihr Chef vor einem Jahr fix und fertig installiert und bei mir aufgebaut.*

Kunze: *Gut, dann klappt es ja auf PC-Seite in jedem Fall. Dann müsste ich von Ihnen wissen, welcher Art ihr Telefonanschluss zur Zeit ist. Ich meine, haben Sie noch einen Analoganschluss, ist bereits ISDN installiert oder möglicherweise auch schon ADSL?*

Holzmann: *Ja wissen Sie, Herr Kunze, meine gesamte Telefonanlage für das Büro, die Werkstatt und das Lager ist vor zwei Jahren auf ISDN umgestellt worden. Von ADL oder wie das heißt weiß ich nichts.*

Kunze: *Das hört sich ja gut an. Eigentlich kann man den PC direkt an ISDN anschließen. Aber bevor wir das weiter vertiefen, würde ich von Ihnen gerne wissen, ob in der Werkstatt und im Lager auch je ein Rechner steht und ob die gegebenenfalls mit ihrem Büro-PC vernetzt sind.*

Holzmann: *Ja, wir haben insgesamt drei Rechner hier im Betrieb und den Drucker. Auch die hat mir Herr Münzer aufgestellt und installiert. Und das funktioniert auch prima. Ich kann auch von allen Rechnern aus auf dem einen Drucker drucken.*

Kunze: *Soll denn von allen Rechnern aus auf das Internet zugegriffen werden können?*

Holzmann: *Ja, das hab' ich mir so genau noch nicht überlegt. Aber sinnvoll ist das doch, oder brauche ich da drei Anschlüsse? Und was kostet das? Wird das viel teurer als nur meinen Büro-PC anzuschließen?*

Kunze: *Herr Holzmann, da kann ich Sie beruhigen. Der Kostenaufwand wird nicht wesentlich höher sein, da die Rechner ja schon vernetzt sind. Selbst die Software für die einfachste Lösung ist bereits auf den Rechnern drauf, mit einer Internetverbindungsfreigabe wäre das ganz einfach und praktisch ohne Mehrkosten. Aber wir sollten gleich auch noch mal über den Sicherheitsaspekt reden. Denn hier läge bei dieser Lösung ein Knackpunkt. Vielleicht darf ich Ihnen einen Vorschlag machen? Wenn alle drei Rechner gleichzeitig auf das Internet zugreifen sollen und das mit akzeptabler Geschwindigkeit, würde ich Ihnen zu einem ADSL-Anschluss raten. Und um Ihren Büro-Rechner vor direktem Zugriff aus dem Internet zu schützen, sollten Sie an einen ADSL-Router mit implementierter Firewall denken.*

Holzmann: *Ja und was würde das kosten? Und wie teuer wäre die billigere Lösung? Obwohl ... vor Zugriff muss er schon geschützt sein.*

Kunze: *Herr Holzmann, so teuer wird das nicht. Ich sage Ihnen mal eine Hausnummer. Bei der DSL-Lösung müssen Sie mit Materialkosten von ungefähr 200 bis 250 € rechnen, dazu kommt dann noch unsere Arbeitszeit. Da Sie aber DSL noch nicht haben, müssten wir den Zugang für Sie beantragen. Da entstehen dann noch einmal Einrichtungskosten von ungefähr 100 € und natürlich die laufenden Gebühren an die Telefongesellschaft. Das gucken wir uns dann aber noch genau an. Würden Sie auf die ISDN-Lösung setzen, fallen zusätzliche Dienstegebühren weg. Sie haben ja schon den Anschluss. Natürlich müssen Sie auch bei ISDN für die Internetnutzung Telefonkosten tragen. Unter dem Sicherheitsaspekt würde ich aber bei ISDN auch einen Router empfehlen, der kostet so ungefähr 150 € an Material. Allerdings ist ISDN ungefähr 12 mal langsamer als DSL.*

Holzmann: *Ja, Herr Kunze, ich denke, Sie machen mir noch einmal ein Angebot für DSL und alternativ ISDN und dann sollten wir uns noch mal zusammensetzen. Wollen wir so verbleiben?*

Kunze: *Das ist prima, Herr Holzmann. Ich muss allerdings erst einmal in Erfahrung bringen, ob bei Ihnen DSL zur Zeit überhaupt möglich ist. Sagen Sie mir doch bitte die genaue Anschrift Ihres Betriebes ... Oh, nein, ich sehe gerade hier am Rechner, wir haben ja alle Daten von Ihnen. Ja, dann verbleiben wir so. In zwei Tagen haben Sie unser Angebot. Vielen Dank für Ihren Anruf. Auf Wiedersehen Herr Holzmann.*

Holzmann: *Tschüß, Herr Kunze und schönen Gruß an Herrn Münzer.*

Fragenkatalog für ein Lastenheft
- Wer hat angerufen? Wann?
- Was ist der Grund des Anrufes und was soll genau erreicht werden?
- Welche Aufgaben sollen erfüllt werden?
- Wer soll mit dem System umgehen?
- Wie häufig soll das System genutzt werden?
- Welche besonderen Beanspruchungen gibt es?
- Welche Geräte sind vorhanden?
- Welche Installationen sind vorhanden?
- Welche Leistungsmerkmale soll das System haben?
- Wie sind die Anforderungen bzgl. Zuverlässigkeit und Bedienbarkeit?
- Welche Sicherheitsaspekte sind zu berücksichtigen?
- Welche Zusatzinformationen sind zur Erfüllung des Auftrages notwendig?

---

2 Pflichtenheft erstellen

Erstellen Sie aus dem Lastenheft nach Auftrag 4.2-1 ein Pflichtenheft.

Nach der Angebotserstellung mit dem Kunden hat sich ergeben, dass ein DSL-Zugang mit DSL-Router (implementierter Firewall) zu installieren ist.

Der DSL-Zugang ist zu beantragen.

Das Pflichtenheft soll die Anforderungen nach DIN 69905 erfüllen.

Hinweis: Nutzen Sie zur Informationsgewinnung das Internet.

„Das Pflichtenheft ist die Gesamtheit der Anforderungen des Auftraggebers an die Lieferungen und Leistungen des Auftragnehmers" (DIN 69905)

Inhalt:
- detaillierte Beschreibung der Anforderungen (Pflichtenheft enthält das Lastenheft)
- Beschreibung des Funktionsumfanges
- Leistungsfestlegung, Qualitätsanforderung
- Hard- und Softwarespezifikation
- Testfestlegung zur Produktabnahme

Ausführung:
- klare Gliederung
- Anforderungen nummerieren
- gute Lesbarkeit

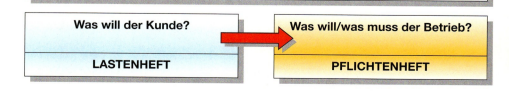

4 Informationstechnische Systeme bereitstellen
4.3.1 Hardware

1 Hardware und Software

Erstellen Sie zur Lösung der folgenden Aufgaben eine geeignete Tabelle:
a) Übersetzen Sie die englischsprachigen Begriffe.
b) Erläutern Sie die Begriffe kurz.
c) Entscheiden Sie ob es sich um Hardware- (H) oder Softwarekomponenten (S) handelt.

Hinweis: Nutzen Sie als Lösungshilfe ein Wörterbuch, ein Computerlexikon und/oder das Internet.

Begriffe:
- Video Graphics Adapter
- Keyboard
- copy and paste
- Assembler
- Central Processing Unit
- Bit
- Website
- Chip
- Bug
- Hardware-Interface
- Local Area Network
- Program Counter
- Random Access Memory
- Scanner
- Harddisk

4 Bits und Bytes

a) Ein moderner PC hat einen Datenbus mit der Breite von 64 Bit. Berechnen Sie die größte Dezimalzahl, die mit diesem Bus dargestellt werden kann.
b) Obwohl sich die Bezeichnung kByte (KiloByte) international für 1024 Byte durchgesetzt hat, ist sie streng mathematisch falsch. Begründen Sie diese Behauptung.
c) Der reine ASCII-Code unterscheidet 128 Zeichen, die erweiterten Zeichensatztabellen 256 Zeichen. Wieviel Bit, Byte, Worte und Langworte werden zur Unterscheidung jeweils benötigt?

Die **IEC** (**I**nternational **E**lectronical **C**ommission) hat Ende der neunziger Jahre ein eigenes System für binäre Maßeinheiten entwickelt.

Diese System ist analog zum SI-System für dezimale Einheitenvorsätze aufgebaut, verwendet aber als Kennzeichen die Silbe „bi" in den Bezeichnungen.

Name	Symbol	Wert	Umrechnung
kibi	Ki	2^{10}	1 KiB = 1024 B
mebi	Mi	2^{20}	1 MiB = 1024 KiB
gibi	Gi	2^{30}	1 GiB = 1024 MiB
tebi	Ti	2^{40}	1 TiB = 1024 GiB

2 Motherboard

Weisen Sie die Bausteine 1–15 des Motherboards der Tabelle zu und geben Sie jeweils die prinzipielle Funktion an: Ein-/Ausgabe(EA); Leitwerk (L); Rechenwerk (R); Speicher (S). Erstellen Sie hierzu eine entsprechende Tabelle.

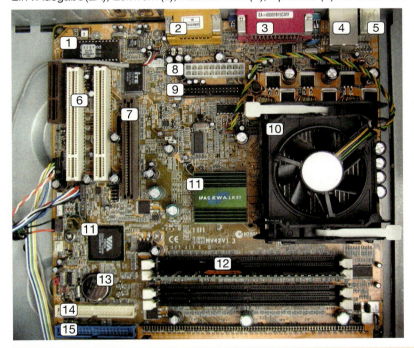

Nr.	Bezeichnung	Funktion
	PCI Steckplatz	
	CPU mit Lüfter	
	BIOS-EPROM	
	Pufferbatterie	
	Chipsatz mit Kühler	
	Speicherbänke mit SD-RAM	
	IDE Steckplatz HDD1	
	IDE Steckplatz HDD2	
	IDDE Steckplatz FDD	
	AGP Steckplatz	
	Steckplatz Spannungsversorgung	
	PS 2 Anschlüsse	
	USB Anschlüsse	
	Anschluss (parallel)	
	Anschluss (seriell)	

3 Speicherbausteine

Das BIOS eines Computers ist stets in einem speziellen ROM-Baustein auf dem Mainboard abgelegt (EEPROM), die Einstellungen über die an das Mainboard angeschlossenen Komponenten werden vom BIOS stets aus einem speziellen RAM-Baustein des Mainboard ausgelesen (CMOS-RAM).

a) Erläutern Sie die verwendeten Abkürzungen.
b) Begründen Sie die Zuordnung der Speicherbausteintypen zu den jeweiligen Aufgaben.
c) Warum müssen die Daten des CMOS-RAM durch eine ebenfalls auf dem Mainboard befindliche Batterie gepuffert werden?
d) Welcher Typ von Speicherbausteinen (ROM, RAM) eignet sich als Arbeitsspeicher auf dem Mainboard?

4 Informationstechnische Systeme bereitstellen
4.3.1 Hardware

5 PC-Komponenten und Kompatibilität

In einem Internetaktionshaus wird folgender Rechner als Barbone angeboten:
- IBM Modell 6561-640 AT
- PII 333 MHz, 512 KB Cache, 64 MB SIMM
- Festplatte 4.2 GB HDD IDE PCI/ISA 4x4
- 3,5" Laufwerk 1,44 MB
- gekauft: 1999

Sie besitzen folgende Komponenten, die Sie gerne in den Rechner einbauen würden:
– AGP Grafikkarte
– USB-Scanner
– Serielle Maus
– CD-ROM-Laufwerk (IDE)
– SCSI-Festplatte mit 20 Gbyte
– 1 DDR-SDRAM 256 MB
– ISDN-Karte (Fritz ISA)

a) Eine Angabe des Verkäufers ist sehr unglaubwürdig. Begründen Sie diese Feststellung.

b) Welche Ihrer vorhandenen Komponenten lassen sich nicht in den Rechner einbauen?

> **Barebon**
> (engl.: nackter Knochen, reines Gerippe)
> ist die Bezeichnung für ein Basissystem, welches erst durch Ergänzung zusätzlicher Komponenten komplett wird.

6 Laptop

Sie möchten in einem Internetauktionshaus ein Notebook ersteigern. Bei Ihrer Recherche sind Sie auf folgendes Angebot gestoßen:

IBM ThinkPad T42P
Kurzbeschreibung: Centrino 1,8 Dothan, 512 MB RAM, 60 GB 7200 rpm HDD, 14.1 SXGA+ (1400x1050) TFT LCD, 128 MB ATI FireGL T2, CD–W/DVD–R Multi-Burner (slim), 56 k V.92 Intel PRO 802.11b wireless (MPCI), Bluetooth/Modem (CDC), 1 GB Ethernet, UltraNav Trackpoint & Trackpad, 9-cell Li-Ion battery, WinXP Pro

Beschreiben Sie die angegebenen Ausstattungsmerkmale dieses Notebooks.

7 I/O-Back-Panel

a) Ein Kunde möchte von Ihnen wissen, über welche Schnittstellen sein PC verfügt. Er zeigt Ihnen die Rückseite des Rechners. Listen Sie alle vorhandenen Schnittstellen auf.

b) Der Kunde hat sich einen neuen TFT-Schirm (DVI) gekauft. Er fragt nach der Möglichkeit, diesen an seinem inzwischen in die Jahre gekommenen Rechner anzuschließen.
Was raten Sie dem Kunden?

8 Begriffe der PC-Technik

Ermitteln Sie das senkrechte Lösungswort durch Lösen des Kreuzworträtsels.

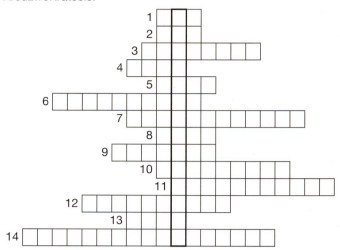

1: von IBM entwickelter Busanschluss für Steckkarten
2: Busanschluss über den Steckkarten vom BIOS erkannt werden
3: Netzwerkstandard für BNC und RJ 45
4: Kurzbezeichnung für Wireless LAN
5: Standardisierte Schnittstelle für Synthesizer und Spielkonsolen
6: übernimmt Ein-/Ausgabe und Verarbeitung der akustischen Signale
7: übernimmt Ausgabe einfacher Signaltöne
8: Bezeichnung für diensteintegrierendes digitales Fernsehen
9: Gegensatz zu analog
10: Sammelbegriff für extrem angeschlossene Geräte und Baugruppen
11: Allgemeine englische Bezeichnung für Drucker
12: unterstützt den Prozessor bei rechenintensiven Aufgaben
13: Einheit für 8 Bit
14: Langbezeichnung für LWL

4 Informationstechnische Systeme bereitstellen
4.3.1 Hardware

9 Serielle und parallele Schnittstellen

Ermitteln Sie für die folgenden Schnittstellen jeweils eine typische Aufgabe und ordnen Sie die Art der Datenübertragung (seriell/parallel) zu.

- Advanced Technology Attachment (ATA)
- Serial ATA (S-ATA)
- DVI
- Bluetooth-Verbindung
- Personal Computer Memory Card International Association (PCMCIA)
- Small Computer System Interface (SCSI)
- FireWire (IEEE 1394)
- Universal Serial Bus (USB)

Hinweis: Nutzen Sie u. a. das Internet (z. B. http://www.computerbase.de/lexikon/).

10 Druckerschnittstelle LPT1

Die Abbildung zeigt die Belegung der Druckerschnittstelle auf PC-Seite und Druckerseite.

Übersetzen Sie die Begriffe und klären Sie die Funktion der insgesamt 25 Verbindungsadern.

– Strobe
– D0 – D7
– Ackn
– Busy
– PE
– Select
– Autofeed
– Error
– Init
– Slctin
– Masse

Hinweis: Nutzen Sie auch das Internet.

PC	Belegung der Schnittstelle LPT1			Drucker
	1	Strobe	▶	1
	2	D0	▶	2
	3	D1	▶	3
	4	D2	▶	4
	5	D3	▶	5
	6	D4	▶	6
	7	D5	▶	7
	8	D6	▶	8
	9	D7	▶	9
	10	◀ Ackn		10
	11	◀ Busy		11
	12	◀ PE		12
	13	◀ Select		13
	14	Autofeed	▶	14
	15	◀ Error		32
	16	Init	▶	31
	17	Slctin	▶	36
	18 – 25	Masse	▶	19 – 30

11 Direkte Ansteuerung über LPT1

Die Druckerschnittstelle lässt sich prinzipiell für die Ansteuerung eigener Peripherie direkt nutzen. So können Signale des PCs über den 8-Bit Ausgangsdatenbus ausgelesen und Signale über den 5-Bit breiten Steuereingangsbus eingelesen werden.

Abb. 1 zeigt eine ganz einfache Ausgangsschaltung während Abb. 2 eine einfache Eingabeschaltung darstellt.

a) Erläutern Sie jeweils den Schaltungsaufbau und die Funktion der einzelnen Bauelemente.
b) Welche Problematik ergibt sich aus dem direkten Anschließen von Bauelementen an den PC und wie kann dem begegnet werden?
c) Welche Folge hätte es, wenn die Eingänge 10 und 11 gegeneinander vertauscht werden würden?

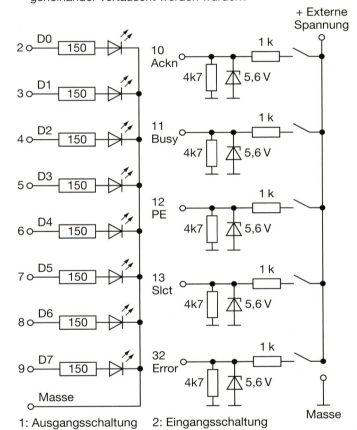

1: Ausgangsschaltung   2: Eingangsschaltung

12 Bussysteme

Erläutern Sie unter Verwendung des englischen Textes die Aufgabe und Funktionsweise von Bussystemen.

In computer architecture, a bus is a subsystem that transfers data or power between computer components inside a computer or between computers. Unlike a point-to-point connection, a bus can logically connect several peripherals over the same set of wires.

Early computer buses were literally parallel electrical buses with multiple connections, but the term is now used for any physical arrangement that provides the same logical functionality as a parallel electrical bus. Modern computer buses can use both parallel and bit-serial connections, and can be wired in either a multidrop (electrical parallel) or daisy chain topology, or connected by switched hubs, as in the case of USB.

4 Informationstechnische Systeme bereitstellen
4.3.1 Hardware

13 Ansteuerung einer LED über LPT1

a) Berechnen Sie die Stromstärke I durch die rote Leuchtdiode, wenn am Datenausgang der PCs eine Spannung gegenüber GRND von $U = 5$ V anliegt.

b) Welchen Normwert muss der Vorwiderstand R_V bei einer zugelassenen Toleranz von 20 % mindestens aufweisen, um die LED nicht zu gefährden ($I_{max} = 30$ mA)?

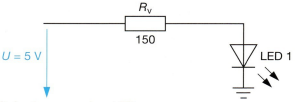

1-Bit-Ansteuerung einer LED

14 Netzwerkkarten

a) Erläutern Sie die Aufgabe von Netzwerkkarten.

b) Netzwerkkarten werden als LAN-on-Board, als PCI-Karten oder als PCMCIA-Karten vertrieben. Erläutern Sie die wesentlichen Unterscheidungs- und Eignungsmerkmale.

c) Für PCs werden fast ausschließlich Ethernet-Karten verwendet. Erstellen Sie eine Tabelle, aus der mögliche Verkabelungsarten und Übertragungsgeschwindigkeiten hervorgehen.

15 Anschluss von Peripherie an die Soundkarte

Sie wollen die Songs einer alten Schallplatte als MP3-Files auf Ihrem Rechner speichern.

Diese sollen dann über ihre Stereo-Anlage oder wahlweise über die Kopfhörer des PCs abgespielt werden können.

Die Aufnahme vom Plattenspieler möchten Sie mit Keyboardklängen und mit Ansagetext mischen.

Auf Ihrem PC ist eine entsprechende Software vorhanden.

Listen Sie alle notwendigen Verbindungen auf.

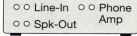 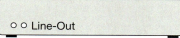

Anschluss von Peripherie an die Soundkarte

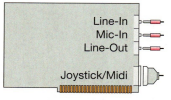

16 Externe Soundkarte

Die untere Abbildung zeigt die Vor- und Rückseite eines Audio-Interface mit Midi-Anschluss, das über die FireWire-Schnittstelle an den PC angeschlossen wird.

a) Informieren Sie sich im Internet über die Schnittstelle IEEE 1394 hinsichtlich verschiedener Steckerspezifikationen.

b) Welche Schnittstelle verwenden Sie, wenn ein Master-Keyboard eingesetzt werden soll?

c) Skizzieren Sie eine Schaltung, wenn als Audio-Quelle eine E-Gitarre und ein Mikrofon zur Verfügung stehen.

d) Die S/PDIF Schnittstelle gibt es in zwei Varianten. Welche sind es?

17 Schnittstellen für Grafikkarten

AGP stellt heute einen Quasi-Standard auf handelsüblichen Mainboards dar.

a) Was bedeutet AGP?

b) Nennen Sie mindestens vier wesentliche Vorteile von AGP-Slots gegenüber PCI-Slots.

18 Eigenschaften von Grafikkarten

Ein Hersteller liefert für seine Grafikkarte folgende Informationen:

„Diese Grafikkarte unterstützt DVI und VGA gleichzeitig. Wenn Sie zwei VGA-Motoren verbinden möchten, müssen Sie den im Abschnitt „Unterstützung von zwei Bildschirmen" gezeigten DVA-VGA-Adapter erwerben."

Erläutern Sie die besonderen Möglichkeiten der Grafikkarte und begründen Sie, warum zum Anschluss zweier VGA-Monitore ein Adapter erforderlich ist.

19 Vergleich von Netzwerkkarten

Ein Kunde möchte seine drei vorhandenen PCs und seinen Drucker miteinander vernetzen. Er hat etwas von „Netzwerkkarten" gehört und möchte wissen, was er tun muss.

Stellen Sie dem Kunden die verschiedenen Möglichkeiten vor. Berücksichtigen Sie bei Ihrer Erläuterung den Kosten- und Installationsaufwand ebenso wie Überlegungen zu möglichen gesundheitlichen und ökologischen Belastungen.

4 Informationstechnische Systeme bereitstellen
4.3.1 Hardware

20 Installation eines USB-Modems

Analoge Modems haben eine Bedeutung insbesondere im Zusammenhang mit Laptops (Verbindungsaufbau über TK-Steckdose im Hotel). Ist der Laptop nicht bereits mit einem internen Modem ausgerüstet, lassen sich z. B. USB-Modems problemlos nutzen. Der nachfolgende Auszug aus einem Handbuch der Fa. Sandberg beschreibt den Installationsvorgang unter Windows XP.

Erläutern Sie die notwendigen Installationsschritte.

Installation in Windows XP

1. Start your computer and connect the USB plug of the modem to the computer's USB port.
2. The "Found New Hardware" wizard appears. Select "**Install from a list or a specific location (Advanced)**". Click "**Next**".
3. Insert the accompanying CD-ROM.
4. Select "**Include this location in the search**" and specify "**D:\WinXP**". Click "**Next**". ("D" indicates your CD-ROM drive).
5. Windows will find the drivers and inform you that the driver 'has not passed Windows logo testing to verify its compatibility …'.
   Click "**Continue anyway**" and then "**Finish**".
6. Restart the computer. Your Sandberg USB Modem Link is now installed and ready to use.

Connecting the modem to the telephone network

Once the modem has been installed, it must be connected to the telephone network. You do this by connecting a telephone cable to the telephone socket in the modem. You can, for example, remove the little clip plug from your telephone and insert the modem's telephone plug.

21 Begriff Modem

a) Erläutern Sie den Begriff „Modem".

b) Geräte, die eine Verbindung zwischen PC und dem Integrated Services Digital Network (ISDN) herstellen, werden umgangssprachlich häufig als ISDN-Modem bezeichnet.
   Warum ist diese Bezeichnung eigentlich falsch?

22 Speicherverfahren und Speichermedien

Permanentspeicher werden hinsichtlich ihres Speicherverfahrens unterschieden:
- magnetisch,
- magneto-optisch,
- optisch und
- elektronisch (chipbasiert).

Ordnen Sie die folgenden Speichermedien den Speicherverfahren zu:
- CD-ROM
- DVD-R
- CompactFlash
- Diskette
- Micro-drive
- MemoryStick
- Festplatte
- xD-Picture-Card

23 Realisierung eines ISDN-Anschlusses

Ein analoger TK-Anschluss ist auf ISDN umgestellt worden. Die Deutsche Telekom liefert die NTBA-Box und eine interne ISDN-Karte für den PCI-Bus des PCs. Da die beiden vorhandenen analogen Telefone und das analoge Faxgerät weiter genutzt werden sollen, entschließt sich der Kunde zum Kauf einer ISDN-Nebenstellenanlage für maximal vier analoge Nebenstellen.

Erstellen Sie ein Anschlussschema zum Anschluss aller Geräte.

24 Modems

Bei einer Internetrecherche sind Sie auf die beiden nachfolgenden Angebote gestoßen.

Angebot 1:

USB-Modem K56/V.90

So gelangen Sie absolut unkompliziert ins Internet!
Mit dem externen 56-K-USB-Modem kommen Sie einfach ins Internet – an jeder Telefondose. Ideal auch für Notebooks.

- Keine externe Stromversorgung notwendig
- Klein, leicht zu transportieren
  (Maße: 110 mm x 74 mm x 24 mm, Gewicht: nur 85 Gramm)

Angebot 2:

USB-ADSL-Modem Sagem F@st 840

Mit Highspeed ins Internet?
Mit dem Sagem Fast 840 ist das kein Problem.
An den vorhandenen DSL-Splitter anschließen und mit Highspeed im Internet surfen.

- Einfache Installation dank USB-Anschluss
- Kein Netzteil für die Stromversorgung nötig

Erläutern Sie Gemeinsamkeiten und Unterscheidungsmerkmale und nennen Sie die jeweiligen Einsatzmöglichkeiten.

25 Festplatten und Datenbänder

Erläutern und vergleichen Sie das Funktionsprinzip beim Lesen und Schreiben von Daten auf Festplatten und Datenbändern.

26 Speicherkapazität von Festplatten

Beim Booten (Start) eines PCs erscheinen folgende Angaben auf dem Bildschirm:
- HD1 80,0 GB
- HD2 40982 MB

a) Berechnen Sie die gesamte Speicherkapazität jeweils unter Berücksichtigung eines binären und eines dezimalen Einheitenvorsatzes.

b) Wie groß ist der Unterschied zwischen den möglichen Festplattenkapazitäten in Prozent?

4 Informationstechnische Systeme bereitstellen
4.3.1 Hardware

27 Begriffe bei Permanentspeichern

Ermitteln Sie das senkrechte Lösungswort durch Lösen des Kreuzworträtsels.

Senkrecht:
Sammelbegriff für Medien, die abgelegte Informationen dauerhaft, d.h. ohne Anlegen einer externen Spannung behalten.

Waagerecht:
1: Bezeichnung für die definierten „Löcher" in der Oberfläche von CDs (*englisch*).
2: Bestandteil moderner Motherboards zum Anschluss von Festplatten und/oder CD-ROM-/DVD-Laufwerken (*englisch, mit Bindestrich*).
3: Wird von übereinander liegenden Spuren gebildet, die von den Schreibleseköpfen gleichzeitig betrachtet werden (*deutsch*).
4: Bedeutung von „CD" (*englisch, ein Wort*)
5: Abkürzung für Redundant Array of Inexpensive Discs
6: Bezeichnung für die definierte „Erhebung" auf der Oberfläche von CDs (*englisch*).
7: Festplatten in einem gesonderten Gehäuse. Lassen sich leicht entnehmen (*deutsch*).
8: Medium zur Datensicherung (*deutsch*)
9: Bedeutung von „DVD" (*englisch, ein Wort*)
10: Untergliederung einer Spur in gleichgroße Abschnitte (*deutsch*).
11: Von einem Schreiblesekopf bei einer Umdrehung überstrichener Bereich (*deutsch*).
12: Chipbasierter Speicher ohne Controller (*englisch, ein Wort*)
13: Einlaufspurbereich von CDs (*englisch, ein Wort*)
14: Leseverfahren von CDs, bei denen die Geschwindigkeit der CDs der konstanten Übertragungsrate angepasst wird (*Abkürzung*).

15: Schreib-Lese-Kopf (*englisch*)
16: Möglichkeit, Permanentspeicher gegenüber unbeabsichtigtes Löschen oder Überschreiben einzurichten (*deutsch*).
17: Zeitspanne zwischen der Anforderung von Daten und ihrer Bereitstellung.

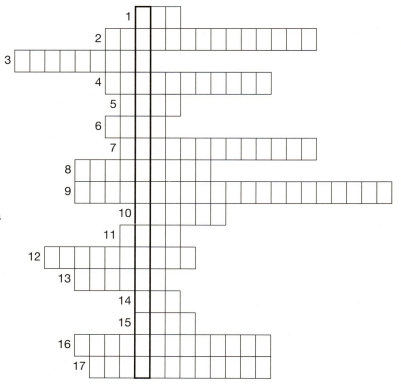

28 RAID-Systeme

Mit RAID-Systemen wird über die Bereitstellung redundanter (mehrfach vorhandener) Festplatten entweder das Ziel größerer Datensicherheit oder das Ziel höherer Zugriffsgeschwindigkeit verfolgt.

a) Erläutern Sie, welche RAID-Systeme eine Erhöhung der Datensicherheit ermöglichen.
b) Entscheiden Sie sich begründet für ein geeignetes RAID-System.

29 DVD-Systeme

CDs und DVDs weisen ein ähnliches Speicherverfahren auf, sie unterscheiden sich aber gleichzeitig wesentlich.

a) Erläutern Sie die wichtigsten Unterschiede.

DVDs werden in unterschiedlichen Ausführungen hergestellt. Zwischen DVD 5 und DVD 18 bestehen erhebliche Unterschiede in der Speicherkapazität und damit in der Spieldauer.

b) Worin unterscheiden sich die verschiedenen Arten und wie können die hohen Speicherkapazitäten erreicht werden?

30 Anschluss von EIDE-Geräten

Die üblichen EIDE-Controller auf den Motherboards erlauben den Anschluss von maximal vier Geräten an den beiden Ports. Dabei bilden jeweils zwei Geräte eine Einheit als Master und Slave. Diese müssen entsprechend gejumpert werden.

a) Begründen Sie, warum sinnvollerweise gleichartige Geräte an einem IDE-Port angeschlossen werden sollen.
b) Was kann getan werden, wenn mehr als vier Geräte (z. B. 3 Festplatten, 1 DVD-Laufwerk, 1 CD/DVD-Brenner) angeschlossen werden sollen?

31 Serial-ATA

Als Nachfolgestandard von EIDE (ATA) zum Anschluss von Festplatten kann Serial-ATA (S-ATA) angesehen werden.

Nennen Sie die wichtigsten Unterscheidungsmerkmale gegenüber ATA in Bezug auf

- Bussystem,
- Anschlusstechnik und
- Übertragungsrate.

Hinweis: Nutzen Sie zur Informationsrecherche das Internet.

4 Informationstechnische Systeme bereitstellen
4.3.2 Externe Baugruppen

1 Peripheriegeräte

Alle Komponenten, die der Dateneingabe und -ausgabe dienen und nicht im Rechnergehäuse integriert sind, werden als Peripheriegeräte bezeichnet.

Ergänzen Sie die unten stehende Mind-Map zu einer sinnvollen Übersicht über Peripheriegeräte.

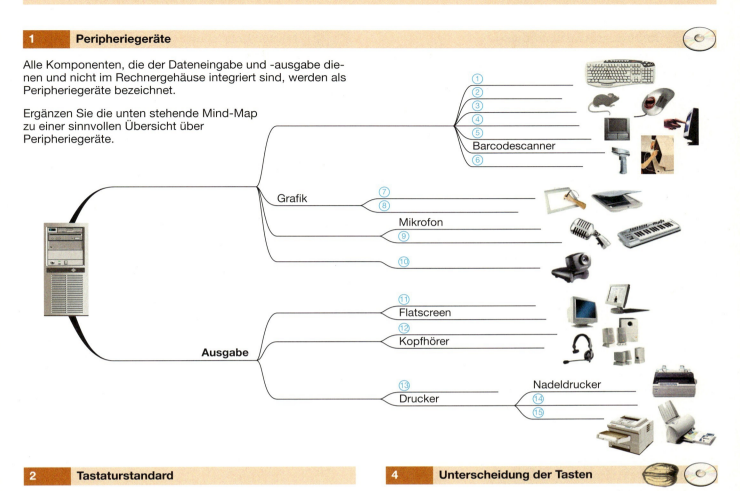

2 Tastaturstandard

Als Tastaturstandards haben sich die QWERTY-Tastatur im angelsächsischen Raum und die leicht veränderte QWERTZ-Tastatur im deutschsprachigen Raum durchgesetzt.

a) Worin unterscheiden sich diese beiden Tastaturen im Wesentlichen?

b) Bereits seit 1936 gibt es eine echte Alternative zu QWERTZ und QWERTY, der nachgesagt wird, das Tippen mit ihr gehe schneller und leichter. Wie heißt diese Tastatur?

Nutzen Sie als Informationsquelle das Internet.

3 Computer Tastatur

Entnehmen Sie die wichtigsten Informationen zur Aufgabe der Computertastatur und der verschiedenen Ausprägungen dem folgenden englischen Text.

A **computer keyboard** is a peripheral modelled after the typewriter keyboard. Designed to be used by a human to enter data by manual depression of keys. Most keyboards have characters engraved or printed on the keys, these usually represent characters selected from some language alphabet along with numbers and punctuation and other control keys.

Different keyboards may have different keys or keys laid out in different ways, this is the subject of keyboard layout. In English speaking countries, the IBM PC keyboard with the QWERTY layout is nearly universal. In countries speaking other Latin alphabet languages, small variations on QWERTY can be found; the Brazilian Portuguese and Spanish keyboard layouts, for example, while having enough differences to disrupt a QWERTY typist's fluency, have many more keys in common with QWERTY than not. See keyboard layout for descriptions of keyboards in other languages and character sets.

4 Unterscheidung der Tasten

Die prinzipielle Arbeitsweise der Auswertung einer gedrückten Taste soll an einer rein nummerischen Tastatur nachvollzogen werden.

Beim Drücken einer Nummerntaste 0 – 9 wird der entsprechende Wert über eine 4-Bit-Datenleitung an den Prozessor weitergegeben. Dabei hat jede der vier Datenleitungen einen definierten Wert ($2^0 = 1$ bis $2^3 = 8$).

Im Schaltplan ist für die Tasten 0, 1, 2, 4 und 8 die Ansteuerung der Spaltenleitungen durch die Verbindung der entsprechenden Zeilenleitungen über Dioden richtig funktionsgerecht dargestellt. Alle anderen Tasten erzeugen zur Zeit noch den Wert „Null".

Ergänzen Sie die fehlenden Dioden für die verbleibenden Tasten 3, 5, 6, 7 und 9.

Hinweis: Die entsprechenden Werte werden über Addition gebildet.

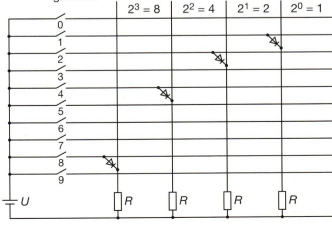

115

4 Informationstechnische Systeme bereitstellen
4.3.2.1 Eingabegeräte

1 ASCII-Code und Scan-Code

Für die Tastaturabfrage sind mehrere verschiedene Codes von Bedeutung, insbesondere der ASCII-Code und der Scan-Code.

ASCII-Code
Der „American Standard Code for Information Interchange" ist eine in der Computerwelt sehr weit verbreitete Zuordnungstabelle für die Darstellung von Buchstaben, Ziffern und Sonderzeichen. Ursprünglich waren pro Zeichen 7 Bits vorgesehen, mittlerweile haben sich 8 Bits, also ein Byte durchgesetzt.

a) Wie viel Zeichen lassen sich mit dem ursprünglichen (7-Bit) und dem erweiterten (8-Bit) Code unterscheiden?
b) Ermitteln Sie den nummerischen Wert für folgende Zeichen: (, 1, A, a.

Scan-Code
Mit dem Scan-Code werden den Tasten der PC-Tastatur eindeutige Nummern zugeordnet. Damit ist es auch möglich, Tasten, wie die Cursortasten, denen kein druckbares Zeichen entspricht, zu identifizieren. Bei Scan-Codes wird nicht zwischen Groß- und Kleinbuchstaben unterschieden, da beide mit derselben Taste erreicht werden.

a) Wie viel Bits sind für die Unterscheidung der ca. 100 verschiedenen Tasten der Computertastatur notwendig?
b) Ermitteln Sie den nummerischen Wert für folgende Tasten: A, D, Cursor hoch, Cursor runter.

2 Tastaturanschlüsse

Entnehmen Sie dem englischen Text folgende Informationen:
a) Welche Anschlussmöglichkeiten für Tastaturen gibt es neben USB?
b) Wieviel Adern muss die Leitung zwischen Tastatur und PC aufweisen?
c) Welche Tastaturen weisen keine separate Resetleitung mehr auf?
d) Für welche maximale Strombelastbarkeit sind die meisten Tastaturen ausgelegt?

The PC's AT Keyboard is connected to external equipment using four wires. These wires are shown below for the 5 Pin DIN Male Plug & PS/2 Plug.

1. KBD Clock
2. KBD Data
3. N/C
4. GND
5. + 5 V (VCC)

5 Pin DIN

1. KBD Clock
2. GND
3. KBD Data
4. N/C
5. + 5 V (VCC)
6. N/C

PS/2

A fifth wire can sometimes be found. This was once upon a time implemented as a Keyboard Reset, but today is left disconnected on AT Keyboards. Both the KBD Clock and KBD Data are Open Collector bidirectional I/O Lines. If desired, the Host can talk to the keyboard using these lines.

Most keyboards are specified to drain a maximum 300 mA. This will need to be considered when powering your devices.

3 Sehnenscheidenentzündung

Der sehr häufige Gebrauch von ergonomisch ungeeigneten Tastaturen und Mäusen kann zu Sehnenscheidenentzündungen führen. Diese sind sehr schmerzhaft und äußern sich in starken, stechenden oder ziehenden Schmerzen im Handgelenk.

a) Was ist die Sehnenscheide?
b) Welche Behandlungsmöglichkeiten gibt es?
c) Welche Folgen können sich ergeben, wenn eine Sehnenscheidenentzündung nicht ausgeheilt wird?

Hinweis: Informieren Sie sich auch im Internet.

4 Mechanische Maus

Ergänzen Sie die Abbildung zum Innenleben einer mechanischen Maus, indem Sie folgende Begrifflichkeiten zuweisen: rechte Taste, linke Taste, Scrolltasten, Kugel, Controller, Lichtschranke x-Richtung, Lichtschranke y-Richtung, Segmentscheibe x, Segmentscheibe y.

5 Zeigegeräte

Erstellen Sie eine Tabelle zu Zeigegeräten (s. u.).

Bezeichnung	Verwendung	Vorteile	Nachteile
Maus (mechanisch)			
Maus (optisch)			
Trackball			
Touchpad			
Touchscreen			
Grafiktablett			

6 Flachbettscanner

Bei Flachbettscannern legt man die Vorlage auf eine Glasplatte, unter der sich die Lichtquelle und der Lesekopf befinden. Moderne Flachbettscanner nutzen im Wesentlichen zwei Systeme, mit denen sie die Farbe und Helligkeit der Vorlage erkennen: CCD oder CIS.

a) Was bedeuten die beiden Abkürzungen?
b) Worin unterscheiden sich die beiden Systeme?
c) Ein Kunde möchte von Ihnen beraten werden. Der Kunde ist begeisterter Insektenfänger. Er stellt sich vor, seine Insekten auf einen Scanner zu legen, um so seine Sammlung am Rechner archivieren zu können. Was raten Sie dem Kunden?

7 Farbtiefe, Auflösung und Speicherplatz

Ihr hochwertiger Scanner kann mit einer Farbtiefe von bis zu 48 Bit und einer optischen Auflösung bis zu 3200 · 6400 ppi arbeiten.

a) Berechnen Sie jeweils den Speicherplatzbedarf für eine Fotografie in Postkartengröße, wenn Sie diese mit höchster Auflösung und Farbtiefe oder aber mit einer Auflösung von 150 · 300 ppi bei 24 Bit scannen wollen.
b) Geben Sie den Speichermehrbedarf in Prozent an.

4 Informationstechnische Systeme bereitstellen
4.3.2.2 Ausgabegeräte

1 Geschichte der Kathodenstrahl-Röhre

a) Auf welchem Funktionsprinzip basiert der Röhrenbildschirm?

b) In welchem Zusammenhang hat der Erfinder die erste Kathodenstrahlröhre genutzt?

Electronic television is based on the development of the cathode ray tube – CRT – which is the picture tube found in modern television sets. A cathode ray tube or CRT is a specialized vacuum tube in which images are produced when an electron beam strikes a phosphorescent surface. Television sets, computers, automated teller machines, video game machines, video cameras, monitors, oscilloscopes and radar displays all contain cathode ray tubes. Phosphor screens using multiple beams of electrons have allowed CRTs to display millions of colors.

The first cathode ray tube scanning device was invented by the German scientist Karl Ferdinand Braun in 1897. Braun introduced a CRT with a fluorescent screen, known as the cathode ray oscilloscope. The screen would emit a visible light when struck by a beam of electrons.

2 Gehäusefarben von Monitoren

Die TCO 99 und 03 legen u. a. verbindlich fest, ob dunkle oder schwarze Gehäusefarben für Monitore oder TFT-Displays den erforderlichen ergonomischen Anforderungen entsprechen.

a) Wer verbirgt sich hinter der Bezeichnung TCO?

b) Ermitteln Sie, ob ein Gerät mit schwarzem Gehäuse das TCO 03-Siegel tragen darf.

c) Nennen Sie mindestens fünf weitere Anforderungen von TCO 03 an TFT-Monitore.

Hinweis: Nutzen Sie zur Informationsgewinnung auch das Internet.

3 CMYK und RGB

a) Beschreiben Sie den Unterschied zwischen CMYK und RGB.

b) Wie lässt sich die Tatsache erklären, dass sehr häufig gedruckte Farben nicht mit den am Monitor dargestellten Farben übereinstimmen.

Nutzen Sie als Quelle den englischen Text.

CMYK: Short for Cyan-Magenta-Yellow-Black, and pronounced as separate letters. CMYK is a color model in which all colors are described as a mixture of these four process colors. CMYK is the standard color model used in offset printing for full-color documents. Because such printing uses inks of these four basic colors, it is often called four-color printing.

In contrast, display devices generally use a different color model called RGB, which stands for Red-Green-Blue. One of the most difficult aspects of desktop publishing in color is color matching – property converting the RGB colors into CMYK colors so that what gets printed looks the same as what appears on the monitor.

4 Funktionsprinzip des LCD-Monitors

Erläutern Sie auf der Grundlage der Abbildung das Funktionsprinzip des LCD-Monitors.

1. Anliegende Spannung: Licht wird gesperrt

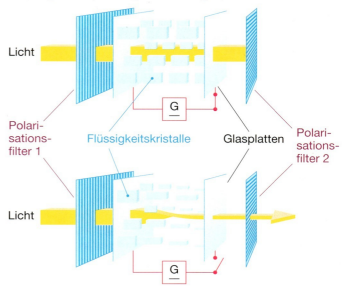

2. Keine Spannung: Licht wird durchgelassen

5 Kauf eines TFT-Monitors

Begründen Sie, ob der Kauf eines TFT-Monitors mit den folgenden technischen Daten anzuraten ist.

- 90 – 240 VAC/47 – 63 Hz
- 42 W (Stand-by: 12 W)
- 15,0 "
- 1024 · 768 Pixel bei 60 Hz
- Blickwinkel gesamt 120°/120°
- Leuchtdichte 120 cd/m^2
- 15-pin D-Sub
- 402 · 402 · 260 mm
- 4,2 kg inkl. Netzteil
- TCO 99

6 Druckerberatung

Eine Freundin von Ihnen möchte sich einen neuen Drucker kaufen und fragt Sie nach dem „richtigen" Modell.

Entwickeln Sie einen Fragenkatalog, der es Ihnen ermöglicht, einen Rat zu geben, der die tatsächlichen Anforderungen Ihrer Freundin angemessen berücksichtigt.

7 Tintenstrahldrucker

Bei allen Tintenstrahldruckern werden Druckpunkte durch kleinste Farbtröpfchen erzeugt.

a) Worin unterscheiden sich bei der Erzeugung der Farbpunkte so genannte „Bubble-Jet"-Drucker von Druckern mit Piezo-Element?

b) Welche Auswirkungen hat die unterschiedliche Drucktechnik auf das Verbrauchsmaterial der Tintenstrahldrucker?

4 Informationstechnische Systeme bereitstellen

4.3.2.2 Ausgabegeräte

8 Begrifflichkeiten bei Monitoren

Ermitteln Sie das senkrechte Lösungswort durch Lösen des Kreuzworträtsels.

Senkrecht:
    Zusammenfassende Bezeichnung für herkömmliche Monitore.

Waagerecht:
1: Verhältnis der Helligkeit zwischen einem schwarzen und einem weißen Bildpunkt.
2: Bezeichnung der Anzahl der Bildpunkte, aus der sich das dargestellte Bild zusammensetzt.
3: Intensität der Ausleuchtung (nach TO 03 mindestens 150 cd/m^2)
4: Tritt besonders bei CRT in den Randbereichen auf.
5: Folge der Beschleunigung der Elektronen. LCD-Schirme weisen sie gar nicht auf.
6: Wesentliches Kriterium für die Beurteilung der Umweltverträglichkeit.
7: Entfernung von einer Monitorecke zur anderen.
8: Winkel, ab dem bei LCD-Monitoren Farbveränderungen oder Kontrast- und Helligkeitsverluste auftreten.
9: Reaktionszeiten, die die Flüssigkeitsmoleküle benötigen, um auf Spannungsänderungen zu reagieren.
10: Abstand der einzelnen Bildpunkte.
11: Bezeichnung der Versorgungsspannung.
12: Tjänstemännens Centralorganisation (*Abk.*).
13: Anzahl der neu dargestellten Bilder in einer Sekunde.
14: Sammelbegriff für Datenanschluss.
15: Anzahl der geschriebenen Zeilen pro Sekunde.
16: Physikalisch korrekte Bezeichnung für umgangssprachlich „Gewicht".

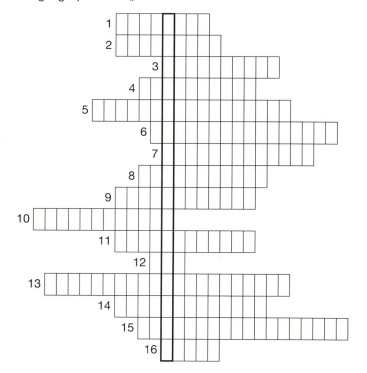

4.4 Auftragsdurchführung

1 Auftragsabwicklung

Ein Kunde ruft in Ihrem Betrieb an und fragt nach der Möglichkeit, bei ihm zu Hause einen DSL-Anschluss zu installieren.

Zwischen dieser Kundenanfrage und der möglichen Installation beim Kunden sind mehrere Schritte in Ihrem Betrieb notwendig.

a) Stellen Sie diese in einem Ablaufschema möglichst konkret bezogen auf die Kundenanfrage dar.
b) Bevor dem Kunden ein Angebot unterbreitet wird, ist u. a. eine „interne Auftragsprüfung" notwendig. Was ist darunter zu verstehen und welche Funktion hat dieser Schritt?
c) Nachdem Ihr Betrieb dem Kunden ein schriftliches Angebot unterbreitet hat, meldet sich der Kunde nicht mehr. Was ist zu tun?

2 Schriftliches Angebot

Ein Kunde ruft in Ihrem Betrieb an und fragt nach der Möglichkeit, bei ihm zu Hause einen DSL-Anschluss zu installieren.

Der Kunde macht folgende Angaben:

– Der DSL-Anschluss ist von der Telekom bereits verlegt.
– Der gesamte Telefonanschluss befindet sich im Hauswirtschaftsraum.
– Sein PC steht in seinem Arbeitszimmer.
– Der Kunde hat eine Telefonanlage, die hervorragend funktioniert und an der er nichts ändern möchte.
– Die Telekom hat außer dem Splitter keine weiteren Geräte geliefert.

Bereiten Sie ein Angebot vor, das alle notwendigen Positionen beinhaltet, aber noch keine Preise und damit auch keinen Endpreis aufweist.

3 Informationsquellen

Ein Kunde ruft bei Ihnen im Betrieb an und erzählt Ihnen, dass er die Anleitung für den bei Ihnen gekauften Scanner mit der Bezeichnung Canon Lite 80 verloren habe und bittet Sie, ihm einen entsprechenden Ersatz zu beschaffen.

Was tun Sie?

4 Auswahlkriterien

Für die Installation im Rahmen eines Kundenauftrages sollen Sie eine geeignete ISDN-TK-Anlage bestellen.

Das mit dem Kunden gemeinsam erstellte Lastenheft enthält folgende Angaben:

– Anbindung der TK-Einrichtungen an ISDN
– Nutzung der beiden vorhandenen analogen Telefone
– Anschluss eines neuen ISDN-Telefons
– Anschluss eines neuen Faxgerätes
– Vorbereitung der Internetanbindung des PCs für Sky-DSL
– Interne Kommunikation im Haus über TK-Einrichtungen
– Möglichkeit externer TK-Verbindungen für alle TK-Geräte

Wählen Sie unter Verwendung von Herstellerunterlagen (Fachzeitschriften, Prospekten oder Internet) eine TK-Anlage aus, die den Anforderungen des Kunden gerecht wird.

4 Informationstechnische Systeme bereitstellen
4.4.1 Produktauswahl

1 Informationsquellen

Sie möchten sich über das aktuelle Angebot an DSL-Modems informieren.

Erstellen Sie eine Auflistung der Informationsquellen, die für diese Informationsrecherche in Frage kommen.

3 DSL

Bei der Beauftragung eines neuen DSL-Zugangs stellt der Anbieter folgende Hardwarekomponenten in Aussicht: DSL-Modemkarte (PCI), externes DSL-Modem, DSL-Modem-Router, WLAN-DSL-Router (gegen Aufpreis).

a) Stellen Sie die Angebote hinsichtlich ihrer möglichen Nutzung gegenüber.

b) Das Angebot des Anbieters enthält folgenden Hinweis: *Voraussetzung für die Inanspruchnahme ist eine nicht erfolgte Portreservierung.* Was bedeutet das?

Nutzen Sie als Informationsquelle auch das Internet.

2 Laptop

Sie wollen sich für Ihren privaten Gebrauch einen Laptop anschaffen. Im Internet haben Sie zwei interessante Angebote zum gleichen Preis gefunden.

a) Stellen Sie für eine fundierte Auswahlentscheidung die beiden Angebote nach Auswahlkriterien **tabellarisch** gegenüber.

b) Begründen Sie Ihre getroffene Entscheidung auf der Grundlage der erstellten Tabelle.

Super Gelegenheit zum Top-Preis!

Laptop der Marke LIFE powered by Medion!
Prozessor: Intel Celeron Prozessor mit 2,8 GHz.
Grafik/Audio: SiS M650 Grafikchip mit bis zu 64 MB Shared Memory, 16 Bit Soundchip und 2 integrierten Lautsprechern.
Schnittstellen: u. a. 1 x TV-out, 1 x Wireless LAN.
DVD-Brenner: 4xDVD+R/2.4xDVD+RW/16xCD–R/8xCD–RW (Angaben sind Maximalwerte).
Display: 15" TFT XGA, Colour Display.
Festplatte: 40 GB Festplatte (Seagate), Arbeitsspeicher: 256 MB DDR-RAM.
Laufwerke: Combo (DVD-ROM + CD-RW).
Netzwerk/Modem: 10/100 Mbit Fast Ethernet LAN und 56 K V.90 Modem.
Netz-/Akkubetrieb: Ext. Adapter, VDE/GS geprüft mit LiIon Hochleistungsakku.
Interfaces: 1 x PCMCIA Typ II, 4 x USB 2.0, 1 x parallel, 1 x PS/2, 1 x VGA out, 1 x LAN (RJ45), 1 x Modem (RJ11), 1 x Mikrofon in, 1 x line out mit S/P-DIF.
Software: Microsoft Windows XP Home Edition SP1 (vorinstalliert für diesen erworbenen Computer), Microsoft Works 7.0 (OEM Version), Medion Home Cinema Suite (OEM Version), Nero Burning ROM (OEM Version).
Eingabegerät: Keyboard mit 4 Multimediatasten, Touchpad mit 2 Maustasten und Scrollfunktion.
Maße (L/T/H): ca. 332x285x30,54/39,5 mm.
Gewicht: ca. 3,4 kg inkl. Batterie.
Gratis: Notebook USB-Scrollmouse und Tragetasche!!
24 Monate Garantie.

Amilo K 7600/XP-M 2500+

Der 15 Zoll TFT XGA Monitor (1024 x 768) ist nicht allein perfekt zum Betrachten komplexer Tabellen und für beeindruckende Multimediapräsentationen. Er ist auch die ideale Lösung für kleine Unternehmen, die ein umfassendes Arbeitsmittel benötigen, welches komplette Multimedia- und Kommunikationsfeatures, hohe Leistung und leichte Portabilität in einer einzigen, robusten Lösung bietet.

Ebenso geeignet ist der ‚Amilo K 7600' auch für private Nutzer, die keinen platzraubenden PC wollen, sondern einen mobilen Rechner für beeindruckende Unterhaltung, einfache Internetanbindung und für Heimanwendungen um sich z. B. mit Hilfe des CD-RW-Combo-Laufwerks (CD24x/CDR24x/CDRW24x/DVD8x) die neuesten Lieblings-Hits auf CD zu brennen.

Sie können sich die Daten aber auch auf der 40 GB HDD großen Festplatte speichern. Zudem steht auch noch ein Arbeitsspeicher von 512 MB DDR RAM zur Verfügung.

Das Glanzstück des ‚Amilo K 7600' ist der schnelle und leistungsfähige AMD Mobile Athlon XP 2500+ Prozessor mit PowerNow!-Technologie.

Brillante Darstellungen sind über 3D Grafik (S3 Pro Savage) möglich!

Des Weiteren sind 56k Modem, LAN, Lithium-Ionen Akku, Windows XP Home, Works 7.0, WIN DVD und Nero CD-Maker im Lieferumfang enthalten.

2 interne Lautsprecher, TV-Out und die 4 x USB 2.0 Anschlüsse runden das Profil dieses preisgünstigen 2,9 kg leichten Notebooks ab.

Garantie 24 Monate Pick up & Return.

Lieferung nur solange der Vorrat reicht!

4 Informationstechnische Systeme bereitstellen
4.4.2.1 Installationsprozess Hardware

1 Chronologie der Installation

Die Darstellung des Installationsprozesses ist durcheinander geraten, außerdem unvollständig. Erstellen Sie eine korrigierte sinnvolle Darstellung und ergänzen Sie die fehlenden Prozesse.

Lösungshilfe:

- Arbeitsspeicher einstecken
- Bereitstellen von Werkzeugen und Hilfsmitteln
- BIOS-Einstellungen
- Datenkabel anschließen
- Dokumentation aller Produkt-, Versions- und Seriennummern
- Einbau des Netzteils
- Festplatten einrichten
- Gehäuse schließen
- Gehäuse vorbereiten
- ggf. weitere Karten einbauen
- Grafikkarte einbauen
- Laufwerke einbauen
- Lüfterkontrolle
- Mainboard in Gehäuse montieren
- Montage des Prozessorlüfters
- Prozessor in Sockel einbauen
- Setzen und Dokumentation der Jumper und Dipschalter
- Sichtkontrolle Anschlüsse
- Sichtkontrolle Kleinteile
- Spannungsversorgungen anschließen
- Überprüfen von Vollständigkeit und Unversehrtheit der Komponenten
- Wahl der Einbauplätze

Gehäuse und Netzteil		
		Bereitstellen von Werkzeugen und Hilfsmitteln

↓

Abschlussprüfung		
Wahl der Einbauplätze		

↓

Vorbereitungen		
		Einbau des Netzteils

↓

Erweiterungskarten		
	Montage des Prozessorlüfters	

↓

Laufwerke		
Grafikkarte einbauen		

↓

Mainboard, Prozessor und Arbeitsspeicher		
		Datenkabel anschließen

↓

Testbetrieb und Startkonfiguration		
Sichtkontrolle Kleinteile		

↓

Vorüberlegungen		
Lüfterkontrolle		Festplatten einrichten

2 Sicherheitshinweise

Sie sehen rechts einen Auszug aus einem Handbuch für ein Motherboard. Der Text enthält wichtige Sicherheitshinweise zum Einbau des Motherboards und anderer Peripherie.

a) Welche beiden Sicherheitsbereiche werden unterschieden?
b) Welche Gefahr für den Benutzer soll in jedem Fall vermieden werden?
c) Wie soll diese Gefahr vermieden werden?
d) Welche Gefahr wird bei der Verwendung von Verlängerungskabeln angesprochen?
e) Welcher Hinweis wird für den Fall eines defekten Zuleitungskabels gegeben?
f) Ein Hinweis wird im Zusammenhang mit Handbüchern gegeben. Wie lautet dieser Hinweis?
g) Beim Einbau des Motherboards kann es zu ungewollten Kurzschlüssen kommen. Welche Maßnahmen schlägt das Handbuch vor?
h) Welche Angaben werden zur Umgebung des einzusetzenden PCs gemacht?
i) Was ist zu tun, wenn technische Probleme mit dem Motherboard auftreten?

Electrical safety
- To prevent electrical shock hazard, disconnect the power cable from the electrical outlet before relocating the system.
- When adding or removing to or from the system, ensure that the power cables for the devices are unplugged before the signal cables are connected. If possible, disconnect all power cables from the existing system before you add a device.
- Before connecting or removing signal cables from the motherboard, ensure that all power cables are unplugged.
- Seek professional assistance before using an adapter or extension cord. These devices could interrupt the grounding circuit.
- Make sure that your power supply is set to the correct voltage in your area. If you are not sure about the voltage of the electrical outlet you are using, contact your local power company.
- If the power supply is broken, do not try to fix it by yourself. Contact a qualified service technician or your retailer.

Operation safety
- Before installing the motherboard and adding devices on it, carefully read all the manuals that came with the package.
- Before using the product, make sure all cables are correctly connected and the power cables are not damaged. If you detect any damage, contact your dealer immediately.
- To avoid short circuits, keep paper clips, screws, and staples away from connectors, slots, sockets and circuitry.
- Avoid dust, humidity, and temperature extremes. Do not place the product in any area where it may become wet.
- Place the product on a stable surface.
- If you encounter technical problems with the product, contact a qualified service technician or your retailer.

4 Informationstechnische Systeme bereitstellen
4.4.2.1 Installationsprozess Hardware

3 Werkzeugliste

a) Erstellen Sie eine Liste der für eine Hardwareinstallation notwendigen Werkzeuge und Hilfsmittel.

b) In fast allen Handbüchern von Mainboards wird auf die Notwendigkeit der Verwendung eines Erdungsarmbandes beim Hantieren mit Mainboard, Speicherbausteinen, Festplatte usw. hingewiesen.
Erläutern Sie die Notwendigkeit der Verwendung.

c) Wie funktioniert das Erdungsarmband?

4 Mainboard Jumper

Beim Einrichten des Mainboards hatten Sie ein BIOS-Passwort gesetzt, dass Sie aber leider vergessen haben.

Ihr Handbuch zeigt eine Übersicht der verfügbaren Jumper (siehe untenstehende Abbildung).

Was müssen Sie tun, um Ihr Board wieder konfigurieren zu können?

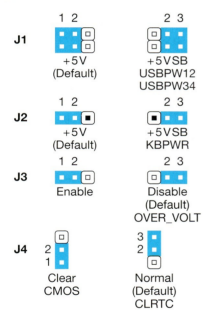

5 Temperatur einer ungekühlten CPU

Moderne Prozessoren müssen im laufenden Betrieb ständig gekühlt werden, wenn sie nicht den Wärmetod sterben sollen.

Ein 2,8 MHz-Prozessor benötigt bei voller Auslastung eine Stromstärke von 16,5 A bei einer Versorgungsspannung (VCore) von 1,484 V.

Berechnen Sie die Temperaturerhöhung des Prozessors innerhalb einer Minute, wenn die Kühlung vollständig ausgefallen ist und der Prozessor bei Vollauslastung weiter betrieben wurde.

Zusätzliche Angaben:

Masse des Prozessors: $m = 200$ g

Spezifische Wärmekapazität des Prozessors $c = 0{,}075 \dfrac{\text{Ws}}{\text{g} \cdot \text{K}}$

6 Einbau der Speicherbausteine

Der Auszug aus einem Handbuch beschreibt den Einbau der Speicherbausteine in das Mainboard.

Erstellen Sie auf der Grundlage des englischen Textes die notwendigen Verhaltensmaßregeln und die schriftliche Verfahrensvorschrift zum Einbau der Speicherbausteine in deutsch.

> **Installing a DIMM**
>
> Make sure to unplug the power supply before adding or removing DIMMs or other system components.
>
> Failure to do so many cause severe damage to both the motherboard and the components.
>
> 1. Unlock a DIMM Socket by pressing the retaining clips outward.
> 2. Align a DIMM on the socket such that the notch on the DIMM matches the break on the socket.
>
> DDR-DIMM Notch
>
>
>
> Fig. 1 (Unlocked Retaining Clips)
>
> A DDR DIMM is keyed with a notch so that it fits in only one direction.
>
> DO NOT force a DIMM into a socket to avoid damaging the DIMM.
>
> 3. Firmly insert the DIMM into the socket until the retaining clips snap back in place and the DIMM is properly seated.

7 Arbeitsspeicher

Bei den Speicherbausteinen sind DDR-DIMM von SDR-DIMM zu unterscheiden.

a) Was bedeutet DDR- bzw. SDR-Dimm?

b) Beide DIMM-Module haben gleiche Abmessungen. Sie unterscheiden sich jedoch rein äußerlich in der Gestaltung der Kerben und in der Anzahl der Anschluss-Pole.
Benennen Sie die äußerlichen Unterscheidungsmerkmale.

c) Ein Kunde möchte eine Entscheidungshilfe für die Wahl von DDR oder SDR.
Was raten Sie ihm?

4 Informationstechnische Systeme bereitstellen

4.4.2.1 Installationsprozess Hardware

8 Systemanschlüsse

Nach der Installation der Speicherbausteine ist das Board in das Gehäuse einzusetzen, zu verschrauben und es sind alle erforderlichen Anschlüsse zwischen Board, Gehäuse und Peripherie herzustellen.

a) Erstellen Sie eine Liste mit allen typischerweise herzustellenden Verbindungen.

b) Erläutern Sie die Funktion der typischen Systemanschlüsse.

c) Zeichnen Sie ein Anschlussschema für alle typischerweise herzustellenden Verbindungen.

9 Anschluss von Laufwerken

Die Abbildung zeigt ein typisches Anschlussschema für EIDE-Laufwerke.

a) Erläutern Sie die Gründe für das in der Abbildung dargestellte Anschließen und Jumpern der Laufwerke.

b) Erstellen Sie ein entsprechendes Anschlussschema für den Anschluss von CD-ROM/DVD-Laufwerk, CD-Brenner und entsprechenden Laufwerken an ein RAID-System (RAID 1). Das System soll physikalisch getrennte Platten für Systemdateien und Datendateien aufweisen.

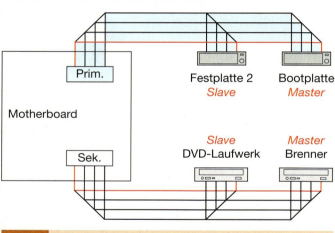

10 Abschlussprüfung

Erstellen Sie ein Ablaufdiagramm, das die notwendigen Überprüfungen vor der ersten Inbetriebnahme eines neu aufgebauten Rechners darstellt.

11 Erster Rechnerstart

Der nachfolgende Text beschreibt den Vorgang des ersten Rechnerstarts.

Erstellen Sie auf der Grundlage des Textes ein geeignetes Flussdiagramm, das als Entscheidungs- und Verhaltenshilfe verwendet werden kann.

Erster Testbetrieb

Nach dem Anschließen von Tastatur, Maus, Monitor und Netzkabel kann der Rechner eingeschaltet werden. Liegen keine Fehler vor, leuchtet die Power-LED. Der Typ der Grafikkarte, die BIOS-Version und die Speicherkapazität des gültigen Hauptspeichers werden auf dem Monitor angezeigt. Wenn der Lüfter auf dem Prozessor sich erwartungsgemäß dreht, kann mit der eigentlichen Konfiguration des Rechners begonnen werden.

4.4.2.2 Installationsprozess Software

1 Begrifflichkeiten

Erläutern Sie die folgenden Begriffe:
a) Software
b) Betriebssystem
c) Urladeprogramm
d) Treiber
e) Applikation

2 Startvorgang eines Rechners

Ergänzen Sie das Flussdiagramm zum Starten eines PCs, indem Sie die Bedeutung der Ziffern notieren.

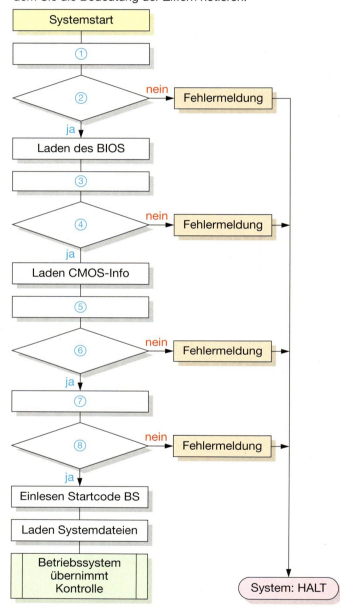

3 Fehlersignal beim Start eines Rechners

Ein Kunde ruft an und schildert Ihnen folgendes Phänomen: „Ich glaube, der Monitor, den ich gestern bei Ihnen gekauft habe, ist kaputt. Jedenfalls, wenn ich meinen Rechner starten will, tutet es ein paar Mal und dann passiert gar nichts mehr. Und am Monitor brennt zwar die grüne Signallampe, aber sonst bleibt der Monitor dunkel".

Nehmen Sie Stellung zur Annahme des Kunden und beschreiben Sie die wahrscheinliche Fehlerursache beim Startvorgang.

4 Informationstechnische Systeme bereitstellen
4.4.2.2 Installationsprozess Software

4 Fehlermeldungen beim Rechnerstart 1

Beim Start des Rechners erscheint eine Fehlermeldung und das System bleibt stehen.

a) Was ist die Ursache?

b) Was kann getan werden, damit der Rechner korrekt startet?

> BIOS ROM checksum error –
> System halted

5 Fehlermeldungen beim Rechnerstart 2

Beim Start des Rechners erscheint eine Fehlermeldung und das System bleibt stehen.

c) Was ist die Ursache?

d) Was kann getan werden, damit der Rechner korrekt startet?

> Disk Boot Failure, insert system disk and press enter

6 Kaltstart und Warmstart

In einem Internetlexikon findet man zum Begriff „Kaltstart" folgende Erläuterung:

Kaltstart:
Startvorgang nach dem Einschalten des (kalten) PCs bzw. nach dem Reset. Im Gegensatz zum Warmstart wird dabei auch der POST ausgeführt.

a) Erläutern Sie die Beschreibung „der POST wird ausgeführt".

b) Ihr Virenscanner hat den speicherresidenten Wurm „WORM_OPASOFT.A" auf Ihrem System gefunden und zerstört. Das Programm rät zu einem Neustart des Rechners. Begründen Sie, welche Form des Neustarts Sie wählen.

7 Start des BIOS-Setup

Sie möchten sich die Einträge der BIOS-Konfiguration Ihres Rechners einmal genauer anschauen.

a) Ermitteln Sie den Hersteller und die Versionsnummer Ihrer CMOS-Setup-Utility.

b) Ermitteln Sie die Tastenkombination Ihres persönlichen Computers zum Start des BIOS-Setups.

8 Fehlersignal

a) Ermitteln Sie für Ihren PC die Bedeutung der akustischen Fehlersignale. Verwenden Sie hierzu das Handbuch zum Mainboard.

b) Warum sind akustische Signaltöne zur Angabe von Fehlern beim Start des Rechners notwendig?

9 BIOS Menü

Ein Handbuch enthält als Information zur Navigation folgenden Text.

Navigation keys
At the bottom right corner of a menu screen are the navigation keys for the particular menu. Use the navigation keys to select items in the menu and changing the settings.

Beschreiben Sie die Bedeutung aller im Hinweisfenster genannten Tasten.

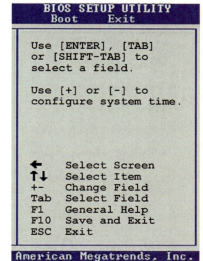

10 BIOS-Grundeinstellung

Da Ihr Rechner nicht mehr bootet, möchten Sie die vom Hersteller vorgegebenen Daten in den CMOS-RAM übertragen.

Sie haben Ihr BIOS-Setup (vgl. Abbildung) gestartet. Was müssen Sie nun tun?

11 Einrichten von Partitionen

Sie beabsichtigen eine bestehende Festplatte mit der Größe von 120 GB in zwei Partitionen (20 GB/100 GB) zu unterteilen.

a) Welche prinzipiellen Möglichkeiten gibt es hierzu?

b) Beschreiben Sie die Vorgehensweise unter dem Betriebssystem, das auf dem Rechner bereits installiert ist.

4 Informationstechnische Systeme bereitstellen
4.4.2.2 Installationsprozess Software

12 Dateisysteme

Die untenstehende Abbildung zeigt einen Ausschnitt der Laufwerksverwaltung (Win2000).

a) Erstellen Sie eine Laufwerksliste in Tabellenform, aus der hervorgeht:
   - Art des Laufwerks
   - Partitionsart
   - Laufwerksverwendung
   - Größe des Laufwerks
   - verfügbarer Speicherplatz
   - verwendetes Dateisystem

b) Nennen Sie die wesentlichen Unterscheidungsmerkmale zwischen den verwendeten Partitionsarten.

c) Nennen Sie die wesentlichen Unterscheidungsmerkmale der verwendeten Dateisysteme.

d) Welche Gründe können den Nutzer veranlasst haben, unterschiedliche Dateisysteme zu installieren.

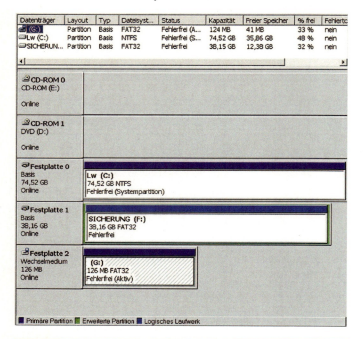

13 Zugriffsrechte

Ein Kunde möchte die Zugriffe auf seinem Rechner so eingerichtet haben, dass eine dritte Person nicht berechtigt ist, bestehende Dateien oder Ordner zu verändern, sehr wohl aber Programme starten, bestehende Dateien öffnen und eigene Dateien und Ordner anlegen kann.

Welche Rechte sind für diese Person zu vergeben?

14 Begriffe im BIOS-Setup

Ermitteln Sie das senkrechte Lösungswort, indem Sie das Kreuzworträtsel lösen.

Senkrecht:
  Bezeichnung des Einrichtens und Einstellens eines Systems.

Waagerecht:
 1: Notwendigkeit zur Reproduktion der vorgenommenen Einstellungen.
 2: Bezeichnung des Zustands des „Quasi-Abschaltens" des PCs bei Inaktivität.
 3: Ermöglicht das automatische Erkennen von Hardwarekomponenten (*Abkürzung*).
 4: Deutsche Bezeichnung für „doze mode" (*ein Wort*).
 5: Menüpunkt zum Verlassen des BIOS-Setups.
 6: Passwort ändern (*engl. ein Wort*)
 7: Bezeichnung des übergeordneten Menüs.
 8: Einstellbereich für Änderungen, die sich auf die spezifischen Anpassungen des Chipsatzes beziehen (*engl. ein Wort*).
 9: Einstellbereich für erweiterte Leistungsmerkmale (*engl. ein Wort*).
10: Einstellbereich für grundsätzliche, notwendige Einstellungen für Datum, Laufwerke, Video-Modus usw.
11: Andere Bezeichnung für BIOS-Setup (*engl. ein Wort*).
12: Einstellbereich für die Energieverwaltung des Systems (*engl. ein Wort*).
13: Einstellbereich zum Laden der vom Hersteller vorgegebenen Einstellungen für ein einwandfreies Funktionieren des PCs (*engl. ein Wort*).

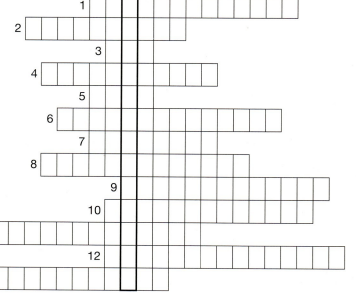

4 Informationstechnische Systeme bereitstellen
4.4.2.2 Installationsprozess Software

15 Betriebssysteme

Nennen Sie jeweils mindestens drei Betriebssysteme, die

a) textorientiert (zeilenorientiert) sind, bzw.

b) eine grafische Benutzerfläche aufweisen.

16 Schichtung von Betriebssystemen

Die verschiedenen Aufgaben, die Betriebssysteme wahrnehmen, werden von den aufeinander aufbauenden Schichten Prozesssteuerung, Systemsteuerung und Anwendungssteuerung realisiert.

Weisen Sie die nachfolgenden Aufgaben den entsprechenden Schichten zu:

– Benutzeroberfläche

– Ein- und Ausgabeverwaltung

– Programmaufrufe

– Speicherverwaltung

– Diensteverwaltung

– Sicherheitsverwaltung

17 Auswahl von Betriebssystemen

Sie werden von einem Kunden nach dem für ihn „richtigen" Betriebssystem gefragt.

a) Erstellen Sie eine kurze Checkliste als Grundlage für eine Auswahlentscheidung.

b) Skizzieren Sie kurz den Ablauf eines sinnvollen Beratungsgespräches.

c) Welches Betriebssystem empfehlen Sie?

18 Gerätetreiber

Zu jeder Hardware werden in der Regel betriebssystemabhängige „Gerätetreiber" mitgeliefert.

a) Was sind Gerätetreiber?

b) Welche Aufgaben haben Gerätetreiber und wie funktionieren sie?

19 Beschaffung von Gerätetreibern

Sie haben von einem Freund einen gebrauchten USB-Scanner (Canon Lide 80) geschenkt bekommen. Die zum Scanner gehörende CD kann Ihr Freund allerdings nicht mehr auftreiben.

a) Beschreiben Sie die Vorgehensweise zur Beschaffung der notwendigen Treiber aus dem Internet.

b) Beschreiben Sie die Vorgehensweise bei der Treiberinstallation (Betriebssystem Ihres PCs).

20 Eingebundene Geräte

Ermitteln Sie für Ihren PC über den Gerätemanager alle eingebundenen Geräte.

Stellen Sie fest, ob die Komponenten korrekt eingebunden wurden.

21 Netzwerkfähigkeit von Betriebssystemen

Wichtiges Merkmal moderner Betriebssysteme ist ihre Netzwerkfähigkeit.

Erläutern Sie den Begriff „Netzwerkfähigkeit" und nennen Sie wesentliche Merkmale.

22 Multitasking und Multiprocessing

Der englische Text befasst sich mit Multitasking und Multiprocessing.

a) Erläutern Sie die Möglichkeiten, die sich aus Multitasking und Multiprocessing ergeben.

b) Beschreiben Sie den elementaren Unterschied.

c) Mit welchem Verfahren arbeitet Ihr privater PC (Begründung)?

d) Welches Verfahren weist eine größere Performance auf (Begründung)?

e) Nennen Sie einen typischen Anwendungsfall für die Arbeit eines Rechners im Multitaskingverfahren.

f) Wie muss mit einem Betriebssystem gearbeitet werden, das kein Multitasking besitzt?

What is Multitasking?

Multitasking is the ability to execute more than one task at the same time, a task being a program. The terms multitasking and multiprocessing are often used interchangeably, although multiprocessing implies that more than one CPU is involved.

In multitasking, only one CPU is involved, but it switches from one program to another so quickly that it gives the appearance of executing all of the programs at the same time.

23 LAN-on-Board

Ein Kunde möchte in seinen PC eine WLAN-Karte einbauen lassen. Auf dem Mainboard des Rechners ist eine 100 MBit-Netzwerkkarte (RJ 45) implementiert.

Erstellen Sie ein Ablaufschema in Form eines Flussdiagramms, das alle notwendigen Entscheidungen beinhaltet und die Installationsschritte festlegt.

24 Implementierte Anwendersoftware

Erstellen Sie für Ihren PC eine Tabelle nach der Vorlage, die mindestens 20 implementierte Anwendungsprogramme Ihres Betriebssystems auflistet.

Beispiel für Win2000:

Name des Programms	Aufgabe Einsatzbereich	Dateiname	Ablageort
Explorer	Dateibrowser Dateiverwaltung	explorer.exe	c:\winnt
Taschenrechner	Rechner Tools	calc.exe	c:\winnt\system32

125

4 Informationstechnische Systeme bereitstellen
4.4.2.3 Installationsprozess Netzwerk

1 Netztopologien

Die Grafik zeigt eine typische Mischtopologie.

a) Was versteht man unter „Netzwerktopologie"?
b) Welche Topologien beinhaltet die dargestellte Mischtopologie?
c) Welche Verkabelungsarten werden hier verwendet?
d) Wie hoch ist die maximale Übertragungsgeschwindigkeit im gesamten Netz?

Mischtopologie

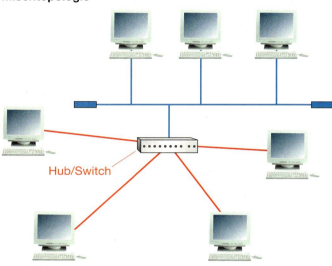

Hub/Switch

2 Merkmale von Netztopologien

Stellen Sie die Vor- und Nachteile der verschiedenen Netztopologien tabellarisch gegenüber.

3 Patchkabel

In modernen LANs werden die einzelnen Rechner im Stern über einen Hub verbunden. Die Anbindung der Rechner an den Hub bzw. an die Netzwerkdosen werden über so genannte Patchkabel mit RJ 45 hergestellt.

a) Ermitteln Sie die Anschlussbelegung für 10BaseT/100BaseT der RJ 45 und verbinden Sie die beiden Stecker (Abb. 1). Verwenden Sie Farben.
b) Für die direkte Verbindung zweier Rechner wird ein Cross-Link-Patch-Kabel verwendet. Zeichnen Sie den Unterschied ein (Abb. 2) und begründen Sie die Notwendigkeit der Unterscheidung.

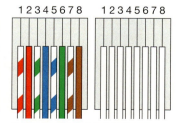

1: Normale Verbindung   2: Cross-Link-Verbindung

Belegung Buchsen:

Normal Port: 1 Rx+ | 2 Rx– | 3 Tx+ | 6 Tx–
Uplink-Port: 1 Tx+ | 2 Tx– | 3 Rx+ | 6 Rx–

4 Netzwerkdosen

Sie haben den Auftrag, zwei Netzwerkdosen zu installieren. Der Kunde will wahlweise entweder zwei ISDN-Geräte oder aber zwei Ethernet-Geräte 100Base-T über diese Dosen miteinander verbinden können.

a) Ermitteln Sie das Anschlussschema jeweils für ISDN und LAN.
b) Wie viel Adern müssen mindestens verlegt werden?
c) Wie ist ein CAT6 Kabel aufzulegen, damit die Dosen auch für 100BaseT4+ verwendet werden können?

5 Crimpwerkzeug

Im Internet haben Sie die nachfolgende Information zu einem „Crimp Tool" gefunden:

Platinum Tools' Crimp Tool crimps and cuts the wire in one cycle and also features a built-in wire cutter and stripper.

Built-in wire cutter and stripper:

• Strong, long-life steel frame
• Rust-resistant black oxide coating

This high-quality ratcheting crimp tool is designed to crimp and cut quickly the wires of the EZ-RJ45® Connector; it will also work on most other RJ-11, RJ-12 and RJ-45 connectors (excluding AMP). Precision ground crimp dies and the full-cycle ratcheting mechanism guarantee that the Crimp Tool's straight action cut and crimp will perform consistent terminations every time.

a) Wofür wird dieses Werkzeug benötigt?
b) Bei der Handhabung werden zwei Schritte gleichzeitig vorgenommen. Welche sind das?
c) Der Text enthält Hinweise zur Verwendung für RJ-45, RJ-11 und RJ-12. Worin unterscheiden sich die verschiedenen „Connectoren"?

6 LSA

In Ihrem Betrieb kommt ein LSA-Werkzeug zum Einsatz. Der Hersteller macht zum Werkzeug folgende Angabe:

LSA-Auflegewerkzeug

Mit dem LSA-Auflegewerkzeug werden die einzelnen Adern an der Dose oder am Patchpanel aufgelegt. Damit wird jede Ader in einen Schlitz gequetscht und das überstehende Ende abgeschnitten. So kann eine Dose zuverlässig in wenigen Minuten angeschlossen werden.

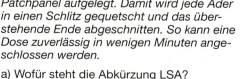

a) Wofür steht die Abkürzung LSA?
b) Beschreiben Sie, wozu dieses Werkzeug benötigt wird.

Hinweis: Informieren Sie sich gegebenenfalls im Internet.

7 Leitungsprüfer

Zum Funktionstest wird nach der Installation von RJ-45-Dosen ein Leitungsprüfer eingesetzt.

Erstellen Sie ein Ablaufschema, das die einzelnen Schritte beim Einsatz dieses Testgerätes verdeutlicht.

4 Informationstechnische Systeme bereitstellen
4.4.2.3 Installationsprozess Netzwerk

8 Netzausdehnung

a) Erläutern Sie Bedeutung, Ausdehnung, Betreiber und Besitzer von LANs, MANs, WANs, GANs.

b) Zu welchem Netz ist das Internet zu rechnen?

9 Cable Sharing

Die Abbildung zeigt eine besondere Form der Anbindung zweier PCs an ein Netz.

a) Welche Netztopologie liegt vor? (Begründung!)

b) Erläutern Sie die dargestellte Art der Vernetzung und ihre Verwendung.

c) Die Art der Anbindung eignet sich für 10BaseT und 100BaseT, allerdings nicht für 100BaseT4+.
Verändern Sie die Schaltung so, dass sie sich auch für 100BaseT4+ eignet.

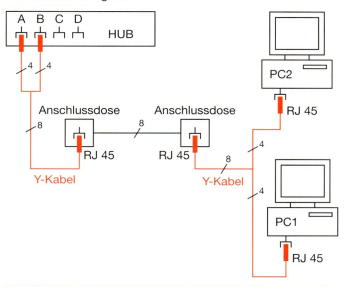

10 Kategorien von UTP

Für den Aufbau moderner LANs (Ethernet) werden UTP-Kabel eingesetzt, die mindestens der Kategorie 5 (Cat 5) angehören. Zum Einsatz kommen verstärkt Cat 6, vereinzelt auch Cat 7.

Erstellen Sie eine Tabelle entsprechend der Abb. und ergänzen Sie die fehlenden Angaben.

Kategorie	Verwendung	Übertragungsraten	Frequenzbereich
Cat 1	Telefonleitung 2 verdr. Adern	o. A.	< 100 kHz
Cat 2			
Cat 3			
Cat 4	Datenleitung 4 verdr. Adern	10 MBit/s	20 MHz
Cat 5			
Cat 6			
Cat 7			

11 Cat 5E/Cat 6 - Patch Kabel

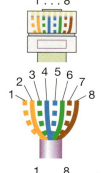

Pair #	Wire	Pin #
1 - Blue	White/Blue	5
	Blue/White	4
2 - Orange	White/Orange	1
	Orange/White	2
3 - Green	White/Green	3
	Green/White	6
4 - Brown	White/Brown	7
	Brown/White	8
568-B Diagram		

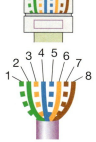

Pair #	Wire	Pin #
1 - Blue	White/Blue	5
	Blue/White	4
2 - Green	White/Green	1
	Green/White	2
3 - Orange	White/Orange	3
	Orange/White	6
4 - Brown	White/Brown	7
	Brown/White	8
568-A Diagram		

Notes for wiring diagrams above:

1. For patch cables, 568-B wiring is by far, the most common method.
2. There is **no difference** in connectivity between 568-B and 568-A cables. Either wiring should work fine on any system.
3. For a straight through cable, wire both ends identical.
4. For a **crossover cable**, wire one end 568-A and the other end 568-B.
5. Do not confuse pair numbers with pin numbers. A pair number is used for reference only (eg: 10BaseT Ethernet uses pairs 2 & 3). The pin numbers indicate actual physical locations on the plug and jack.

Re-use of old cables

Perfectly good patch cables that have been working fine for years, should not removed from their installations, and reinstalled on the same, or different network. The result can be a nightmare. What happens is that the cable, over time, adapts to the way that it is bent in it's original installation. When these cables are removed and re-installed, they can either completely loose their connection, or develop intermittent problems.

Der Auszug einer Internetseite zum Thema Patchkabel stellt die beiden Quasi-Standards 568-B und 568-A gegenüber.

a) Welches Verdrahtungsschema eignet sich für die Verbindung PC ↔ Hub?

b) Welches Verdrahtungsschema eignet sich für eine Direktverbindung PC ↔ PC?

c) Welcher Unterschied besteht zwischen der Angabe der Paar-Nummer und der Pin-Nummer?

d) 10BaseT verwendet die Paare 2 und 3.
Was gilt für 100BaseT und 100BaseT4+?

e) Warum sollten bereits installierte Patchkabel nicht wieder verwendet werden?

4 Informationstechnische Systeme bereitstellen
4.4.2.3 Installationsprozess Netzwerk

12 Netzwerkprotokolle

a) Woher stammt der Begriff Protokoll?
b) Was wird als Protokollfamilie bezeichnet?
c) Nennen Sie drei Protokollfamilien und deren Einsatzgebiete.

13 Netzzugriff und -übertragung

Bei der Basisbandübertragung im Ethernet kommen prinzipiell zwei Zugriffs- und Übertragungsverfahren zum Einsatz: CSMA/CD (Linux; Windows) und CSMA/CA (Apple).

a) Was bedeuten die beiden Abkürzungen?
b) Erläutern Sie das Zugriffsverfahren CSMA/CD mit Hilfe des Flussdiagramms.
c) Erstellen Sie ein Flussdiagramm, das das Zugriffsverfahren CSMA/CA darstellt.
d) Welchen besonderen Nachteil weist das CSMA/CD-Verfahren auf?

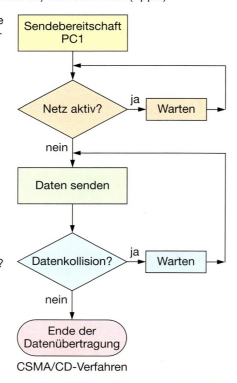

CSMA/CD-Verfahren

14 LWL-Ethernet-LAN

a) Erläutern Sie den Aufbau und die Komponenten des in der Abbildung dargestellten LANs.
b) Welche Gründe gibt es für die gewählte relativ kostenintensive Netzarchitektur?

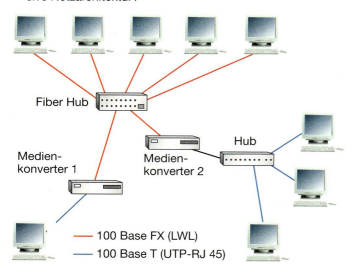

15 WLAN

Ein Kunde wünscht die Vernetzung folgender Geräte: PC1, PC2, Laptop, Drucker (Printserver) und DSL-Router.

Damit er seinen Laptop möglichst überall im Haus verwenden kann, soll dieser über WLAN angebunden werden. Da PC2 bisher noch nicht angebunden war, soll auch dieser eine WLAN-Karte bekommen. PC1, Printserver und DSL-Router sind bereits über 100BaseT und Hub miteinander verbunden.

Zeichnen Sie ein Anschlussschema, das alle notwendigen Geräte und Leitungen aufweist.

16 Schichtenmodell

Erläutern Sie das in der Abbildung dargestellte Schichtenmodell für eine internationale Kommunikation.

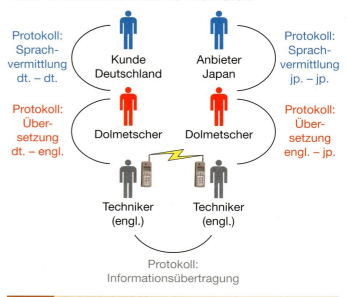

17 Neue IP-Adressen

Da die bisher verwendeten IP-Adressen (IPv4) mit einer Breite von 32 Bit zu einem Engpass bei der Adressvergabe führen, wurde eine neue IP-Adressierung (IPv6) mit einer Breite von 128 Bit eingeführt. Beide Adressierungsverfahren werden zur Zeit parallel verwendet..

Berechnen Sie die theoretische Anzahl möglicher Adressen für IPv4 und IPv6.

18 DNS

A domain name consists of two or more parts (technically labels) separated by dots. The rightmost label conveys the top-level domain (for example, the address www.wikipedia.org has the top-level domain org). Each label to the left specifies a subdivision or subdomain (for example, wikipedia.org is a subdomain of org and www.wikipedia.org is a subdomain of wikipedia.org). In theory, this subdivision can go down to 127 levels deep, and each label can contain up to 63 characters, as long as the whole domain name does not exceed a total length of 254 characters. But in practice some domain registries have shorter limits than that.

a) Aus wie viel Teilen besteht eine Adresse (URL) nach dem DNS-Verfahren mindestens?
b) Welche Zeichen darf eine URL enthalten?
c) Wie viel Zeichen hat eine URL maximal?

4 Informationstechnische Systeme bereitstellen
4.4.2.3 Installationsprozess Netzwerk

19 Domaininhaber

Ermitteln Sie den Domaininhaber der Domain „www.westermann.de" und den Namen des administrativen Ansprechpartners über eine Anfrage im Internet.

20 Netzklassen

Bei der IP-Adressierung (IPv4) werden drei Netzklassen unterschieden.

a) Welchen Grund gibt es für die Unterscheidung?
b) Nennen Sie das zentrale Unterscheidungsmerkmal.

21 Logische Netzwerkorganisation

Sie haben für einen Kunden zwei Rechner miteinander vernetzt und beide über einen DSL-Router mit dem Internet verbunden.
Dieses Netz weist nun zwei unterschiedliche logische Organisationen auf.

a) Wie werden die beiden Netzwerkorganisationen benannt?
b) Erläutern Sie die wesentlichen Unterscheidungsmerkmale.

22 Top-Level-Domänen

Top-Level-Domänen können geografisch oder organisatorisch unterschieden werden.

a) Worin ist der Grund für die unterschiedliche Art der Differenzierung zu sehen?
b) Wer vergibt die geografischen und organisatorischen Domänennamen?
c) Welche Top-Level-Domain kann eine in Deutschland ansässige Firma bekommen?

23 Begrifflichkeiten bei Netzwerken

Senkrecht:
 Vorgang der Einrichtung eines Netzwerkes.
Waagerecht:
 1: Stecker für 10Base2
 2: Kabelart für Bustopologie
 3: Logische Netzstruktur, in der alle Rechner Informationen bereitstellen und anfordern können (*engl. ein Wort*).
 4: Aufgabe von CSMA/CD und Token Ring gleichermaßen.
 5: Verbindungsrechner zwischen verschiedenen Netzsegmenten (*englisch*).
 6: Gerät zur Wandlung digitaler Informationen in analoge und umgekehrt.
 7: Sternverteiler für Lichtwellenleiter (*engl. ein Wort*)
 8: Verfahrensvorschrift
 9: Von Microsoft für das Betriebssystem Windows entwickeltes nicht routingfähiges Netzwerkprotokoll.
 10: Quasi-Standard für alle lokalen Netzwerke.
 11: Regelt die Zuordnung von Netzwerkadressen und Rechner- und Netzwerknamen (*Abkürzung*).
 12: Oberste Organisationseinheit bei der verteilten Namensvergabe (*engl. ein Wort*).
 13: Bezeichnung des Adressraums für die Adressen 192.168.0.0 bis 192.168.255.255
 14: ohne Leitung (*englisch*)
 15: Bezeichnung für den physikalischen Aufbau von Netzen.
 16: Kurzmeldung im Netz (*englisch*)
 17: Typisches Netzbeispiel für ein GAN
 18: Verfahren zur Weiterleitung von Daten.
 19: Unternehmen oder juristische Person, die z.B. den Zugang zum Internet ermöglicht.
 20: Hub (*deutsch*)

24 Dynamische IP-Vergabe

Erläutern Sie den Vorgang der dynamischen IP-Vergabe mit Hilfe der Abbildungen.

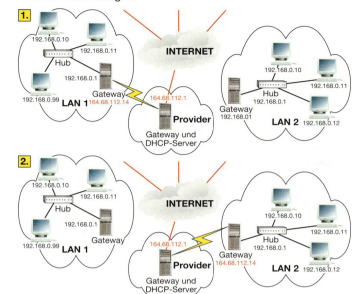

25 Namensauflösung im WorldWideWeb

Erläutern Sie den Vorgang der Datenanforderung und Übertragung, nachdem Sie eine physikalische Verbindung zu Ihrem Internetserviceprovider (ISP) hergestellt, Ihren Browser gestartet und z.B. die Adresse *www.westermann.de* eingegeben haben.

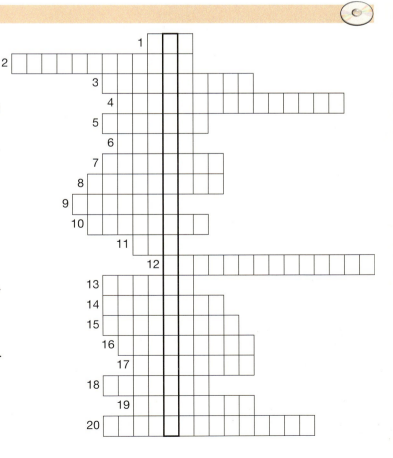

4 Informationstechnische Systeme bereitstellen
4.5 Auftragsabschluss

1 Phasen des Auftragsabschlusses

Ein Auftragsabschluss setzt sich prinzipiell aus drei aufeinander aufbauenden Phasen zusammen.

Benennen Sie diese und erläutern Sie die Aufgabe jeder einzelnen Phase.

2 Funktionstest

Sie führen im Rahmen des Auftragsabschlusses einen Funktionstest durch. Nach dem Start des Betriebssystems erscheint die unten abgebildete Fehlermeldung.
Was ist zur Fehlerbehebung zu tun?

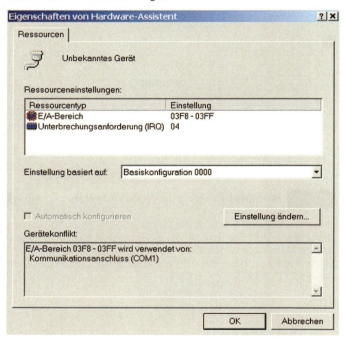

3 Fehlerdiagnose

Im Rahmen des Funktionstests hat sich herausgestellt, dass der angeschlossene neue Drucker nicht funktioniert. Er wirft immer nur ein leeres Papier aus. Durch Ihre gute Fehlersuchstrategie konnten Sie alle Kommunikationsprobleme mit dem PC sicher ausschließen. Der Fehler muss also direkt am Drucker liegen.

Erstellen Sie ein Ablaufschema, aus dem sich Ihre konkrete Vorgehensweise zur Fehlerfestlegung am Drucker ergibt.

4 Fehlersuchstrategie

Eine geeignete Fehlersuchstrategie zeichnet sich durch die Einhaltung grundlegender Verfahrensweisen aus. Sie beginnt immer mit einer möglichst umfassenden Fehlerbeschreibung.

a) Entwerfen Sie eine Checkliste für den ersten Umgang mit dem Kunden. Die Checkliste soll es Ihnen ermöglichen, möglichst vielfältige Informationen zu sammeln. Die Checkliste soll Antworten zu den folgenden Aspekten ermöglichen:
- Zeitpunkt des Auftretens des Fehlers
- Fehlersymptome
- Auswirkungen des Fehlers
- Häufigkeit des Fehlers
- Reproduzierbarkeit des Fehlers

b) Nennen Sie alle Informationsquellen, die Sie für eine Einkreisung und Behebung des Fehlers heranziehen können.

5 Umgang mit Kunden

a) Welche Aussage soll mit dem nachfolgenden Comic gemacht werden?

b) Erstellen Sie eine Positivliste zum Umgang mit Kunden.

6 Dokumentation

Sie haben für einen Kunden den Zugang zum Internet von ISDN auf DSL erfolgreich durchgeführt.

Zur Dokumentation für den Kunden ist das bestehende Anschlussschema umzuzeichnen.

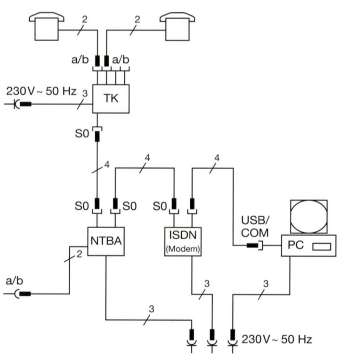

7 Auftragsauswertung

Für einen Kundenauftrag gilt prinzipiell der gleiche Merksatz wie beim Fußball: „Nach dem Spiel ist vor dem Spiel".

a) Erläutern Sie den Zusammenhang.

b) Welche Aspekte sind bei der Auswertung eines Auftrages zu beachten?

c) Für die Kundenbetreuung spielt in einem modernen Betrieb der PC eine ganz entscheidende Rolle.
Welcher Zusammenhang besteht zwischen Kundenbetreuung und Auftragsauswertung?

4 Informationstechnische Systeme bereitstellen

4.6 Anwendung

1 Software

a) Erläutern Sie den Unterschied zwischen Standardsoftware und branchenspezifischer Software.
b) Nennen und beschreiben Sie jeweils ein Beispiel für Ihren Bereich.

2 Grundsätze bei der Softwarenutzung

Unabhängig von Betriebssystem und Software gibt es eine Reihe von Grundsätzen, deren Einhaltung die Arbeit mit jedem Anwendungsprogramm stark vereinfachen kann. Erstellen Sie eine Liste mit entsprechenden Grundsätzen.

3 Verzeichnisse

a) Erläutern Sie unter Bezug auf den englischen Text die Bedeutung von „directories" und „subdirectories".
b) Mit welchen Dingen des Alltags werden „directories" verglichen?
c) Welcher Vorschlag wird für das Anlegen einer Grundstruktur gemacht?

In the everyday office, files (in the original sense of the world) are generally filed and stored away in filing cabinets. There is an electronic equivalent for the orderly storing of files. These are directories. We can use directories to store our files in an organised way. You can therefore create a directory for each project, and store the files for the relevant project in the relevant directory.

It is easiest to think of a directory as something which contains files. In addition, directories can contain other directories (called subdirectories). Think of the directory as a filing cabinet containing drawers (subdirectories) which in turn contain the actual files. The real picture is more complicated, since subdirectories can have their own subdirectories. In other words, drawers can contain sub-drawers. This hierarchical system can continue to over 200 levels. There is a main directory, called the root directory (denoted by a /). All other directories and files are under this directory. As an example the root directory can contain the following sub-directories: bin, lib, homedir and tmp. The directory bin contains some system commands (such as ls), the tmp directory cntains temporary files. The homedir directory contains directories which contain all the user files.

4 Systemdateien und Anwendungsdateien

a) Erläutern Sie den Unterschied zwischen System- und Anwendungsdateien.
b) Welche Konsequenzen ergeben sich aus dieser Unterscheidung für den Nutzer eines IT-Systems?

5 Dateiendungen

Erstellen Sie eine Tabelle und ergänzen Sie die fehlenden Informationen.

Suffix	Erläuterung	möglicher Virenträger
.exe		ja
	direkt ausführbares Programm	
	Stapelverarbeitungsdatei	
.sys		
	Programmbibliothek	
.ini		
.pif		ja
	temporäre Datei	
.doc		
.dot		ja
.txt		nein
.log		
.xls		
	Präsentation (Staroffice)	
.htm		bedingt
	Bitmap	
	komprimierte Grafik	ja
.gif		
.ppt		ja
mdb		

4.6.2 Strukturieren

1 Der Betrieb, in dem ich arbeite

Sie bekommen in der Schule den Auftrag, Ihren Betrieb vor der Klasse vorzustellen. Als Vorbereitung der Präsentation gilt es, Ihre Gedanken zu sammeln und zu strukturieren. Hier eignet sich besonders gut die Mind-Map.
Erstellen Sie zum Thema „Der Betrieb, in dem ich arbeite" eine Mind-Map. Verwenden Sie möglichst eine Mind-Map-Software.

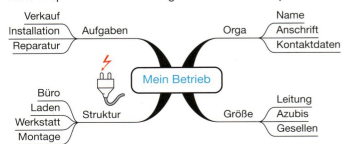

2 Rechte u. Pflichten während der Ausbildung

Die verschiedenen an der Ausbildung beteiligten Personen (Ausbildender, Ausbilder und Auszubildender) haben eine Reihe von Rechten und Pflichten, die sich aus den verschiedenen Vorgaben für die Ausbildung zum Elektroniker ergeben:

– Berufsbildungsgesetz
– Handwerksordnung
– Jugendarbeitsschutzgesetz
– Ausbildungsordnung
– Ausbildungsrahmenplan
– Ausbildungsvertrag
– Betriebsordnung
– usw.

Erstellen Sie eine Mind-Map, die die verschiedenen Rechte und Pflichten während der Ausbildung strukturiert und darstellt. Verwenden Sie möglichst eine Mind-Map-Software.

4 Informationstechnische Systeme bereitstellen

4.6.3 Textverarbeitung

1 Erstellung eines Lastenheftes

Erstellen Sie unter Verwendung einer Textverarbeitungssoftware ein Formular in der Größe DIN A4, das sich zur Erstellung eines Lastenheftes während des Gesprächs mit dem Kunden eignet.

Das Formular soll die Eintragung für folgende Punkte ermöglichen und den in der Abbildung dargestellten Aufbau aufweisen:

- Kopf mit Firmenanschrift und Firmenlogo
- Überschrift
- durchgehende Linie
- Tabelle mit den Feldern:
  – Name des Kundenberaters
  – Name des Kunden
  – Ort und Datum des Gespräches
  – Anforderungen des Kunden im Einzelnen
  – verbindliche Terminziele
  – verbindliche Kostenziele
  – Unterschriften Auftraggeber/Auftragnehmer

2 Text übersetzen

Das Textverarbeitungsprogramm Word erlaubt u. a. auch das Übersetzen einzelner Wörter.

Sie haben in einem Fachtext die beiden Begriffe **resistance** und **current** gefunden.

a) Beschreiben Sie die einzelnen Schritte in Word, die notwendig sind, um einen Begriff übersetzen zu lassen.
   Hinweis: Verwenden Sie die Hilfefunktion von Word, um die Verfahrensschritte herauszufinden.
b) Übersetzen Sie die beiden Begriffe.

4.6.4 Präsentation

1 Präsentationssoftware

Computergestützte Präsentationen unterscheiden sich prinzipiell von herkömmlichen Präsentationen mit Overheadfolien, Flipchart oder Wandplakaten.

a) Nennen Sie die besonderen Merkmale und die benötigten Hilfsmittel für computergestützte Präsentationen.
b) Welche Eignungsmöglichkeiten ergeben sich für digitale Präsentationen?
c) Welche Anforderungen müssen an computergestützte Präsentationen gestellt werden?

2 Beamer und Laptop

Ein Kollege ruft Sie aufgeregt an. Er hat eine PowerPoint-Präsentation auf seinem Laptop angefertigt. In 10 Minuten will er seine Präsentation über einen Beamer zeigen, aber obwohl der Beamer mit dem Laptop verbunden ist, zeigt der Beamer nur sein implementiertes Startbild.

Welchen Rat können Sie dem Kollegen am Telefon geben?

3 Beamer

Während einer Präsentation entsteht die Notwendigkeit, die Präsentation zu unterbrechen und gerade gezeigte Aspekte gemeinsam mit den Zuhörern zu diskutieren.

Was müssen Sie tun, um die Präsentation später an der angehaltenen Position fortsetzen zu können? Gleichzeitig möchten Sie aber das Bild der letzten Präsentationsfolie dunkel schalten. Schließlich würde das die Diskussion unnötig stören.

4 Präsentation „Die fünf Sicherheitsregeln"

Im Berufsschulunterricht haben Sie die Aufgabe übernommen, Ihre Kolleginnen und Kollegen am nächsten Berufsschultag über die „fünf Sicherheitsregeln" multimedial zu informieren.

a) Erstellen Sie eine Mind-Map, mit der Sie die Inhalte und den Aufbau Ihres Referates strukturieren.
b) Erstellen Sie eine Präsentation, die Sie während des Referates unterstützen kann.

5 Gestaltungsgrundsätze

Damit eine digitale Präsentation die an Sie gestellten Anforderungen erfüllen kann, ist die Einhaltung bestimmter Grundsätze notwendig.

Erstellen Sie eine erweiterte Mind-Map (siehe Abbildung), die wesentliche Gestaltungsgrundsätze für digitale Präsentationen enthält.

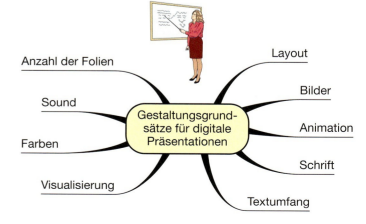

4 Informationstechnische Systeme bereitstellen

4.6.5 Tabellenkalkulation

1 Verbrauchsermittlung

Ermitteln Sie den Verbrauch Ihres Fahrzeuges unter Anwendung einer Tabellenkalkulation.

Folgende Anforderungen werden an die zu erstellende Tabelle gestellt:

Eingaben:
- Datum des Tankens
- getankte Benzinmenge in l
- bezahlter Gesamtpreis beim Tanken in €
- Kilometerstand beim Tanken

Ausgaben (vom System automatisch berechnet):
- Durchschnittsverbrauch in l/100 km
- Gesamtverbrauch in l
- Gesamtkosten in €
- mittlerer Durchschnittsverbrauch

Erstellen Sie die zur Berechnung notwendige Tabelle.

2 Arbeitsplanung

Sie haben, natürlich mit Ausnahme der Ferien, jeweils montags und donnerstags Berufsschultag.

Erstellen Sie zur Planung (Hausaufgaben, Vorbereitung auf Klassenarbeiten und Klausuren) eine Tabelle, in der alle schulischen Termine des nächsten Halbjahres aufgelistet sind (siehe Abbildung). Nutzen Sie dabei die Möglichkeit der Tabellenfunktion, automatisch jeweils das nächste Datum berechnen zu können.

	A	B	C
1	**Schultag**	**Datum**	**Aufgaben/Bemerkungen**
2	Montag	27.09.2004	keine HA
3	Donnerstag	30.09.2004	Aufgaben 4.10 – 4.12
4	Montag	04.10.2004	Referat Lastenheft
5	Donnerstag	07.10.2004	Klassenarbeit E-Technik LF1
6	Montag	11.10.2004	Herbstferien
7	Donnerstag	14.10.2004	Herbstferien

3 Leistungshyperbel

Für die Widerstände $R_1 = 220\ \Omega$, $R_2 = 470\ \Omega$, $R_3 = 1\ k\Omega$, $R_4 = 1,5\ k\Omega$ und $R_5 = 2,2\ k\Omega$ soll in einem Diagramm die maximale Strom- und Spannungsbelastbarkeit dargestellt werden. Alle Widerstände seien für eine maximale Leistung von 2 W ausgelegt. Die Widerstände werden an einer Gleichspannungsquelle $0\ V \leq U \leq 100\ V$ betrieben.

a) Erstellen Sie eine Tabelle, die alle für die Erstellung eines Diagramms notwendigen Werte enthält.

b) Erstellen Sie das Spannungs-Strom-Diagramm, das Widerstandskennlinien und die Leistungshyperbel darstellt.

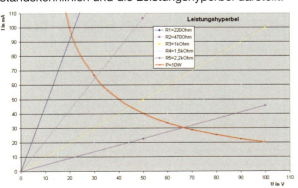

4.6.6 Grafik und CAD

1 Pixel oder Vektoren

Bei der Grafikverarbeitung ist die Unterscheidung zwischen pixelorientierten und vektororientierten Grafiken von großer Bedeutung.

a) Was verbirgt sich hinter den beiden Begriffen Pixel und Vektor?

b) Erläutern Sie die wesentlichen Unterschiede.

c) Klären Sie für die folgenden Grafikprogramme, ob sie pixel- oder vektororientiert sind:
Paint, Adobe Photoshop, Visio, Auto-Sketch und S-Plan.

2 Grafikformate

Sie haben mit einem Grafikprogramm ein Digitalfoto bearbeitet und möchten die Grafik als neue Datei im Format JPG abspeichern. Es öffnet sich das dargestellte Programmdialogfenster.

a) Welche Bedeutung und Auswirkungen haben die Einstellmöglichkeiten in den Bereichen
 – Bild-Optionen,
 – Format-Optionen,
 – Größe?

b) Welche Qualitätsstufe werden Sie wählen, wenn das Foto Bestandteil einer Webseite sein soll?

c) Begründen Sie, ob das Format GIF auch geeignet gewesen wäre.

3 CAD-Programme

a) Was verbirgt sich hinter der Bezeichnung CAD?

b) Erläutern Sie den Unterschied zwischen Grafik-Software und CAD-Software.

c) CAD-Programme zur Erstellung von Platinenlayouts verfügen über die Möglichkeit des „Routens". Was ist darunter zu verstehen?

4 Wechselschaltung

Zeichnen Sie unter Verwendung eines geeigneten Elektro-CAD-Programmes (z. B. S-Plan) den Stromlaufplan in aufgelöster Darstellung für eine Wechselschaltung.

5 Screenshots

Unter Screenshots versteht man das „Abfotografieren" des Bildschirminhaltes. Eine einfache Variante unter Windows ist das Nutzen der [DRUCK]-Taste. Der gesamte Bildschirm wird als Bitmap in die Zwischenablage gepackt und kann anschließend mit dem Befehl EINFÜGEN in jedes beliebige Programm eingefügt werden.

Für einen Kunden soll eine knappe Textseite mit eingebundenen Screenshots angefertigt werden, aus der die notwendigen Einstellungen für die Interneteinstellungen des Browsers hervorgehen.

Erstellen Sie eine beispielhafte Textseite, die die notwendigen Informationen enthält.

4 Informationstechnische Systeme bereitstellen

4.6.7 Internetnutzung

1 Internetdienste

Nennen Sie die Bezeichnungen und Anwendungsmöglichkeiten der verschiedenen Internetdienste.
Erstellen Sie hierzu eine entsprechende Tabelle.

Dienst	Bezeichnung	Anwendungsmöglichkeit
WWW		
E-Mail		
I-Phone		
FTP		
Telnet		
IRC		
UseNet		

2 Internet

One of the greatest things about the Internet is that nobody really owns it. It is a global collection of networks, both big and small. These networks connect together in many different ways to form the single entity that we know as the Internet. In fact, the very name comes from this idea of interconnected networks. Since its beginning in 1969, the Internet has grown from four host computer systems to tens of millions. However, just because nobody owns the Internet, it doesn't mean it is not monitored and maintained in different ways. The Internet Society, a non-profit group established in 1992, oversees the formation of the policies and protocols that define how we use and interact with the Internet.

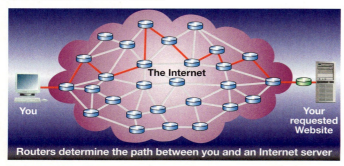

Routers determine the path between you and an Internet server

Der englische Text gibt Antwort auf die folgenden Fragen:

a) Was ist das Internet?
b) Wem gehört das Internet?
c) Wie viel Rechner hatte das Internet zu Beginn seiner Entstehung und heute?
d) Wer legt eigentlich die Regeln fest, die bei der Nutzung des Internets gelten?
e) Wer bestimmt den Weg vom eigenen Rechner zum angesprochenen Server?

3 E-Mail Account

Sie haben sich bei einem kostenlosen E-Mail-Anbieter eine E-Mail-Adresse besorgt, die Sie über den Browser sofort nutzen können. Sie möchten nun Ihren Mailer so konfigurieren, dass Sie browserunabhängig Mails lesen und schreiben können.

a) Ermitteln Sie verschiedene E-Mail-Anbieter, die beide Möglichkeiten zulassen.
b) Erstellen Sie eine Kurzanleitung zur Konfiguration Ihres Mailers (z. B. Outlook).

4.6.8 Urheber- und Medienrecht

1 Urheberrecht

Was versteht man beim Urheberrecht unter dem Begriff „Werke"?

2 Kopiermöglichkeit

Geben Sie an, ob nach dem Urheberrecht Kopien für den privaten Gebrauch zulässig sind:

a) von einem ganzen Buch,
b) von einer Musik-CD (ohne Kopierschutz)
c) von einer Musik-CD (mit Kopierschutz)
d) von einer Programm-CD (ohne Kopierschutz)
e) von einer Programm-CD (mit Kopierschutz)

4.6.9 Datensicherheit u. Datenschutz

1 Datensicherheit

Sie erhalten folgende E-Mail:
A VIRUS could be in your computer files now, dormant but will become active on June 1. Try not to USE your Computer on June 1st. FOLLOW DIRECTIONS BELOW TO CHECK IF YOU HAVE IT AND TO REMOVE IT NOW. No Virus software can detect it. It will become active on June 1. It might be too late by then. It wipes out all files and folders on the hard drive. This virus travels thru E-Mail and migrates to the 'C:\windows\command' folder. To find it and get rid of it off of your computer, do the following.
– Go to the "START" button
– Go to "FIND" or "SEARCH"
– Go to "FILES & FOLDERS"
– Make sure the find box is searching the "C:" drive.
– Type in: SULFNBK.EXE
– Begin search.
If it finds it, highlight it. Do not double click or file will automatically open.
– Go to 'File' and delete it.
– Close the find Dialog box.
The bad part is: You need to contact everyone you have sent ANY E-Mail to in the past few months. Many major companies have found this virus on their computers. Please help your Colleagues and friends!
a) Was wird Ihnen in dieser E-Mail vorgeschlagen?
b) Was tun Sie?
Hinweis: Nutzen Sie zur Informationsgewinnung das Internet.

2 Datensicherung

Ein Kunde möchte von Ihnen wissen, was er tun kann, um den Erhalt seiner wichtigen Daten sicherzustellen.
Er möchte ebenso gewappnet sein gegen einen „Befall" seines Systems durch Viren usw. aber auch gegen einen Datenverlust durch Ausfall von Hardwarekomponenten seines Systems.
Was raten Sie dem Kunden?

3 Datenschutz

Erläutern Sie, wie bei einem IT-System wirkungsvoll
– Zugangsschutz,
– Zugriffsschutz,
– Übertragungsschutz und
– Benutzerkontrolle
erreicht werden kann.

Zehnerpotenzen

Was sind Zehnerpotenzen?

$10^n = c$
$10^n = 10 \cdot 10 \cdot 10 \cdot … \cdot 10$ Basis 10

Beispiele:

$10^0 = 1$

$10^1 = 10$ $10^{-1} = \frac{1}{10} = 0{,}1$

$10^2 = 100$ $10^{-2} = \frac{1}{100} = 0{,}01$

$10^3 = 1000$ $10^{-3} = \frac{1}{1000} = 0{,}001$

Beispiele für Rechenoperationen:

Addieren $4 \cdot 10^2 + 2 \cdot 10^2 = (4+2) \cdot 10^2 = 6 \cdot 10^2$

Subtrahieren $4 \cdot 10^2 - 2 \cdot 10^2 = (4-2) \cdot 10^2 = 2 \cdot 10^2$

Multiplizieren $10^4 \cdot 10^3 = 10^{(4+3)} = 10^7$

Dividieren $\frac{10^4}{10^3} = 10^{(4-3)} = 10^1$

Potenzieren $(10^2)^3 = 10^{2 \cdot 3} = 10^6$

Radizieren $\sqrt{10^6} = 10^{\frac{6}{2}} = 10^3$

Vorsatzzeichen und Vorsätze

Vorsatzzeichen	Vorsatz	Faktor
Y	Yotta	10^{24}
Z	Zetta	10^{21}
E	Exa	10^{18}
P	Peta	10^{15}
T	Tera	10^{12}
G	Giga	10^{9}
M	Mega	10^{6}
k	Kilo	10^{3}
d	Dezi	10^{-1}
c	Zenti	10^{-2}
m	Milli	10^{-3}
µ	Mikro	10^{-6}
n	Nano	10^{-9}
p	Pico	10^{-12}
f	Femto	10^{-15}
a	Atto	10^{-18}
z	Zepto	10^{-21}
y	Yocto	10^{-24}

Übungen

1. Wandeln Sie folgende Zahlen in Zehnerpotenzen um.
   a) 100
   b) 100 000
   c) 1 000
   d) 1
   e) 0,01
   f) 0,001
   g) 0,00001
   h) 0,0000001

2. Bilden Sie die Summen.
   a) $6 \cdot 10^2 + 0{,}4 \cdot 10^3 + 1000 \cdot 10^0 + 95 \cdot 10^1$
   b) $3 \cdot 10^{-2} + 550 \cdot 10^{-3} + 0{,}5 \cdot 10^{-1} + 0{,}006 \cdot 10^3$

3. Schreiben Sie die Zahlen mit Exponenten, die durch 3 teilbar sind.
   a) 0,0045
   b) 280 000
   c) 44 000 000
   d) 0,000006

4. Geben Sie sinnvolle Vorsätze an.
   a) 4 500 m
   b) 0,005 Ω
   c) 96 000 V
   d) 0,015 A
   e) 0,001 µF
   f) 10 000 Ω

5. Berechnen Sie:
   a) $3 \cdot 10^2$ V + 5 500 mV + 0,01 kV + $2 \cdot 10^{-2}$ kV
   b) $1{,}5 \cdot 10^1$ Ω + 13 Ω + $18 \cdot 10^4$ mΩ + $5 \cdot 10^{-4}$ kΩ
   c) $8{,}6 \cdot 10^2$ mA + $470 \cdot 10^3$ µA + $15 \cdot 10^{-1}$ A
   d) $42 \cdot 10^{-2}$ V + $160 \cdot 10^2$ mV + $0{,}068 \cdot 10^3$ V + 0,24 V
   e) $150 \cdot 10^2$ mΩ + $470 \cdot 10^{-1}$ Ω + 0,0027 kΩ

6. Multiplizieren bzw. Dividieren Sie die folgenden Potenzen.
   a) $10^2 \cdot 10^3$
   b) $10^{-1} \cdot 10^4$
   c) $10^3 \cdot 10^{-6}$
   d) $5 \cdot 10^4 \cdot 6 \cdot 10^{-4}$
   e) $\frac{10^8}{10^4}$
   f) $\frac{10^{-2}}{10^{-4}}$
   g) $\frac{10^3}{10^{-4}}$
   h) $\frac{2 \cdot 10^{-6}}{4 \cdot 10^{-9}}$

7. Potenzieren Sie nachfolgende Potenzen.
   a) $(10^2)^2$
   b) $(10^6)^3$
   c) $(10^{-2})^3$
   d) $(10^3)^3$
   e) $(10^{-3})^4$
   f) $(10^{-3})^3$

8. Ein Messgerät hat einen Eingangswiderstand von $100 \cdot 10^5$ Ω. Wieviel MΩ entspricht das?

9. Die Spule eines Hochfrequenzschwingkreises wird mit 0,026 H berechnet. Wieviel mH sind das?

10. Der Frequenzgang eines Klangeinstell-Bausteins ist mit 10 … 20 000 Hz angegeben. Machen Sie eine Angabe in kHz.

11. Der Eingangsruhestrom eines Operationsverstärkers beträgt laut Herstellerangaben $6 \cdot 10^{-7}$ mA. Drücken Sie den Wert in nA aus.

12. Von einem Generator wird eine Spannung von 0,026 V geliefert. Drücken Sie die Spannungsangabe in mV aus.

Brüche

Wie werden Brüche dargestellt?

$$\frac{\text{Zähler}}{\text{Nenner}} \quad \frac{a}{b}; \ a/b; \ a:b; \ (b \neq 0)$$

Jede ganze Zahl kann als Bruch dargestellt werden.

z.B.: $a = \frac{a}{1}$

Gleichnamige Brüche

$\frac{a}{b}; \frac{c}{b}; \ldots$

z.B.: $\frac{1}{3}; \frac{2}{3}; \ldots$

Ungleichnamige Brüche

$\frac{a}{b}; \frac{c}{d}; \ldots$

z.B.: $\frac{1}{4}; \frac{5}{7}; \ldots$

Dezimalbrüche

- Zähler wird durch den Nenner dividiert.

  z.B.: $\frac{3}{4} = 0{,}75$

- Jeder Dezimalbruch kann wieder in einen Bruch umgewandelt werden.
  Dazu wird er in der Form $c = \frac{a}{b}$ geschrieben und gekürzt.

  z.B.: $0{,}2 = \frac{2}{10} = \frac{1}{5}; \quad 0{,}25 = \frac{25}{100} = \frac{1}{4}$

- Dezimalbrüche werden in der Technik sinnvoll auf- bzw. abgerundet; z.B.:
  Abrundung: $0{,}33 \approx 0{,}3$ (letzte Ziffer ≤ 4)
  Aufrundung: $1{,}857142 \approx 1{,}86$ (letzte Ziffer ≥ 5)

Endlicher Dezimalbruch

Nach einer bestimmten Stelle treten nur noch Nullen auf; z.B.:

$\frac{3}{4} = 0{,}75000\ldots$

$\frac{1}{8} = 0{,}12500\ldots$

Periodischer Dezimalbruch

Er besitzt periodisch sich wiederholende Zahlenfolgen; z.B.:

$\frac{9}{7} = 1{,}285714285714$

$\frac{9}{7} = 1{,}\overline{285714}$

Addition und Subtraktion

- Gleichnamige Brüche (Zähler addieren bzw. subtrahieren, Nenner unverändert belassen)

  $\frac{a}{b} \pm \frac{c}{b} = \frac{a \pm c}{b}$

- Ungleichnamige Brüche (Hauptnenner bilden, kleinste gemeinsame Vielfache)

  $\frac{a}{b} \pm \frac{c}{d} = \frac{a \cdot d \pm b \cdot c}{b \cdot d}$

- Zähler als Term (Klammer um Zähler)

  $\frac{a+b}{c} + \frac{c-d}{c} = \frac{(a+b)+(c-d)}{c}$

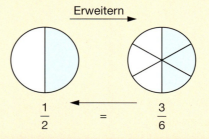

Multiplikation und Division

- Multiplikation

  $\frac{a}{b} \cdot c = \frac{ac}{b} \qquad \frac{a}{b} \cdot \frac{c}{d} = \frac{ac}{bd} \qquad \frac{a}{b} \cdot \frac{b}{a} = 1$

- Division

  $\frac{a}{b} : c = \frac{a}{bc} \qquad \frac{a}{b} : \frac{c}{d} = \frac{ad}{bc}$ (mit Kehrwert multipliziert)

$2 \cdot \frac{1}{4} = \frac{2}{4} = \frac{1}{2}$

$\frac{1}{2} \cdot \frac{1}{4} = \frac{\frac{1}{4}}{2} = \frac{1}{8}$

Übungen

1. a) $\frac{4b}{a} + \frac{5b}{a} - \frac{3a}{a}$ b) $\frac{5m}{2m} - \frac{-3m}{2m} - \frac{4a}{2m}$

   c) $\frac{9a-7b}{4xy} + \frac{4a-3b}{4xy} - \frac{3a+4b}{4xy}$

   d) $\frac{4a-2b+c}{7ab} - \frac{5b-3a-6c}{7ab}$ e) $\frac{x+y-z}{3ax} + \frac{2x-(y+z)}{3ax}$

2. a) $\frac{2}{6} + \frac{5}{6} - \frac{7}{6}$ b) $\frac{-3}{11} - 1\frac{7}{11} + \frac{8}{-11}$ c) $\frac{4}{5} - \left(\frac{3}{5} - \frac{11}{5}\right)$

   d) $\frac{3}{9} + \left(\frac{-4}{9} - \frac{-7}{9}\right)$ e) $1\frac{4}{5} - \left(2\frac{1}{5} + \frac{-3}{5}\right)$ f) $\left(-\frac{1}{7} + \frac{2}{7}\right) - \frac{5}{7}$

3. a) $\frac{5a}{3b} + \frac{3a}{4b} - \frac{5a}{7b}$ b) $1 - \frac{1}{a} - \frac{1}{b}$ c) $\frac{a}{b} - \left(a + \frac{c}{d}\right)$

   d) $\frac{mx}{a+b} + \frac{-yn}{c+d}$ e) $\frac{2y}{3a+b} - \frac{3y}{a-3b}$ f) $\frac{3c}{x+y} - \frac{-5b}{(x-y)}$

4. a) $\frac{5}{24} \cdot 8$ b) $\frac{14}{15} \cdot (-5)$ c) $\frac{16}{25} \cdot \frac{15}{24}$

   d) $\frac{4}{9} : 8$ e) $\frac{21}{27} : \frac{7}{9}$

5. a) $\frac{-3}{7} \cdot \frac{21}{15}$ b) $\frac{5}{-9} \cdot \frac{3}{-10}$ c) $\left(-\frac{11}{10}\right) \cdot \frac{12}{55}$

   d) $-\frac{2}{9} : \frac{4}{3}$ e) $\frac{16}{25} : \frac{-8}{15}$

6. a) $\frac{4}{5} \cdot \frac{3}{4} \cdot \left(-\frac{5}{6}\right) \cdot (-2)$ b) $\frac{1}{2} \cdot \frac{2}{3} \cdot \frac{3}{4} : \frac{5}{4} : \frac{6}{5}$

   c) $\frac{1}{2} \cdot 1{,}75 : \frac{1}{3} \cdot 0{,}2$ d) $0{,}0021 : \frac{2}{7}$

136

Gleichungen

Lineare Gleichungen mit einer Unbekannten

Gleichung: Zwei Terme, die durch ein Gleichheitszeichen verknüpft sind.

Term: Sammelname für einzelne Summen, Differenzen, Produkte usw.

Term 1 = Term 2

Lineare Gleichungen mit einer Unbekannten
- Brüche beseitigen
- Klammern auflösen
- Glieder ordnen und zusammenfassen
- Unbekannte auf eine Seite bringen
- Unbekannte berechnen
- Ergebnis durch Einsetzen der Unbekannten in Ausgangsgleichung überprüfen (keine Reihenfolge)

Lineare Gleichungen mit zwei Unbekannten

Regeln zum Umformen und Lösen von Gleichungen
Beide Terme kann man mit gleichen Zahlen, Größen, Einheiten …
- Potenzieren, Radizieren
- Multiplizieren, Dividieren ($\neq 0$)
- Addieren, Subtrahieren

Lineare Gleichungen mit zwei Unbekannten
1. **Einsetzungsverfahren**
   - Eine Gleichung nach der Unbekannten umstellen.
   - Umgestellte Gleichung in die zweite Gleichung einsetzen.
2. **Gleichsetzungsverfahren**
   - Beide Gleichungen nach der Unbekannten umstellen.
   - Terme gleichsetzen
3. **Additionsverfahren**
   - Gleichung so umstellen, dass die eine Unbekannte in beiden Gleichungen den gleichen Faktor, aber ein umgekehrtes Vorzeichen besitzt.
   - Beide Gleichungen addieren.

Beispiel:
Gleichung mit einer Unbekannten
Geg.: $\dfrac{x}{3} + 2 = 2(x+2)$

Ges.: x

Beispiellösung

$\dfrac{x + 2 \cdot 3}{3} = \dfrac{3 \cdot 2(x+2)}{3}$	• Brüche beseitigen
$x + 6 = 6x + 12$	• Klammern auflösen
$x - 6x = 12 - 6$	• Glieder ordnen
$x(1-6) = 6$	• Glieder zusammenfassen
$x = \dfrac{6}{-5}$	• Unbekannte berechnen
$\underline{\underline{x = -1\tfrac{1}{5}}}$	

Beispiel:
Gleichung mit zwei Unbekannten
Geg.: A) $x + 3 = 6y$ B) $3x = 8 + y$
(Ausgangsgleichungen)

Ges.: x und y

Einsetzungsverfahren

A) $x = 6y - 3$	• A) nach x umstellen
$3(6y - 3) = 8 + y$	• A) in B) einsetzen
$18y - 9 = 8 + y$	• Glieder ordnen
$17y = 17$	• Unbekannte berechnen
$\underline{y = 1}$	
$x = 6 \cdot 1 - 3$	• y in A) einsetzen
$\underline{\underline{x = 3}}$	• x berechnen

Übungen

1. a) $x + 16 = 48$ b) $40 - x = 48$ c) $16 - x = 13$
   d) $\dfrac{x}{3} - \dfrac{x}{6} = 4$ e) $5 + \dfrac{x}{4} = 17$ f) $\dfrac{2x+2}{3} = 4$
   g) $\dfrac{5x-3}{-2} = -12$

2. a) $x - 7 = 3(1-x) + 4 - 3x$
   b) $(x-2)(x+3) = (x-5)(x-2)$
   c) $\dfrac{1}{x-5} - \dfrac{1}{x-4} = \dfrac{1}{x-8} - \dfrac{1}{x-7}$

3. a) $\dfrac{5}{x+1} + \dfrac{3}{x-1} = \dfrac{8}{x}$ b) $\dfrac{x-3}{x-1} - \dfrac{x+2}{x+1} = \dfrac{2x-1}{x^2-1}$

4. a) $\dfrac{x^2}{4} - \dfrac{1}{2} = \dfrac{2}{5}$ b) $5(x^2 - 4) = 425$

5. a) $9x = 5y - 10$ b) $x = 3y - 27$
      $48x = 30y - 60$ $y = 2x - 26$
   c) $7(x+2) - 6(y+3) = 41$ d) $3(x-2) + 8y + 6 = 0$
      $4(x+2) + 9(y+3) = 11$ $5x + 15 - 3y + 1 = 16$

6. a) $(7x + 3y) - 2(5x + 2y - 1) = \dfrac{x}{2} - 6{,}5$
      $10(3 - 2y) + 6(11x - 3y - 20) = 180 - 2y$
   b) $10(x-2) - 15(y+2) = 6(x - 2y)$
      $\dfrac{x-y}{3} + \dfrac{3y+2}{2} = \dfrac{2[x - 2(y-1)]}{3}$

Formeln umstellen

Formeln mit einem Operationszeichen

Auftrag: Die gesuchte Größe (in den folgenden Beispielen: **x**) muss allein auf der linken Seite stehen.

Grundsatz: Beim Umstellen von Formeln müssen stets auf beiden Seiten die gleichen Rechenoperationen durchgeführt werden.

Beispiele:

$x - y = z$		
$x - y + y = z + y$	• Auf beiden Seiten y addieren	
$\underline{\underline{x = z + y}}$	• $-y + y = 0$	

$x + y = z$		
$x + y - y = z - y$	• Auf beiden Seiten y subtrahieren	
$\underline{\underline{x = z - y}}$	• $+y - y = 0$	

$x \cdot y = z$		
$\dfrac{x \cdot y}{y} = \dfrac{z}{y}$	• Auf beiden Seiten durch y dividieren	
$\underline{\underline{x = \dfrac{z}{y}}}$	• $\dfrac{y}{y} = 1$	

$\dfrac{x}{y} = z$		
$\dfrac{x}{y} \cdot y = z \cdot y$	• Beide Seiten mit y multiplizieren	
$\underline{\underline{x = z \cdot y}}$	• $\dfrac{y}{y} = 1$	

$\dfrac{y}{x} = z$		
$\dfrac{y}{x} \cdot x = z \cdot x$	• Beide Seiten mit x multiplizieren	
$y = z \cdot x$	• $\dfrac{x}{x} = 1$	
$\dfrac{y}{z} = \dfrac{z \cdot x}{z}$	• Beide Seiten durch z dividieren	$\dfrac{z}{z} = 1$
$\dfrac{y}{z} = x$	• Seiten tauschen	
$\underline{\underline{x = \dfrac{y}{z}}}$		

Formeln mit mehreren Operationszeichen

Beispiele:

$x \cdot y + w = z$		
$x \cdot y + w - w = z - w$	• Auf beiden Seiten w subtrahieren	
$x \cdot y = z - w$	• $w - w = 0$	
$\dfrac{x \cdot y}{y} = \dfrac{z - w}{y}$	• Beide Seiten durch y dividieren	
$\underline{\underline{x = \dfrac{z - w}{y}}}$	• $\dfrac{y}{y} = 1$	

$\dfrac{x + y}{w} = z$		
$\dfrac{x + y \cdot w}{w} = z \cdot w$	• Beide Seiten mit w multiplizieren	$\dfrac{w}{w} = 1$
$x + y = z \cdot w$		
$x + y - y = z \cdot w - y$	• Auf beiden Seiten y subtrahieren	
$\underline{\underline{x = z \cdot w - y}}$	• $+y - y = 0$	

$(x + y) \cdot w = z$		
$\dfrac{(x + y) \cdot w}{w} = \dfrac{z}{w}$	• Beide Seiten durch w dividieren	$\dfrac{w}{w} = 1$
$x + y = \dfrac{z}{w}$	• Auf beiden Seiten y subtrahieren	
$x + y - y = \dfrac{z}{w} - y$	• $+y - y = 0$	
$\underline{\underline{x = \dfrac{z}{w} - y}}$		

$\dfrac{w}{x + y} = z$		
$\dfrac{w}{x + y} \cdot (x + y) = z \cdot (x + y)$	• Beide Seiten mit (x + y) multiplizieren	
$w = z \cdot (x + y)$	• Glieder der rechten Klammer mit z multiplizieren	
$w = zx + zy$		
$w - zy = zx + zy - zy$	• Auf beiden Seiten zy subtrahieren	
$w - zy = zx$	• $+zy - zy = 0$	
$\dfrac{w}{z} - \dfrac{zy}{z} = \dfrac{zx}{z}$	• Beide Seiten durch z dividieren	$\dfrac{z}{z} = 1$
$\dfrac{w}{z} - y = x$	• Seiten tauschen	
$\underline{\underline{x = \dfrac{w}{z} - y}}$		

Übungen

1. a) $P = U \cdot I$ $U = ?$
   b) $W = U \cdot I \cdot t$ $I = ?$
   c) $R = \dfrac{U}{I}$ $I = ?$ $U = ?$

2. a) $R = \dfrac{l}{\varkappa \cdot q}$ $q = ?$ $l = ?$
   b) $\dfrac{I_1}{I_2} = \dfrac{R_2}{R_1}$ $R_1 = ?$
   c) $\Delta U = \dfrac{2 \cdot I \cdot l}{\varkappa \cdot q}$ $q = ?$
   d) $R_X = R_N \cdot \dfrac{R_1}{R_2}$ $R_2 = ?$

3. a) $U_{Kl} = U_0 - I \cdot R_i$ $I = ?$
   b) $\Delta R = R_{20} \cdot \alpha \cdot \Delta\vartheta$ $\Delta\vartheta = ?$
   c) $R_\vartheta = R_{20} \cdot (1 + \alpha \cdot \Delta\vartheta)$ $\Delta\vartheta = ?$
   d) $\dfrac{1}{R_G} = \dfrac{1}{R_1} + \dfrac{1}{R_2}$ $R_1 = ?$
   e) $\dfrac{U_2}{U} = \dfrac{R_2}{R_1 + R_2}$ $R_1 = ?$ $R_2 = ?$

4. a) $A = \dfrac{d^2 \cdot \pi}{4}$ $d = ?$
   b) $U = \pi \cdot \dfrac{D + d}{2}$ $d = ?$

Zuordnungen und Dreisatz

Proportionale Zuordnung

Beispiel:

100 m Antennenleitung kosten 85 €.
Wie teuer sind bei gleichem Preis 30 m?

Proportionale Zuordnung (Beispiellösung 1):

Je mehr Ware, desto mehr Geld und je weniger Ware, desto weniger Geld.

- Größenzuordnung

    100 m ⟶ 85 €
    30 m ⟶ x €

- Bestimmung des **Operators**

    $\dfrac{30}{100}$ ⤫ $\begin{array}{l}100\text{ m} \longrightarrow 85\text{ €}\\ 30\text{ m} \longrightarrow x\text{ €}\end{array}$ $\dfrac{30}{100} = \dfrac{3}{10}$

- Benutzung des Operators

    85 € · $\dfrac{3}{10}$ = 25,50 €

- Ergebnis

    30 m Antennenkabel kosten 25,50 €.

Dreisatzrechnung (Beispiellösung 2):

100 m kosten 85 €
30 m kosten x €

- Bedingungssatz (gegebnes Vielfaches)   100 m ≙ 85 €

    ⟶ : 100

- Fragesatz (Einfaches)   1 m ≙ $\dfrac{85\text{ €}}{100}$

    ⟶ · 30

- Lösungssatz (gesuchtes Vielfachhes)   30 m ≙ $\dfrac{85\text{ €} \cdot 30}{100}$

    = 25,50 €

Antiproportionale Zuordnung

Beispiel:

Sechs Arbeiter verlegen 200 m Erdkabel in 8 Stunden.
Wie viele Stunden benötigen dafür 10 Arbeiter?

Antiproportionale Zuordnung (Beispiellösung 1):

Je mehr Arbeiter, desto weniger benötigte Zeit und je weniger Arbeiter, desto mehr benötigte Zeit.

- Größenzuordnung

    6 Arbeiter ⟶ 8 Stunden
    10 Arbeiter ⟶ x Stunden

- Bestimmung des **Operators** und des **Umkehroperators**

    $\dfrac{10}{6}$ ⤫ $\begin{array}{l}6\text{ Arbeiter} \longrightarrow 8\text{ Stunden}\\ 10\text{ Arbeiter} \longrightarrow x\text{ Stunden}\end{array}$ $\dfrac{6}{10}$

- Benutzung des Umkehroperators

    8 Stunden · $\dfrac{6}{10}$ = 4,8 Stunden

- Ergebnis

    10 Arbeiter benötigen 4,8 Stunden.

Dreisatzrechnung (Beispiellösung 2):

6 Arbeiter benötigen 8 Stunden
10 Arbeiter benötigen x Stunden

- Bedingungssatz (gegebnes Vielfaches)   6 Arbeiter ≙ 8 Stunden

    ⟶ · 6

- Fragesatz (Einfaches)   1 Arbeiter ≙ 8 Stunden · 6

    ⟶ : 10

- Lösungssatz (gesuchtes Vielfachhes)   10 Arbeiter ≙ $\dfrac{8\text{ Stunden} \cdot 6}{10}$

    = 4,8 Stunden

Übungen

1. Mit Hilfe eines Baggers werden in 2 Stunden 40 m Erdkabel verlegt.
   Wieviel Meter können in 210 Minuten verlegt werden?

2. Ein Informationselektroniker verdient in 38 Stunden 351,50 €.
   Wie hoch ist sein Verdienst bei 176 Stunden im Monat?

3. Durch einen Bestückungsautomaten werden 120 Platinen in 5 Stunden bestückt.
   Wieviel Zeit braucht er zum Bestücken von 175 Platinen?

4. Die Prüfung von 18 Endgeräten durch einen Facharbeiter dauert 6 Stunden.
   Wie lange benötigt er für 60 Geräte?

5. Das Labor einer Schule soll mit einer neuen Elektroinstallation versehen werden. Dazu benötigen 4 Gesellen, wenn sie täglich 8 Stunden arbeiten, 12,5 Tage.
   Nach wieviel Tagen hätten 5 Gesellen die Arbeit geschafft?

6. Vier elektronisch gesteuerte Pumpen fördern in 15 Stunden 2100 l Öl.
   Welche Fördermenge schaffen 6 Pumpen in 18 Stunden?

7. Zur Installation einer Gemeinschaftsantennenanlage benötigen 3 Facharbeiter bei einer täglichen Arbeitszeit von 8 Stunden 14 Tage.
   Wieviele Stunden am Tag müßten 5 Facharbeiter arbeiten, damit die Anlage in 10 Tagen fertiggestellt wird?

Prozent- und Zinsrechnung

Prozentrechnung

$$P = \frac{G \cdot p}{100\,\%}$$

G Grundwert
P Prozentwert
p Prozentsatz

Prozent (%) bedeutet: $1\,\% = \frac{1}{100}$

Promille (‰) bedeutet: $1\,‰ = \frac{1}{1000}$

Beispiel:
Im Jahr 2003 wurde die Bemessungsspannung des Wechselspannungsnetzes von bisher 220 V auf 230 V +6 % und −10 % verändert.

a) Berechnen Sie die zulässigen Spannungsänderungen.
b) Welche maximalen und minimalen Spannungen können sich ergeben?

Beispiellösung:
Geg.: G = 230 V
p_1 = +6 %
p_2 = −10 %

Ges.: Spannungen

a) $U_1 = \frac{G \cdot p_1}{100\,\%}$ $U_1 = \frac{230\,V \cdot 6\,\%}{100\,\%}$

U_1 = +13,8 V

$U_2 = \frac{230\,V \cdot (-10\,\%)}{100\,\%}$ U_2 = −23 V

b) $U_{max} = U + U_1$ U_{max} = 230 V + 13,8 V

U_{max} = 243,8 V

$U_{min} = U - U_2$ U_{min} = 230 V − 23 V

U_{min} = 207 V

Zinsrechnung

$$Z = \frac{K \cdot p \cdot t}{100\,\%}$$

Z Zinsen in €
K Kapital in €
p Zinssatz in % pro Jahr (a)
t Zeit in Jahren (a)

Beispiel:
Herr Lüchow verkauft sein Haus für 135 000 €. Das Geld legt er bei seiner Sparkasse zu einem Zinssatz von 8 % für ein Jahr an. Wie hoch sind die Zinsen in €?

Beispiellösung:
Geg.: K = 135 000 €, $p = \frac{8\,\%}{a}$, t = 1 a
Geg.: Z

$Z = \frac{K \cdot p \cdot t}{100\,\%}$ $Z = \frac{135\,000\,€ \cdot 8\,\% \cdot 1\,a}{100\,\% \cdot a}$

Z = 10 800 €

Übungen

1. Ein Kunde kauft ein Fernsehgerät zum Preis von 849 €. Er erhält bei Barzahlung 2 % Skonto.
   Welche Summe hat er zu bezahlen?

2. Ein Facharbeiter hat einen Bruttolohn von 1548 €. Ausgezahlt bekommt er 1006,27 €.
   Wie hoch sind seine prozentualen Abzüge?

3. Mit einem Spannungsmessgerät wird aufgrund des zu kleinen Innenwiderstandes eine Spannung von 155 V statt 170 V gemessen.
   Wie groß ist der prozentuale Messfehler?

4. Ein Camcorder kostet mit 16 % Mehrwertsteuer 1000 €.
   Wie teuer ist der Camcorder ohne Mehrwertsteuer?

5. Der Toleranzbereich eines 6,8 kΩ Widerstandes ist mit ± 5 % angegeben.
   a) Zwischen welchen Grenzwerten kann der Widerstand liegen?
   b) Wie groß ist die Widerstandsabweichung vom Nennwert?

6. Zur Finanzierung seines Autos nimmt ein Auszubildender einen Kredit von 5000 € auf. Der Zinssatz beträgt 12,5 % pro Jahr.
   Wieviel Zinsen in € muss er im Jahr bezahlen?

7. Einem Bausparvertrag wurden nach einem Jahr 160 € an Zinsen gutgeschrieben. Der Zinssatz lag bei 4 % pro Jahr.
   Wieviel Geld wurde bereits in den Bausparvertrag eingezahlt?

8. Ein Kunde kauft eine Stereoanlage für 1250 €. Da er die Rechnung 30 Tage zu spät bezahlt, werden ihm 6,25 € zusätzlich berechnet.
   Wie hoch ist der Prozentsatz für die Verzugszinsen?
   (Hinweis: 1 Jahr = 360 Tage ansetzen)

9. Herr Lehmann hat vergessen, seiner Bank einen Freistellungsauftrag für Kapitalerträge zu erteilen. Daraufhin wurden vom Finanzamt 30 % ≙ 210 € seiner Zinseinnahmen einbehalten. Das Geld war zu einem Zinssatz von 7 % angelegt.
   a) Wieviel Jahreszinsen wurden dem Konto von Herrn Lehmann noch gut geschrieben?
   b) Welche Zinssumme hätte Herr Lehmann erhalten, wenn er rechtzeitig einen Freistellungsauftrag erteilt hätte?

10. Eine elektrische Waschmaschine kostet 1497,25 €.
    Wieviel € Mehrwertsteuer (16 %) sind darin enthalten?

11. Eine Widerstandslegierung enthält 44 % Nickel, 1 % Mangan und 55 % Kupfer.
    a) Wieviel kg Nickel und Mangan werden mit 110 kg Kupfer zur Herstellung der Legierung benötigt?
    b) Bestimmen Sie die Gesamtmenge der Legierung.

12. Ein Baudarlehen in Höhe von 120000 € wird zu 97 % von der Bank ausgezahlt. Der Zinssatz beträgt 8 %.
    a) Welche Geldsumme wird an den Kunden ausgezahlt?
    b) Wie hoch sind die vierteljährlichen Zinsen für das ganze Darlehen?
    c) Welche Jahreszinsen sind zu zahlen?

Physikalische Größen und Einheiten

Schreibweise

Größenwert = Zahlenwert · Einheit

Bsp.:
l = $\{l\}$ · $[l]$
l = 3 · m
Länge = Zahlenwert · Einheit
der Länge   der Länge

Physikalische Gleichungen

Größengleichungen	Einheitengleichungen
z.B. $v = \dfrac{s}{t}$; $m = 8$ kg	z.B. 1 h = 3600 s
Zugeschnittene Größengleichung	**Zahlenwertgleichungen**
z.B. $\dfrac{v}{\text{km/h}} = 3{,}6 \cdot \dfrac{s/m}{t/s}$	z.B. $\{v\} = 3{,}6 \dfrac{\{s\}}{\{t\}}$ v in km/h s in m t in s

Rechenregeln für physikalische Größen und Einheiten

- **Addieren und Subtrahieren**
  Zahlenwerte addieren bzw. subtrahieren (nur möglich bei gleichen Einheiten).
  z.B. 5 m + 3 m = 8 m

- **Multiplizieren**
  Zahlenwerte und Einheiten multiplizieren.
  z.B. 5 · 3 m = 15 m; 3 N · 2 m = 6 Nm

- **Dividieren**
  Zahlenwerte und Einheiten dividieren.
  z.B. $\dfrac{400}{2}$ min = 200 · $\dfrac{1}{\text{min}}$ = 200 · min^{-1}

- **Potenzieren**
  Zahlenwerte und Einheiten potenzieren.
  z.B. $(5\text{ V})^2 = 5^2 \cdot \text{V}^2 = 25\text{ V}^2$

- **Radizieren**
  Zahlenwerte und Einheiten radizieren.
  z.B. $\sqrt{16\text{ A}^2} = \sqrt{16} \cdot \sqrt{\text{A}^2} = 4\text{ A}$

SI-Basiseinheiten[1)]

Größe	Formelzeichen	Einheitenname	Einheitenzeichen
Länge	l	Meter	m
Masse	m	Kilogramm	kg
Zeit	t	Sekunde	s
Elektrische Stromstärke	I	Ampere	A
Temperatur	T	Kelvin	K
Lichtstärke	I_v	Candela	cd
Stoffmenge	n	Mol	mol

[1)] Systeme International d'Unités (Internationales Einheitensystem)

Übungen

1. a) 135 cm + 7350 mm + 60 dm + 0,02 m
   b) 16 A – 0,035 kA + 500 · 10^{-3} A – 7650 mA
   c) 0,86 kg – (550 g – 0,03 kg + 195 · 10^{-3} kg)
   d) 1/4 kg + 0,25 kg + 1/3 kg – 500 g
   e) 3/8 m + 75 cm – 0,55 m – 680 mm + 0,47 m

2. a) 35 V · 24 A + 320 V · A – 20 A · 30 V
   b) 932 Nm – 23 N · 5 m + 25 Nm – 3 m · 15 N
   c) 16 V · 3 s + 600 mV · 300 ms – 15 Vs
   d) 66 W · 0,3 s + 3,5 Ws – 220 mWs + 700 mW · 320 ms

3. a) 533 V · A : 27 V   d) (65 kg · m/s^2) : 15 kg
   b) 735 Vs : 16 ms   e) (122,3 VAs) : 12 ms
   c) 735.4 Nm/25 N   f) (17,5 Nm) : (1,5 Nm + 0,3 Nm)

4. a) 6 · π · 70 cm   d) (3 cm^2 + 0,5 cm^2) : 0,5 cm
   b) π^2 · 9 m^2 e) 65 Nm : (60 cm + 25 cm)
   c) $\dfrac{2\text{ cm} + 0{,}3\text{ dm}}{4}$ f) 520 m/s + 27 · 13 $\dfrac{m}{s}$

5. a) 530 km : 12 h + 330 km/h + 24 · 10 km/h/10 h
   b) 560/min + 330 min^{-1} – 5 $\dfrac{1}{s}$ + 200 : 3 min
   c) 3,6 m^2/5 m + 77 · 12 m · 2 m/25 m – 0,3 · 2,5 m
   d) 0,2 (653 mm^3 : 0,43 cm^2) – (1,3 · 10^3 mm^3/8 cm^2)

6. a) (12 cm + 56 mm)^2 + (0,03 m + 12 cm)^2
   b) (3 m + 15 dm)^2 + 6 m^2 – (2 m)^2 + 0,3 m · 2,5 m
   c) $\dfrac{2}{4}$(20 mm + 0,2 m · 3)^2 + 3(0,33 dm + 2 · 3,5 cm)^2

7. Wandeln Sie die folgenden Dichteangaben in g/cm^3 um.
   a) Stahl 7,9 kg/dm^3 b) Kupfer 8,93 kg/dm^3

8. Drücken Sie die Geschwindigkeitsangaben in m/s aus.
   a) 5,3 km/h   c) 5000 mm/min   e) 10^3 km/24 h
   b) 60 cm/s   d) 67 dm/6 s   f) $\dfrac{3{,}5\text{ km}}{45\text{ min}}$

9. Drücken Sie die Energieeinheit 1 J (Joule) durch Basiseinheiten aus. Es gilt:
   1 J = Nm; $\dfrac{1\text{ kg} \cdot \text{m}}{\text{s}^2} = 1$ N

10. Drücken Sie die Einheit 1 V (Volt) durch Basiseinheiten aus.
    Es gilt: 1 VA = 1 W; $\dfrac{1\text{ kg} \cdot \text{m}}{\text{s}^2} = 1$ N
    1 N · m = 1 W · s

11. Addieren Sie die Leistungen, wenn folgende Einheitengleichungen gelten:
    1 V · A = 1 W; $\dfrac{1\text{ V}}{\text{A}} = 1\ \Omega$

    Das Ergebnis soll in W (Watt) angegeben werden.

    $\dfrac{6\text{ V}^2}{5\ \Omega} + \dfrac{(3\text{ V})^2}{2\ \Omega} + 5 \cdot \text{A}^2 \cdot \Omega + 1{,}5\text{ V} \cdot \text{A} + \dfrac{3\text{ W}}{2}$

Diagramme

Was sind Diagramme?

In Diagrammen werden die Abhängigkeiten von Größen grafisch dargestellt.

Senkrechte (vertikale) Achse: **Ordinate** ①
Hier wird die **abhängige Größe** aufgetragen.

Waagerechte (horizontale) Achse: **Abszisse** ②
Hier wird die **unabhängige Größe** aufgetragen.

Beispiel:

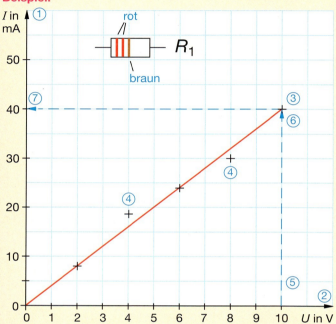

Wie erstelle ich ein Diagramm?

1. Den Maßstab so festlegen, dass alle Messwerte in den vorgegebenen Zeichenrahmen eingetragen werden können.
2. Achsenkreuz zeichnen. Pfeile direkt oder außerhalb der Achse einzeichnen.
3. Achsen mit Größen und Einheiten versehen.
   Möglichkeiten: U in V; $\frac{U}{V}$
4. Wertepaare durch Kreuze oder Punkte eintragen ③.
5. Kennlinie so zeichnen, dass sie der Mehrzahl der Messpunkte „gerecht" wird (mögliche Messfehler durch die „wahrscheinlichste" Kurve ausgleichen ④).

Wie lese ich Werte ab?

Beispiel:
Wie groß ist die Stromstärke bei einer Spannung von 10 V in dem oben dargestellten Diagramm?

1. Spannung $U = 10$ V auf der Abszisse suchen ⑤.
2. Senkrechte Linie bis zum Schnittpunkt mit der Kennlinie zeichnen ⑥.
3. Schnittpunkt bis zur Ordinate durch Linie verlängern und Stromstärke von $I = 40$ mA ablesen ⑦.

Übungen

1. Die Kennlinie des Widerstandes von 2 Ω soll in einem Diagramm dargestellt werden.
   Zeichnen Sie das Diagramm, wenn die Stromstärke I in Schritten von 0 … 10 mA verändert wird.

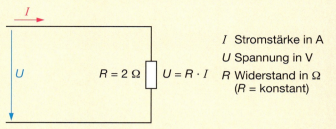

   I Stromstärke in A
   U Spannung in V
   R Widerstand in Ω
   (R = konstant)

2. In einer Laborschaltung wurden mit der abgebildeten Schaltung die folgenden Messwerte ermittelt:

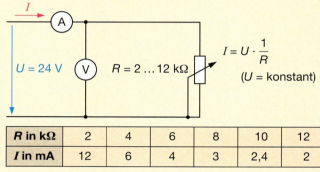

   $I = U \cdot \frac{1}{R}$
   (U = konstant)

R in kΩ	2	4	6	8	10	12
I in mA	12	6	4	3	2,4	2

   Zeichnen Sie die Kennlinie für die Stromstärke in Abhängigkeit vom Widerstand.

3. Ein Widerstand mit 20 Ω wird an eine einstellbare Spannungsversorgung angeschlossen. Dabei soll die Spannung zwischen 0 … 24 V (in 2 V-Schritten) geändert werden.

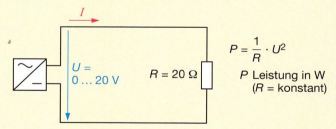

   $P = \frac{1}{R} \cdot U^2$
   P Leistung in W
   (R = konstant)

   a) Berechnen Sie die am Widerstand auftretende Leistung ($P = \frac{U^2}{R}$) und stellen Sie eine Wertetabelle auf.

   b) Zeichnen sie das Leistungs-Spannungs-Diagramm.

4. Mit einer Pumpe P1 wird ein 5000 l Tank in 20 min gefüllt. Eine Pumpe P2 schafft dies in 40 min.
   In welcher Zeit wäre der Tank gefüllt, wenn man beide Pumpen gleichzeitig anschalten würde?
   Lösen Sie das Problem grafisch.

5. Mit Hilfe eines einstellbaren Widerstandes sollen unterschiedliche Stromstärken eingestellt werden. Dabei wird der Widerstandswert von 1 kΩ bis 7 kΩ geändert (6 Schritte).

   a) Berechnen Sie die zu den Widerstandswerten gehörenden Stromstärken ($I = U/R$).

   b) Zeichnen Sie die Stromstärke-Widerstands-Kennlinie.
      Maßstab: 1 kΩ ≙ 2 cm bzw. 5 mA ≙ 1 cm.

Achseneinteilung

Wie können Achsen bei Diagrammen eingeteilt sein?

- **Lineare Teilung**
  Der Abstand von Längeneinheit (LE) zu Längeneinheit ist konstant. Die Teilung innerhalb der Längeneinheit ist **linear**.

- **Logarithmische Teilung**
  Der Abstand von Längeneinheit (LE) zu Längeneinheit ist konstant. Die Teilung innerhalb der Längeneinheit ist **nichtlinear** (logarithmisch).

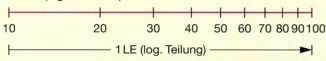

Wie erfolgt die Umrechnung mit dem Taschenrechner?

Eingabe		Ausgabe
lineare Teilung	in	logarithmische Teilung
z. B.: 2　[log]		2　　　　0,3010 …
logarithmische Teilung	in	lineare Teilung
z. B.: 0,3010 …　[INV] [SHIFT] [log]		0,3010 …　0,3010 …　1,9999 … ≈ 2
eventuell andere Rechnertasten		

Zahl	Logarithmus	Logarithmus LE (z.B. 10 cm)	Teilungsstrecke
2	0,3010	0,3010 · 10 cm	3,01 cm
3	0,4771	0,4771 · 10 cm	4,77 cm
4	0,6021	0,6021 · 10 cm	6,02 cm
5	0,6990	0,6990 · 10 cm	6,99 cm
6	0,7782	0,7782 · 10 cm	7,87 cm
7	0,8451	0,8451 · 10 cm	8,45 cm
8	0,9031	0,9031 · 10 cm	9,03 cm
9	0,9542	0,9542 · 10 cm	9,54 cm

Beispiel:

Im Diagramm ist die Kennlinie eines temperaturabhängigen Widerstandes dargestellt. Das genaue Verhalten soll interpretiert werden, indem Werte aus der Kennlinie ermittelt werden.

a) Bestimmen Sie den Widerstand bei den Temperaturen ϑ = 15 °C, 25 °C und 30 °C.

b) Wie groß ist die Widerstandsänderung zwischen 15 °C und 40 °C?

c) Bei welcher Temperatur stellt sich ein Widerstand von 2 kΩ ein?

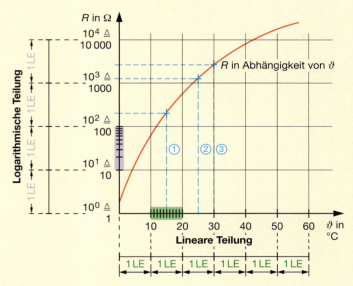

Beispiellösung

a) 15 °C ⇒ R = 200 Ω ①
   25 °C ⇒ R = 1,3 kΩ ②
   30 °C ⇒ R = 2,8 kΩ ③

b) R_{15} = 200 Ω　　R_{40} = 8 kΩ
   $\Delta R = R_{40} - R_{15}$　　ΔR = 8 kΩ − 0,2 kΩ
   　　　　　　　　　　　ΔR = 7,8 kΩ

c) 2 kΩ ⇒ ϑ = 27 °C

Übungen

1. Für eine Steuerungsaufgabe mit einer Lichtschranke wurde die Fotostromstärke I_P einer Fotodiode von der Beleuchtungsstärke E_v ermittelt.
   Welche Fotostromstärken I_P ergeben sich für die Beleuchtungsstromstärken 20 lx, 400 lx und 6000 lx (lx: Lux, Einheit der Beleuchtungsstärke)?

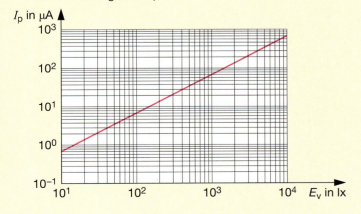

2. In der Kennlinie ist die Abhängigkeit eines temperaturabhängigen Widerstandes von der Stromstärke dargestellt.

   a) Um was für einen Widerstand handelt es sich?

   b) Wie ändert sich der Widerstand, wenn sich die Stromstärke von 10 mA bis 30 mA verändert?

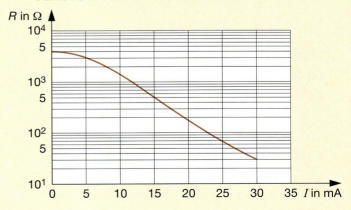

→ Weitere Produkte aus unserem
Elektrotechnik-Programm:

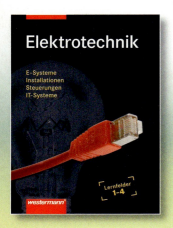

Praktisch und Praxisnah
Elektrotechnik Lernbuch
Gerd Engbarth, Heinrich Hübscher, Jürgen Klaue, Stephan Sausel, Mike Thielert

Das Lernbuch zu den vorliegenden Aufträgen. Geordnet nach Lernfeldern 1-4 für die berufliche Grundbildung. An verschiedensten Systemen werden die geforderten Inhalte plastisch dargestellt. Mit Merksätzen, Aufgaben, einem Anhang für lernfeldübergreifende Themen sowie der praxisnahen Integration von Kundenaufträgen.

256 Seiten, 19x26 cm, vierfarbig, Festeinband, 2. Aufl. 2004. Best-Nr. **221532**

Werden Sie selbst aktiv
CD-ROM Elektrotechnik interaktiv
Gerd Engbarth, Heinrich Hübscher, Jürgen Klaue, Stephan Sausel, Mike Thielert

Folien und Arbeitsblätter interaktiv gestalten und selbst zusammenstellen mit allen Materialien des Lernbandes. Mit Lösungen der Buchaufgaben.

Interaktive CD. Best-Nr. **364032**

CD Elektrotechnik Lösungen und mehr

Lösungen aller Aufträge und eine Auswahl fertiger Arbeitsblätter inkl. Lösungen. Enthält fachlich passende Software für den Unterricht.

Daten-CD. Best-Nr. **364033**

Perfekt aufeinander abgestimmt
Elektrotechnik Lernbuch
Dr. Michael Dzieia, Heinrich Hübscher, Dieter Jagla, Jürgen Klaue, Michael Krebiehl, Stephan Plichta, Ludwig Wenzl, Harald Wickert

280 S., vierfarbig, 1. Aufl., 2006, Festeinband, Best-Nr. **221732**

Elektrotechnik Aufträge
Heinrich Hübscher, Dieter Jagla, Jürgen Klaue, Michael Krebiehl, Stephan Plichta, Roland Stolzenburg, Ludwig Wenzl, Harald Wickert

188 S., vierfarbig, Best-Nr. **221733**